坝址原始面貌

大坝建成后全貌

大坝蓄水时全貌

大坝基坑

大坝基坑下游砂层开挖

左坝肩边坡原始及开挖

右坝肩边坡原始及开挖

高程 1810m

进水口开挖及建成后面貌

泄洪洞放空系统进水口全貌　　　　　　　泄洪洞放空系统出水口全貌

开关站开挖全貌　　　　　　　　　　　　江嘴料场开挖面貌

响水沟料场开挖面貌

汤坝料场全貌

地下厂房开挖及建成面貌

长河坝水电站
重大工程地质问题研究与实践

陈卫东　胡金山　何顺宾　黄润太　刘永波　等 著

中国水利水电出版社
www.waterpub.com.cn

·北京·

内 容 提 要

本书针对深厚覆盖层上世界第一高砾石土心墙堆石坝工程——长河坝水电站的复杂工程地质条件，系统地总结了工程设计、建设和运行中的重大工程地质问题的勘察研究成果。阐述了超高土石坝高烈度区区域构造稳定性与水库地震研究，库水深大变幅松散堆积体岸坡稳定性研究，复杂结构层次覆盖层超高坝筑坝工程地质问题研究，高地应力区大跨度地下洞室群围岩稳定研究与处理，300m超高工程岩质边坡变形稳定性研究与处理，枢纽区复杂渗流场与渗流控制研究，不均匀天然砾石土心墙料及过渡料工程地质研究，环境工程地质问题研究。本书既有勘察研究方法总结，又有重大工程地质问题的分析评价及工程处理效果评价。

本书可供水电、水利、岩土、交通等领域的勘察、设计、科研、施工技术人员及相关院校师生参考。

图书在版编目（CIP）数据

长河坝水电站重大工程地质问题研究与实践 / 陈卫东等著. -- 北京：中国水利水电出版社，2022.1
ISBN 978-7-5226-0429-9

Ⅰ. ①长… Ⅱ. ①陈… Ⅲ. ①水力发电站－工程地质－研究 Ⅳ. ①TV74

中国版本图书馆CIP数据核字(2022)第015982号

书　　名	长河坝水电站重大工程地质问题研究与实践 CHANGHEBA SHUIDIANZHAN ZHONGDA GONGCHENG DIZHI WENTI YANJIU YU SHIJIAN
作　　者	陈卫东　胡金山　何顺宾　黄润太　刘永波　等 著
出版发行	中国水利水电出版社 （北京市海淀区玉渊潭南路1号D座　100038） 网址：www. waterpub. com. cn E-mail：sales@waterpub. com. cn 电话：(010) 68367658（营销中心）
经　　售	北京科水图书销售中心（零售） 电话：(010) 88383994、63202643、68545874 全国各地新华书店和相关出版物销售网点
排　　版	中国水利水电出版社微机排版中心
印　　刷	北京印匠彩色印刷有限公司
规　　格	184mm×260mm　16开本　15.5印张　380千字　2插页
版　　次	2022年1月第1版　2022年1月第1次印刷
印　　数	0001—1000册
定　　价	138.00元

中国电建集团成都勘测设计研究院有限公司（以下简称"成都院"），其历史可以追溯至 1950 年成立的燃料工业部西南水力发电工程处。经过 70 多年的发展壮大，在能源电力、水务环境、基础设施等领域为全球客户提供规划咨询、勘察设计、施工建造、投资运营全产业链一体化综合服务。人才是第一资源，创新是第一动力。成都院拥有 1 名院士（任公司高级顾问）、3 名全国工程勘察设计大师、2 名国家百千万人才专家、1 名国家监理大师、11 名四川省工程勘察设计大师在内的 4000 名高素质人才队伍，国家能源水能风能研究分中心等 4 个国家级研发机构，四川省城市水环境治理工程技术研究中心等 11 个高端创新科研中心，工程设计综合甲级、工程勘察综合类甲级与电力、水利水电、市政公用工程施工总承包一级等 38 项资质证书，50 多项国内国际领先技术成果，170 多项国家与行业标准，600 多项省部级国家级奖项、1100 余项专利技术，以及遍布全球 60 多个国家和地区的 500 多个工程，这些使成都院一直保持着行业领先的地位。

成都院因水而生，是全球清洁能源综合规划的引领者。完成了 100 多条大中型河流水力资源普查、复查任务，普查的水能资源占全国的 54.4%；规划水利枢纽和水电站 350 座，占我国可开发水力资源的 39%；勘测设计了 200 余座水电站，约占我国水电装机容量的 18%。近年来完成了雅鲁藏布江下游水电规划，雅砻江风光水多能互补规划，中亚五国可再生能源规划，科特迪瓦、塞拉利昂等国家水电规划。中国 20 世纪投产的最大水电站二滩、装机容量世界第三的溪洛渡、世界第一高拱坝锦屏一级等特大型水电工程，正在建设的西藏地区最大水电站两河口、世界最高坝双江口等巨型水电站，充分显示出成都院水电建设的雄厚实力。投资建设了最大山地集中式光伏电站首期工程万家山光伏电站，以及四川第一个风电场德昌一期示范风电场，EPC 甘孜藏族自治州乡城光伏刷新了四川高山光伏建设的速度纪录，越南富旫风电场被投资方德国复兴银行称赞为"标杆工程"，承建的援古巴太阳能电站成为中古友谊的又一见证。

成都院发挥"懂水熟电"优势，投资建设四川、福建等地 10 余个污水处理站项目，日处理污水能力 30 万 t。设计打造兴隆湖综合水生态治理项目，完成了雅安大兴海绵城市、江油明月岛西昌月亮湖湿地公园等 70 余个项目的勘测设计、EPC 及 PPP 建设。积极承担成都、西昌、自贡、遂宁等城市水环境综合治理方案规划。正在建设的抚州抚河流域、西昌东西海三河流域、新都毗河流域、天府新区绿道、鹿溪湿地公园与鹿溪智谷湿地等一大批环境治理项目，让市民在都市"望得见山、看得见水、记得住乡愁"变成可能。

成都院多元化、国际化步伐不断加速。参控股公司 44 家，投资开发清洁能源，投资建设高速公路、污水处理站、城市基础设施；承担贵州铜仁异地扶贫搬迁、绵阳安州土壤污染治理，EPC 建设江西鄱阳高标准农田；加快数字工程与信息化研发运用，"全球可再生能源储量评估平台"入选世界互联网发展十大最佳实践案例；与多家融资银行、保险公司建立了密切合作关系，在能源、公路、水环境治理等领域与世界各国合作共赢，设计了科特迪瓦最大水电站苏布雷项目，签订蒙贝拉等多个海外特大型水电联营体 EPC 项目，EPC 南亚最大污水处理项目孟加拉达舍尔甘地污水处理厂，让中国技术和方案更好地服务"一带一路"建设。

在 70 多年的发展历程中，成都院始终秉承"服务、关爱、回报"的价值理念，勇于承担央企责任，在工程抢险、次生灾害防治、帮扶救助、精准扶贫等方面主动作为、积极贡献，先后荣膺"中央企业先进集体""全国五一劳动奖状""国家认定企业技术中心""全国用户满意企业""全国质量奖入围奖""四川省质量奖"称号。2014 年进入中国电建集团八大特级子企业行列，2020 年位列中国工程设计企业 60 强第 16 位、最具效益工程设计企业第 9 位。

拥抱新时代，阔步新征程，成都院将强力深化改革，着力推动创新，向着"质量效益型国际工程公司"砥砺前行。

第一作者——陈卫东简介

陈卫东，男，1963 年出生，毕业于河海大学，现任成都院副总工程师。1984 年 7 月以来一直从事水电水利工程、岩土工程和地质灾害工程勘察设计科研工作。成都市青年科技之星，四川省学术和技术带头人后备人选，四川省突发地质灾害防治技术专家，四川省有突出贡献的优秀专家，四川省工程勘察设计大师，中国电力工程勘测设计大师。

主持参与了工程勘察、岩土工程勘察设计、地质灾害防治勘查设计项目等 100 余项。主持参与国家重大科研专项课题 1 项，省部级科技攻关项目 3 项，集团公司、水电水利规划设计总院等科技攻关项目 11 项。主编国家与能源行业技术标准 12 项、主审国家与能源行业技术标准 13 项。主著（编）、合著（编）技术专著 9 部，发表论文 16 篇，获国家发明专利 3 项和新型实用专利 2 项。

获省部级科技进步奖 5 项。获全国优秀工程勘察金奖 1 项、铜奖 2 项，四川省工程勘察设计一等奖 30 项、二等奖 16 项。与各高等院校共同培养硕士研究生、博士后 10 余人。

　　长河坝水电站位于四川省康定市境内大渡河干流上，工程开发任务以发电为主。电站总装机容量 2600MW（4×650MW），总库容 10.75 亿 m³，年发电量 110.5 亿 kW·h，为一等大（1）型工程。2010 年 11 月正式开工建设，2016 年 12 月首台机组发电，2017 年 12 月全部机组投产。长河坝水电站大坝建基于 80m 厚松散河床覆盖层上，采用砾石土心墙堆石坝，坝高 240m，为深厚覆盖层上世界第一高坝。电站包括左岸引水发电系统和右岸泄洪放空系统。工程技术难度在国内外名列前茅。

　　长河坝水电站地处川滇菱形块体、巴颜喀拉块体和四川地块交接部位，地震基本烈度高（Ⅷ度）；场地地处典型高山峡谷河段；岸坡陡峻，卸荷拉裂松动发育，坝址区河床覆盖层深厚，隧洞与洞室群区地应力高，天然宽级配砾石土防渗土料极不均匀。区域地质、环境地质和工程地质条件十分复杂，对工程选址、坝型坝线与枢纽布置以及各建筑物布置影响突出。

　　20 余年来，成都院开展了大量的地质调查测绘、钻探、坑探、物探、试验、测试和监测等实物勘察工作，同时联合多个高等院校、科研机构进行专题科研工作，特别开展了开挖后深基坑原位试验和取原状样试验，取得了丰硕成果，解决了工程设计、建设和运行中的系列重大复杂工程地质难题，为长河坝水电站顺利建设运行提供了有力的技术保障。

　　本书以成都院 20 余年工程勘察设计、科研、施工、运行研究成果为基础编著而成。全书共 9 章，第 1 章为绪论，介绍工程概况、勘察设计过程、工程勘察技术特点、难点及重点；第 2 章为超高土石坝高烈度区区域构造稳定性与水库地震研究；第 3 章为库水深大变幅松散堆积体岸坡稳定性研究；第 4 章为复杂结构层次覆盖层超高坝筑坝工程地质问题研究；第 5 章为高地应力区大跨度地下洞室群围岩稳定性研究与处理；第 6 章为 300m 超高工程岩质边坡变形稳定性研究与处理；第 7 章为枢纽区复杂渗流场与渗流控制研究；第 8 章为不均匀天然砾石土心墙料及过渡料工程地质研究；第 9 章为环境工程地质问题研究。

　　在勘察设计施工过程中，成都院联合中国地震局地质研究所、中国地震局地球物理研究所、中国地震局灾害防御中心、中国地震局地震预测研究所、成都理工大学、中国地质大学、四川大学、河海大学、中国水利水电科学研究院、南京水利科学研究院、长江科学院等开展了勘察设计的相关科研工作。在工作过程中得到了四川大唐国际甘孜水电有限公司的大力支持和帮助，得到了工程参建各方的积极配合，特别是得到了水电水利规划设计总院的技术指导以及中国水利水电建设工程咨询公司的支持。在此一并表示诚挚的感谢！

本书在编写过程中得到了成都院的领导，科技信息档案部、总工程师办公室、勘察设计分公司、勘察设计分公司国际工程院、勘察设计分公司地质工程院等单位领导的大力支持，在此表示衷心感谢！在本书付梓之际，特别感谢全国工程勘察设计大师李文纲长期对长河坝工程勘察的悉心指导和帮助！感谢曾参与长河坝工程勘察设计并付出辛勤劳动的领导、专家和同事！感谢参与长河坝工程建设的同仁们！

本书由陈卫东、胡金山、何顺宾统稿。前言由陈卫东、胡金山编写，第1章由陈卫东、胡金山、何顺宾、黄润太编写，第2章由陈春文、李忠爽编写，第3章由刘永波、胡金山编写，第4章和第7章由胡金山、曹建平编写，第5章由刘永波、闵勇章、凡亚编写，第6章由胡金山、刘永波、曹建平编写，第8章由胡金山、凡亚、包恩泽编写。第9章由胡金山、谷江波、徐清编写。

限于作者水平，书中难免存在不足和疏漏，敬请批评指正！

编　者

2021 年 12 月

目 录

1.1　工程简介

长河坝水电站最大坝高 240m，坝基下伏河床松散覆盖层厚达 51～70m，最深达 80m，为深厚覆盖层上世界最高坝，也是目前唯一在深厚覆盖层坝高超过 200m 的大坝。

长河坝水电站位于四川省甘孜藏族自治州康定市境内大渡河干流上，为大渡河干流水电开发调整规划 22 个梯级电站的第 10 个梯级，上接猴子岩水电站，下游为黄金坪水电站。工程开发任务以发电为主。长河坝水电站总装机容量 2600MW（4×650MW），总库容 10.75 亿 m³，年发电量 110.5 亿 kW·h，为一等大（1）型工程。采用拦河大坝、首部式地下引水发电系统开发方式，枢纽工程主要由砾石土心墙堆石坝、左岸引水发电系统、右岸一条有压深孔泄洪洞和两条开敞式进水口泄洪洞及一条放空洞等建筑物组成。

长河坝水电站工程水头高、泄洪功率大、流速高（最高流速达 48m/s），且泄洪建筑物集中布置于河道右岸，多条泄洪洞出流区集中，泄洪消能问题和泄洪雾化问题成为该工程的重点及难点之一。长河坝地下厂房（长 228.8m×宽 30.8m×高 73.35m）、主变室（长 150m×宽 19.3m×高 26.15m）、尾水调压室（长 144m×宽 22m×高 79m）三大洞室平行布置，洞室群规模宏大，在国内名列前茅。

长河坝水电站地处川滇菱形块体、巴颜喀拉块体和四川地块交接部位，区域地质条件复杂，地震基本烈度高（Ⅷ度），工程抗震问题复杂。场址地处典型高山峡谷地段，卸荷拉裂松动发育，水库库岸稳定问题、自然边坡和工程高边坡稳定问题突出。坝址区河床覆盖层深厚、水文地质条件复杂，坝基承载及变形、抗滑、抗渗、液化问题严重。隧洞区与洞室群区地应力高，洞室群规模大，围岩稳定问题突出。防渗土料为极不均匀的天然宽级配砾石土，料源勘察评价等问题难度大。通过大量地质勘探试验测试和专题研究，成功解决了众多工程的重大地质问题。

长河坝水电站于 2005 年开始筹建，2010 年 11 月正式开工建设，2016 年 10 月蓄水，2016 年 12 月首台机组发电，2017 年 12 月全部机组投产。自蓄水以来，水库及枢纽建筑物运行正常。

1.2　勘察设计过程

长河坝水电站规划阶段勘察设计工作始于 1977 年，1983 年 4 月完成了《长河坝水电

站规划阶段工程地质勘察报告》，1983 年 6 月编制完成了《大渡河干流规划报告》，1989
年 11 月编制完成了《大渡河干流规划报告》（双江口—铜街子段），2003 年 7 月完成《四
川省大渡河干流水电规划调整报告》，同年 11 月该报告经水电水利规划设计总院会同四川
省发展和改革委员会审查通过，2004 年 9 月四川省人民政府批复了该报告审查意见。历
次规划报告中均推荐长河坝梯级水电站为近期开发的水电工程之一。

预可行性研究阶段勘察设计工作于 2003 年 6 月陆续展开，在《四川省大渡河干流水
电规划调整报告》推荐近期开发的长河坝梯级河段，即金汤河河口下游长约 4km 的规划
河段上，初拟上、下两个坝址开展预可行性研究阶段的勘察设计工作，2004 年 10 月编制
完成《坝址选择及枢纽布置初步研究报告》，并通过了中国水利水电建设工程咨询公司的
咨询，2004 年 12 月完成了《四川省大渡河长河坝水电站预可行性研究报告》，2005 年
1 月水电水利规划设计总院会同四川省发展和改革委员会审查通过了该报告。2005 年 6 月
由四川省地质工程集团公司完成了《四川省大渡河长河坝水电站建设用地地质灾害危险性
评估报告》。

根据预可行性研究报告审查意见、可行性研究勘察设计大纲和勘察设计合同的要求，
在可行性研究阶段相继完成了坝址选择研究、坝线与坝型选择以及枢纽布置专题研究和针
对查明水工建筑物工程地质条件等的地勘试验工作，于 2006 年 6 月完成的《四川省大渡
河长河坝水电站可行性研究报告》，在 2007 年 10 月水电水利规划设计总院会同四川省发
展和改革委员会在成都主持召开的四川省大渡河长河坝水电站可行性研究报告审查会议上
通过审查。

四川汶川 2008 年"5·12"大地震后，按照国家发展和改革委员会下发《国家发展和
改革委员会关于加强水电工程防震抗震工作有关要求的通知》（急发改委能源〔2008〕
1242 号）、水电水利规划设计总院《水电工程可行性研究阶段防震抗震专题报告编制暂行
规定》（水电规计〔2008〕24 号）、中国地震局《关于加强汶川地震灾后恢复重建抗震设
防要求监督管理工作的通知》（中震防发〔2008〕120 号）等相关文件要求，在深入工程
抗震能力复核及其补充分析研究的基础上，2008 年 10 月编制完成了《长河坝水电站防震
抗震研究设计专题报告》，同年 11 月水电水利规划设计总院审查通过了该报告。

为积极推进项目建设，2007 年 12 月编制完成了《四川省大渡河长河坝水电站项目申
请报告》，2008 年 3 月，中国国际咨询工程公司在成都组织召开了四川省大渡河长河坝水
电站项目核准申请报告评估会议，初步意见认为长河坝水电站的建设符合国家相关产业政
策，其经济效益和社会效益显著，前期准备工作充分，建议国家尽快核准开工建设。2010
年 9 月长河坝水电站建设核准通过国务院审批；同年 11 月国家发展和改革委员会正式批
复同意长河坝水电站开工。

1.3　工程勘察技术特点、难点及重点

长河坝水电站地处鲜水河断裂带、龙门山断裂带和安宁河—小江断裂带所切割的川滇
菱形块体、巴颜喀拉块体和四川地块交接部位，区域地质条件复杂，工程场地地震基本烈
度高（Ⅷ度），工程规模大，大坝防震抗震问题突出。

工程河段沟谷深切、谷坡高陡、冲沟发育，岩体卸荷拉裂松动，工程建设区内存在高边坡崩塌、危岩和变形体、滑坡、沟谷泥石流等地质灾害，施工安全隐患极大。枢纽区为高山峡谷地貌，两岸岩体卸荷强烈，部分强卸荷岩体表部卸荷松动，工程区开口线外危石、危岩体危险源多，边坡地质条件复杂，同时长河坝高边坡众多，包括电站进水口、左右岸坝肩、开关站、泄洪放空系统进出水口、泄洪雾化区等 7 个 150～300m 级工程边坡＋自然边坡，响水沟石料场、江嘴石料场、汤坝土料场等 3 个 300～500m 级料场边坡，这些边坡中既包括卸荷松动岩体 300m 级岩体边坡，又包括 500m 级覆盖层变形土料场边坡，勘察设计难度大，大部分超出现有工程经验。

坝基覆盖层深厚，组成结构复杂，地基承载及不均匀变形、坝基抗滑稳定、坝基渗漏及渗透稳定、砂层液化等工程地质问题突出。覆盖层基坑开挖后进行了原位试验及土体利用研究。

大坝为超高坝，对心墙防渗土料要求高，既要有一定的力学性能又要有较好的抗渗性能，其要求超出现有规范，同时天然砾石土料物理力学性能在平面及空间分布不均匀，且分布面积特大（近 1km²），为防渗土料勘察带来极大难度，长河坝开创性地采取超高坝的砾石土料勘察方法，解决了天然砾石土料场不均匀勘察评价问题，为大坝顺利填筑及土料充分利用提供了充分地质依据。

地下厂房区地应力高达 32MPa，主厂房开挖跨度大，高地应力大洞室群稳定问题突出，通过勘察研究与处理，较好地解决了高地应力大洞室群岩爆及洞室稳定问题。

另外长河坝水文地质条件复杂，两岸岩体卸荷强烈，强透水带较深，坝址区右岸为一近 90°凸岸，易造成库水渗漏。左岸厂房受附近金康水电站引水隧洞长期渗水补给，导致施工期渗水较大，不利于施工及安全。通过水文地质专题研究，查明了岩体、覆盖层渗透特性，查清了地下水渗流场特征，为地下水处理提供了技术保障。

在长河坝水电站工程勘察过程中，成都院联合了中国地震局地质研究所、成都理工大学、中国地质大学、四川大学等国内科研院校进行了相关研究工作，为上述重大工程地质问题研究提供了大量帮助。经过设计院 20 年的精心工程勘察与专题研究，查明了工程区的地质条件，解决了关键工程地质问题，取得的成果成功用于工程设计、施工中。这些研究成果为长河坝水电站的顺利建成奠定了基础。长河坝水电站顺利建设投产，推动了深厚覆盖层建坝技术的发展，积累了宝贵的工程经验，可供今后类似工程借鉴。

1.4　主要工程地质勘察与研究成果

（1）解决了复杂地震地质背景与高地震烈度区工程场地的地震危险性评价难题，为深厚覆盖层超高土石坝设计提供了科学合理的设计地震动参数。

工程区位于川滇南北向构造带北端的北东向龙门山断褶带、北西向鲜水河断褶带和金汤弧形构造带的交接复合部位，区域地质构造背景复杂。场址工作区大部分面积位于我国地震活动最强烈、分布面积最广的青藏高原地震活动区中的鲜水河地震统计区、龙门山地震统计区及巴颜喀拉山统计区，地震活动水平很高，地震地质条件复杂。

为对该区区域构造及其稳定性进行系统的研究和评价，成都院联合成都理工大学进行

"大渡河长河坝水电站坝区及外围地质构造研究"专题研究工作。针对与坝区地质关系密切的区域构造、岩石及地层等内容进行详细研究,重在构造特征研究。其研究方法主要采取构造解析法,以描述性的定性研究与定量分析相结合,传统方法与现代技术相结合,静态描述与动态演化研究相结合、从单一构造研究到多学科(如沉积、岩浆、变质、遥感、工程等)的渗透结合、微观与宏观构造相结合、古构造解析与活动构造相结合并与板块运动学、动力学相结合。在前人已有工作基础上通过路线地质、实测剖面、重点解剖等方式,从宏观—微观收集地(岩)层、岩石、地貌的展布特征及变化,变形构造几何形态及变形与地质事件演化序列资料。采用多种有效的测年手段确定阶地及相关第四纪沉积物及活动断层的形成时代;着重查明坝区内断裂构造在晚近时期的活动性,运用地球物理(甚低频测量)和地球化学(氦气测量)等手段对测区及邻区主要断裂进行系统测试,根据断裂的活动性进行分组和同一条断裂空间活动的差异性进行分段研究。查明了枢纽区和外围构造及区域稳定性。

在预可行性研究阶段,成都院委托中国地震局地质研究所、中国地震局地球物理研究所完成了《大渡河长河坝水电站工程场地地震安全性评价和水库地震评价报告》,通过对区域、近场区、坝址区不同规模和活动强度的断裂都进行了详细的野外考察和活动时代鉴定,在此基础上,结合区域范围地震活动资料,划分地震区带,确定地震活动性参数和地震动衰减关系。通过地震危险性概率分析方法,分别计算出工程场地未来50年超越概率为10%、5%、3%和100年超越概率为2%的基岩水平峰值加速度和反应谱。经中国地震局对大渡河长河坝水电站工程场地地震安全性评价报告的批复(中震函〔2005〕20号),长河坝水电站工程场地50年超越概率10%基岩水平峰值加速度为172gal,100年超越概率2%时为359gal,对应地震基本烈度为Ⅷ度,区域构造稳定性较差。根据《水工建筑物抗震设计规范》(DL 5073—2000)规定,最后给出工程场地的设计地震加速度、设计反应谱和相关时程。

2007年成都院委托中国地震局灾害防御中心、中国地震局地震预测研究所在水电站工程场地地震安全性评价的基础上,形成《大渡河流域猴子岩—硬梁包段断裂活动性研究》成果,对近场区内尚存疑问或资料不够充分的断裂进行核实与补充,主要针对大渡河断裂、龙门山断裂和金坪断裂的活动性进行进一步的核实;对坝址区内的断裂进行补充调查工作。确定大渡河断裂为中更新世活动断裂,断层活动以逆冲兼左旋为主,不具备断层活动性分段的构造条件,并据此确定其潜在震源等级。

"5·12"汶川大地震后,成都院与中国地震局地质研究所提出了《四川省大渡河长河坝水电站工程地震补充专题研究报告》。该报告认为长河坝水电站工程场地地震动参数仍采用中国地震局"中震函〔2005〕20号"批复的由中国地震局地质研究所和中国地震局地球物理研究所共同承担完成的《大渡河长河坝水电站工程场地地震安全性评价报告》相关成果,并补充完善了基准期100年超越概率1%基岩水平峰值加速度为430gal。

2016年成都院又与中国水利水电科学研究院根据最新颁布的《水电工程水工建筑物抗震设计规范》(NB 35047—2015)(简称《抗震规范》)的规定联合进行坝址区基于设定地震的场地相关设计反应谱研究工作,即按与水平向设计地震动峰值加速度相应的设定地震确定设计地震场地相关设计反应谱和最大可信地震场地相关设计反应谱,并据此生成人工地震波时程作为大坝抗震设计计算的依据。

通过上述多单位、多期次的现场地质调查和室内综合研究，查明了工程区的区域构造和地震地质背景，解决了鲜水河断裂带、龙门山断裂带与大渡河断裂结合部位地震危险性评价难题，科学地评价了长河坝工程场址区的区域构造稳定性，为深厚覆盖层上超高土石坝、高边坡、大跨度地下洞室群及泄洪消能等建筑物设计提供了可信的地震动参数，并成功地经受住了 2008 年 "5·12" 汶川 8.0 级地震、2013 年芦山 7.0 级地震、2014 年康定 6.3 级地震的考验。

（2）解决了复杂结构层次覆盖层超高土石坝工程地质问题评价难题，提出了地基处理措施建议，创新性地提出了大埋深下粗粒土力学性能评价方法，提高了超高土石坝坝基土体利用效果。

长河坝水电站坝基覆盖层深厚，一般厚度 60～70m，局部达 80m。成因复杂，包含多种成因，主要有冲积堆积、冰水堆积。结构较复杂，自下至上由老至新分为 3 层：第①层，漂（块）卵（碎）砾石层（fglQ$_3$），分布于河床底部，厚 3.32～28.5m；第②层，含泥漂（块）卵（碎）砂砾石层（alQ$_4^1$），厚 5.84～54.49m，分布于河床覆盖层中部及一级阶地上，②层中上部有②-c 砂层分布；第③层，漂（块）卵砾石层（alQ$_4^2$），厚度 4～25.8m。坝基覆盖层存在地基承载及变形、砂土液化、渗透及渗透稳定、抗滑稳定、抗冲刷等工程地质问题。

为查明坝基深厚覆盖层工程地质条件及主要工程地质问题，在前期与施工详图阶段均进行了一系列的勘探及试验。根据大量工程经验数据，施工详图阶段深基坑大开挖后现场试验和取原状样试验研究成果，经过大量统计分析建立了与深度、土体平均粒径相关经验公式，并在长河坝工程上得到了验证，取得很好的效果，使得超高土石坝坝基下保留覆盖层成为可能。

预可行性研究阶段就布置了大量的勘探及试验工作；可行性研究阶段结合地质测绘，对推荐坝址重点进行勘探、试验工作。为进一步研究河床深厚覆盖层的颗粒级配和力学性能，进行了专门的较大口径（φ130mm）取芯钻探和现场原位旁压试验等工作。招标及施工详图阶段，在坝轴线进行了加密钻孔，覆盖层开挖后进行触探和砂层标贯工作，以测试覆盖层物理力学特性。河床覆盖层开挖后，在原位进行覆盖层物理力学试验，以比较一定埋深条件下覆盖层物理力学性能的变化，为最终水工设计提供地质依据。

预可行性研究阶段结合坝址初选和坝型初定，为了初步查明河床覆盖层物理力学特性，上下坝址均分层进行了室内物理力学试验；现场进行了大剪试验、载荷试验、渗透试验、超重型触探试验和砂层标贯试验、抽（注）水试验、地下水长期观测等。

可行性研究阶段结合坝址坝线和坝型选定，为查明河床覆盖层物理力学性质和水文地质条件，结合水工布置，开展了室内土体物理性质力学全项常规试验、砂层震动液化试验、高压大三轴试验；现场进行大剪试验、载荷试验、钻孔旁压试验、标贯试验、超重型重力触探试验；钻孔分层抽水或标准注水试验、水质分析、地下水长期观测等水文地质观测与试验等。

招标及施工详图阶段结合基坑开挖进行对比研究，尤其是覆盖层基坑开挖 20～30m后，为查清一定埋深下或一定上覆压力下覆盖层物理力学性能及渗透性能，在已开挖基坑进行了标贯、超重型重力触探、现场原位大型力学及渗透试验和钻孔抽水及标准注水试验，并根据现场开挖取样进行了室内物理力学试验、高压大三轴试验。试验主要在基坑开挖揭示的第②、第③层土体中进行。勘探试验研究表明埋深较大的第②层变形模量、比例极限、抗渗透变形能力较表层土层有一定的提高，渗透系数有一定的降低，为超高土石坝深厚覆盖层利用提供了地质依据。

通过大量勘探及试验，查明复杂结构层次覆盖层超高土石坝工程地质问题，提出了地基处理建议。坝基覆盖层深厚，且不均匀，存在承载力及不均匀变形、渗透及渗透稳定、抗滑稳定及砂层液化等工程地质问题。施工中将砂层挖除，对河床部位心墙基础覆盖层进行了深5m的固结灌浆处理。为了解决覆盖层坝基渗漏及渗透变形问题，采用了两道全封闭混凝土防渗墙，墙底嵌入基岩内不小于1.0m；墙下基岩采用帷幕灌浆，主防渗墙帷幕伸入透水率$q \leqslant 3Lu$的相对不透水层；同时在坝轴线下游坝壳与覆盖层建基面之间设置一层水平反滤层。将覆盖层地基中的砂层全部挖除，在上、下游坝脚铺设一定厚度和宽度的弃渣压重，增强了大坝抗滑稳定性。长河坝蓄水运行四年多以来，坝基及坝体变形和渗透均在正常范围内，总体均较小，基础处理是成功的。

（3）通过精心勘察，在高山峡谷地区找到适合超高土石坝的心墙防渗料场，并创新地针对天然不均匀砾石土料场提出了超高土石坝防渗土料勘察与确定方法。

长河坝水电站地处高山峡谷中，岩石多裸露，符合超高土石坝防渗要求的储量丰、运距近、易开采的土料稀少。预可行性研究阶段，先后对坝址范围内方圆30km的7个土料场进行了初查或普查，最终对汤坝、新莲、麦崩土料场进行了初查，其总储量满足规程要求。可行性研究阶段对运距大于20km的汤坝、新莲料场进行了详查，质量与储量满足规程要求。

超高土石坝对防渗土料要求高，既要达到防渗要求，又要满足抗变形的需要，一般要求土料中粒径大于5mm的颗粒含量（简称P_5含量）范围为30%~50%，因而对土料场的勘察也提出了较高的要求。施工详图阶段，针对天然宽级配料场土料平面上及空间上分布不均匀的实际，除了根据现有土料勘察规程查明土料级配和物理力学特性、进行质量及储量等评价外，根据开采规划需要，还须提出土料颗粒级配不同P_5含量（包括$P_5<30\%$的偏细料、$P_5=30\%~50\%$的合格料、$P_5>50\%$的偏粗料）在平面及深度空间的分布特征及其储量，为土料场的合理开采及土料利用提供地质依据。长河坝水电站首次采用基于P_5含量等值线的勘察方法查明土料场不同级配土料在平面及空间的分布特征，查明相对集中的偏细料、合格料、偏粗料分布位置，合格料直接上坝，而偏细料与偏粗料经现场掺配合格后上坝，部分偏粗料通过重力自然分选方法降低碎砾石含量，这样大大提高了土料利用率，使长河坝水电站从原来两个土料场到最终只开采汤坝土料场一个料场，大大节约了造价及工期。

长河坝创新地提出了超高土石坝防渗土料勘察与确定的方法并获得了发明专利，同时"超高土石坝土石料分级装置"获得了实用新型专利。

（4）对长河坝水电站工程开口线以上自然边坡危险源进行系统勘察与防治，创新地提出了危岩体稳定性评价方法，与工程对象结合提出危害性评价方法，继而提出了治理设计原则。

长河坝水电站为典型的高山峡谷地貌，边坡高陡，枢纽区左、右岸坡基岩多裸露，岩体裂隙较发育，卸荷强烈。工程边坡开口线以上至第一级谷肩的自然边坡高达700～800m，其浅表部发育有较多危险源，包括危石及危石群、危岩体、孤石及孤石群、松动岩带、冻融风化块碎石层等类型，其对工程、施工安全影响较大。由于危险源分布高程高，多具较高势能，为确保施工期及运营期安全，对工程边坡开口线外自然边坡危险源进行了系统性、针对性地勘察与防治。开口线外自然边坡勘察不同于主体工程，往往人员难以到达，多采用特殊的勘察方法及防治措施，当时其勘察与防治方法尚未有成熟、统一的标准，勘察及防治设计难度较大。该工程提出了高陡开口线外自然边坡新的勘察方法，包括三维激光扫描及无人机遥感等辅助方法，提出了开口线外危险源定性及半定量稳定性判别标准，建立了危险源危险性及危害性概念，开创性提出了大型倾倒式危岩体联合防护结构以及治理方法，对危险源实行了分区、分类防治，达到了安全经济的目的，为《水电工程危岩体工程地质勘察与防治规程》（NB/T 10137—2019）的编制奠定了坚实的基础。

（5）解决了300m级超高工程岩质边坡变形稳定性研究与处理的工程地质问题，特别是解决了强卸荷拉裂松动岩体超高边坡工程地质问题，成功地对枢纽区超高岩质边坡进行了设计优化，降低了开挖高度，并确保了边坡稳定。

长河坝工程规模大，地处川西高原、高山峡谷地区，谷坡陡峻，浅表部岩体卸荷强烈，长大裂隙和顺坡结构面发育，强卸荷岩体普遍张开，结构面锈染强烈，力学强度低，边坡地质条件较差。部分岩体浅表部岩体卸荷松弛明显形成松动岩体，如电站进水口边坡岩体部分为松动岩体，边坡稳定性差。

长河坝工程边坡多为超高边坡、规模大，共有6个边坡坡高大于300m，且多位于强卸荷带内，工程边坡稳定问题突出，尤其是强卸荷高陡边坡以及强卸荷、松动岩体边坡，有必要进行深化研究工作。因此联合成都理工大学、四川大学开展7个专题研究。开展了各工程边坡地质条件，天然边坡、工程边坡稳定性研究；进行了电站进水口、开关站、左坝肩、右坝肩、泄洪系统进水口、泄洪系统出水口共6个边坡稳定性专题研究。利用模拟岩体非连续变形行为的数值方法（Discontinuous Deformation Analysis，DDA）、二维及三维连续快速拉格朗日分析有限差分法（Fast Lagrangian Analysis of Continua，FLAC）对边坡稳定性进行勘察设计研究，提出了优化设计方案，后根据开挖后揭示边坡地质条件进行稳定性复核分析研究，对边坡进行局部块体稳定搜索，增加随机支护。对强卸荷带内高边坡各种工况下可能失稳破坏的边界条件、范围及失稳模式进行研究并科学评价其稳定性，提出了技术经济合理可行的开挖方案、永久支护方案、参数及相应的工程处理措施。

通过强卸荷带高边坡关键技术研究，为工程边坡治理优化设计提供了技术支撑。遵循强支护、弱开挖（开挖坡比1∶0～1∶0.25）原则，保留了泄洪洞进水口、开关站边坡大部分强卸荷及松动岩体，保留了部分进水口松动岩体，泄洪系统出水口、左右坝肩边坡大部强卸荷岩体。将泄洪系统出水口最大边坡开挖高度由375m降为140m，进水口边坡从336m高度降为105m，大大降低了左右坝肩及初期导流洞进水口边坡高度。

拦河大坝为超高土石坝，左右坝肩开挖的形式决定了其不同于拱坝，不可能挖至微新岩体，一般开挖水平深度10余米至30余米，仍保留大部分强卸荷岩体，同时坝顶高程以下坝肩边坡均为临时边坡（临时边坡高度大于240m），最终被坝体覆盖，因而其支护强度也不同于永久边坡，但因该工程施工期特别长，往往大于4年，故如何确保其安全稳定非常重要。长河坝工程通过强卸荷带高边坡关键问题研究，成功解决了左右坝肩边坡永久稳定与临时稳定相结合的勘察设计问题，为支护勘察设计提供了技术支撑和理论依据，确保边坡稳定的同时又为边坡进行合理支护设计。

通过强卸荷带高边坡关键技术研究，解决了强卸荷高边坡稳定性分析评价难题，为泄洪洞进出水口边坡、左右坝肩边坡等支护设计、安全监测及长期运行安全提供理论依据和技术支撑，边坡设计时可以尽可能保留强卸荷岩体。

强卸荷带内松动岩体力学性能差，无现有规程规范可循。通过该项目研究不仅解决了长河坝工程现实问题，也解决了卸荷拉裂松动岩体的地质评价、治理原则及处理措施研究等。如对开口线外强卸荷松动岩体长河坝不是一味地予以挖除处理，通过研究，结合其稳定性、危害对象分别确定不同处理原则，分别进行主动网防护、锚固、挖除、下方挡护等处理措施，大大节约了工程投资及工期，确保了边坡稳定。

（6）解决了高地应力条件下大跨度地下洞室群围岩稳定勘察评价与处理问题，开展了施工期监测信息反馈分析、施工开挖和支护参数复核优化、块体稳定数值计算分析、施工期洞室施工安全控制预警机制与应急处理措施研究，确保了洞室群的围岩稳定，有效规避了工程施工期安全风险，降低了工程造价。

该水电站地下厂房洞室群规模大，洞室跨度达30.8m，围岩地质条件比较复杂，初始地应力水平较高，最大地应力达32MPa，属高地应力区。工程前期勘察工作过程中，对地下洞室群部位开展了大比例尺地质测绘和勘探平洞、钻孔及试验研究工作，基本查明了地下洞室群区的工程地质与水文地质条件、岩体物理力学特性与地应力条件，开展了高地应力条件下洞室围岩稳定性分类，评价了地下洞室群围岩稳定性，为洞室开挖支护设计、防渗与排水设计提供了翔实的地质资料和参数。

在地下洞室群开挖过程中，采用三维激光扫描、数码摄像、地质编录和三维成图等技术，进行地质信息的快速采集、资料分析、围岩分类与稳定性评价、超前地质预测预报。并制定了一套详细的工作流程、工作内容与判别标准，快速、完整地收集了施工开挖期的地质资料，预测和评价了遇到的工程地质问题与围岩失稳现象，很好地指导了工程的动态设计与安全施工，为今后地下工程施工的地质资料收集和围岩稳定性判定提供了宝贵的经验。特别是施工期开展了地下厂房洞室群施工期快速监测与反馈分析研究工作，紧密结合地下厂房开挖过程中洞室围岩的整体与局部稳定性、支护参数的调整、洞室开挖完成后长期时效变形量和收敛时间及其影响评价等工程实践需要，建立了反馈分析理论及三维数值反馈分析系统，开展了施工期监测信息反馈分析、施工开挖和支护参数复核优化、块体稳定数值计算分析、施工期洞室施工安全控制预警机制与应急处理措施研究等。根据各层开挖揭示的地质资料及监测数据，及时调整计算参数和计算模型；对施工期地下洞室群围岩稳定进行了快速监测和反馈分析，评判了洞室群围岩稳定状况，及时提出了现场动态调整开挖时序和支护方案；很好地控制了施工过程的围岩变形，确保了洞室群的围岩稳定，有效地规避了工程施工期安全风险，降低了工程造价。

（7）成功突破500m级高陡土料场边坡取料与变形控制技术。长河坝水电站汤坝土料场边坡高度达500m，为国内最高土料场边坡。土料场边坡治理不同于工程边坡，既要确保边坡稳定，又要保证土料开采量，确保大坝填筑顺利进行，因此500m级高陡土料场边坡防治难度非常大。

汤坝土料场坡高且陡，开采过程中在下部持续出料情况下出现较大变形，危及料场开采安全。为快速控制料场边坡变形扩展，同时又不能停止料场开采，采取了在变形范围外快速实施钢管桩支护，以控制变形扩展，同时实施削坡减载，监测截排水及应急管控措施，确保了料场边坡施工期安全。随后对边坡采用锚索＋框格梁＋抗滑桩等永久处理措施。

汤坝土料场坡成功采取了变形监测及应急管控措施。采用外部变形监测及内部变形监测、深部与浅层变形监测相结合方法，提出了土料开采时边坡变形安全预警值，安全地建立了边坡应急管控原则和标准。边坡通过削坡减载和钢管桩等临时手段、变形监测和应急管控及锚索＋框格梁＋抗滑桩永久处理方案，成功解决了500m级高陡土料场边坡取料与变形控制技术问题，确保了边坡稳定和土料顺利开采。

（8）创新采用水文地质试验检测防渗系统的防渗效果。长河坝水电站为深厚覆盖层中最高坝，其覆盖层渗透稳定问题至关重要。设计采用两道全封闭防渗墙进行防渗。防渗墙质量检测非常重要，防渗墙检测传统方法采用钻孔取芯、墙内压水试验、声波测试等方法，它们多以点带面不易全面判断防渗墙质量特性；同时又都在防渗墙内进行，影响施工进度。

应用水文地质试验方法宏观检测防渗墙质量，取得了显著的效果。通过两道防渗墙之间覆盖层中抽水孔进行不同深度、不同降深和单孔及多孔联合抽水试验，分析防渗墙及其上下游之间水力联系，利用水文地质分析计算方法确定防渗墙、覆盖层及基岩渗透特性，从而判断防渗墙的防渗效果。检测结果表明防渗墙渗透性能满足设计要求，可以进行大坝心墙填筑。蓄水后主副防渗墙防渗效果符合预期，未出现较大渗水，表明其检测结果精度高，并经受了蓄水检验。

（9）解决了枢纽区复杂渗流场与渗流控制的水文地质勘察问题，为工程设计提供了可靠的地质依据。

枢纽区水文地质条件复杂，两岸岩体卸荷强烈，岩体强透水带较深，坝址区右岸为一近90°凸岸，易形成库水渗漏。左岸厂房受附近金康水电站引水隧洞长期渗水补给，导致施工期渗水较大，不利于施工及安全。加之，河床覆盖层强透水，大坝基坑开挖较深，达30余米，施工期基坑涌水控制是关键问题，查清水文地质条件是基础。

为此进行了引水发电系统地下水动力场专题研究及大坝基坑涌水水文地质条件及渗流场专题研究。运用系统分析方法的基本原理，将野外实地调查测试和室内综合分析相结合，定性分析与定量模拟相结合，采用多种试验和测试技术，包括水化学全分析和特殊的微量组分分析以及氢氧稳定同位素的分析测试；进行了基础地质、地下水系统划分、含水介质结构分类、地下水流动系统的模拟等水文地质研究；对坝址区地下水的补给、径流和排泄条件进行勘察，查明基坑开挖出水点的来源，分析地下水渗漏途径及渗漏量，为大坝防渗处理措施提供建议，为施工期和运行期坝基渗流提供监测建议，为工程设计和施工提供可靠的水文地质依据。

通过野外调查和取样测试分析，对比两岸地下水、河水及基坑用水的温度、矿化度、水化学特征，坝址区的数值模拟模型分析，判断基坑涌水主要来源。通过在主副防渗墙之间进行多组多孔抽水试验，综合利用解析法、GMS 模型参数反演和水力层析法计算分析得出两防渗墙体的渗透系数，估算了渗透量，指导了施工。

（10）针对西南山区河道型水库特点，采用多种方法进行了深大变幅松散堆积体塌岸分析及预测，尤其是采用适合于西南山区河道型水库的最新塌岸预测方法（冲堆平衡法），准确预测了长河坝库区覆盖层塌岸地点、规模及其危害。利用块石水下自然休止稳定坡角较大特点，首次针对高坝深库利用地下洞室开挖料提出了块石压脚护坡处理措施并经实施，确保了便道稳定，保障了交通安全，起到了良好的经济效益及社会效益。

第 2 章
超高土石坝高烈度区区域构造稳定性
与水库地震研究

2.1 构造稳定性勘察方法

区域构造稳定性研究是水电工程勘察的主要工作之一。我国是一个地震多发的国家，西南是地震地质构造条件较为复杂的地区，而这个地区又是我国水能资源最丰富的地区。做好区域构造稳定性勘察研究显得非常重要，区域构造稳定性的正确评价是影响水电工程经济合理、安全可靠的重要因素之一，在一定条件下是关系到水电工程是否可行的根本地质问题，对水电规划、开发方式、坝址坝型选择以及大坝等建筑物的设计、运行等影响极大。同时，需对水库地震进行分析预测监测等。

2.1.1 区域构造稳定性

区域构造稳定性分析评价，主要研究内容为区域构造地质背景、断层活动性鉴定、地震安全性评价、地震地质灾害评估等。其勘察研究范围分为三个层次：坝址周围不小于 150km 范围内为工程研究区；坝址 25km 范围内为工程近场；坝址及坝址 5km 范围内为工程场址区。区域构造稳定性的研究方式有资料收集、调查、试验、监测、分析、计算等。

（1）区域构造地质背景研究。研究坝址周围不小于 150km 范围内的地层岩性、地质构造、区域性活动断裂、现代构造应力场、重磁异常等、第四纪火山及地震活动，进行构造单元和地震区划分，分析其稳定性。查明坝址 25km 范围内区域性断裂及活动性，查明坝址及坝址 5km 范围内对坝址有影响的活动断层。

（2）断层活动性鉴定。识别活动断层、最新活动年龄、活动性质、全新世滑动速率、位移量和现今活动强度等。

（3）地震安全性评价。进行区域地震活动性和地震构造评价、近场区地震活动性和地震构造评价、场地地震工程地质条件勘察，地震动衰减关系确定，地震危险性的确定性分析、概率分析、区域性地震区划，场地地震动参数确定和地震地质灾害评价，地震小区划等。

汶川"5·12"大地震后，根据中国地震局 2008 年《关于加强汶川地震灾后恢复重建抗震设防要求监督管理工作的通知》（中震防发〔2008〕120 号）文件，大渡河长河坝水电站虽位于《中国地震动参数区划图》（GB 18306—2001）国家标准第 1 号修改单范围内，但属地震动峰值加速度没有变化的地区，故不进行工程场地地震安全性评价的复核，工程场地抗震设防地震动参数仍采用中国地震局中震函〔2005〕20 号批复的中国地震局地质研究所和中国地震局地球物理研究所共同承担完成的《大渡河长河坝水电工程场地地震安全性评价报告》(2005 年)相关成果:长河坝水电站工程场地 50 年超越概率 10% 的基岩水平峰值加速度为 172gal,100 年超越概率 2% 的基岩水平峰值加速度为 359gal,相对应的地震基本烈度为Ⅷ度,区域构造稳定性较差。2008 年 9 月,中国地震局地质研究所提交的《四川省大渡河长河坝水电站工程地震补充专题研究报告》分析确定了 100 年超越概率 1% 基岩水平峰值加速度为 430gal。复核成果已在工程中得到了应用。

芦山"4·20"地震、康定 6.3 级地震对长河坝水电站场址的影响并未超过上述设防烈度。

根据 2015 版地震区划图与地震动加速度反应谱特征周期区划图,长河坝坝址仍处于中国地震动参数区划值 0.2g(相当于Ⅷ度基本烈度)区,地震地质条件未发生明显改变。

2.1.2 水库地震

水库地震分析预测主要在查明库坝区地震地质条件基础上,根据地质环境、地应力状态、孕震构造、岩体导水性、可溶岩分布与岩溶发育、发震机制等分析预测发震库段、发震类型、发震震级和烈度,进行水库地震监测台网规划设计。

水库地震分析预测一般分三阶段进行:第一阶段,研究库坝区触震环境,初步评价产生水库地震的可能性;第二阶段,当初步评价认为有可能产生水库地震时,对地震可能性较大的地段进行工程地质和地震地质论证,校核每个库段具体地震条件,进一步判定发震地段和发震强度;第三阶段,在工程施工和运行初期,监测和分析水库蓄水前后地震活动的变化,验证前期评价意见。若水库蓄水后震情出现明显变化,应开展补充研究,预测地震的发展趋势。

长河坝水库地震分析预测评价预可行性阶段完成了第一、第二阶段的研究内容。长河坝水库地震监测和预测研究系统总体规划设计于 2008 年由四川省地震局水库地震研究所完成,2009 年 10 月通过评审,2014 年 6 月四川大唐国际甘孜水电开发有限公司委托四川省地震局水库地震研究所开展了"大渡河长河坝、黄金坪水电站水库诱发地震监测和预测研究系统台站勘选测试及技术实施设计"工作,提交了《大渡河长河坝、黄金坪水电站水库诱发地震监测台网勘选测试及定址报告》,为系统的技术实施设计提供必要的设计依据。长河坝水库地震台网设计由 8 个测震台站(含黄金坪共享台站)组成,水库临时地震台网于 2015 年 9 月建成并投入运行,由 8 个台站和 1 个台网中心组成,长河坝水库自 2016 年 10 月 26 日开始第一阶段蓄水后正式开始蓄水后的监测。

2.2 区域地质与地震概况

2.2.1 区域地质

长河坝水电站地处青藏高原东南部川西北丘状高原东南缘向四川盆地过渡地带,北为巴颜喀拉山脉南东段,东靠邛崃山脉北段,西依大雪山山脉,为横断山系北段的高山曲流深切峡谷地貌,山势展布与主要构造线走向基本一致。在地貌单元上位于青藏高原东南部,川西北丘状高原东南缘向四川盆地过渡之深切高山峡谷区。区内地形强烈切割,山高谷峡，地势险峻。邛崃山、二郎山纵贯于东南部，海拔一般为 3000~4000m，夹金山山峰高达 4930m；大雪山屹立于中西部，海拔一般为 4500~5500m，贡嘎山主峰高达 7556m。山势展布与主要构造线走向十分吻合。第四纪地貌表现为具有三级夷平面和三层宽谷台地。其中：一级夷平面高程为 4400~4600m，为区内海拔最高的准平原化夷平面，即"高原期夷平面"；二级夷平面高程为 4000~4200m，表现为小面积平台套生在分水岭间，称为"鹧鸪山期剥蚀面"；三级夷平面高程为 3500~3600m，属剥蚀面特征，呈谷肩式残留状分布，通常称为"二郎山期剥蚀面"。夷平面之下至现代河谷之间，具有较清楚的三层宽谷地貌，谷肩台面分布高程分别为 3200~3500m、2800~3100m 及 2000~2500m。

库坝区河段均为深切曲流河谷地貌，河谷下部呈明显的 V 形谷，局部为峡谷，中上部为宽谷。在 3600m 以上，特别是 4200m 以上的高山区常见冰斗、刃脊、角峰、U 形谷（悬谷）等冰蚀地貌残迹及高山"海子"（古冰川、冰斗、冰湖的残余），表明第四纪晚更新世有过山谷冰川活动（属青藏高原末次冰期）。河谷狭窄，水流湍急，河谷形态以 V 形为主，U 形相间，两岸谷坡阶地分布零星，可见规模不等的 I~V 级阶地，其中 I 级阶地保存较好，II 级阶地以上仅局部残存。总体反映出第四纪以来该区强烈上升隆起，河流急剧下切侵蚀以及冰川作用强烈的特点。

区内地层除寒武系缺失外，从前震旦系到第四系均有不同程度的发育。大致以龙门山—小金河断裂为界，可分为西北部地槽变质岩区和东南部地台沉积岩、岩浆岩区，以及介于两区之间的西相区，长河坝水电站即位于西相区。

西相区是指川滇古隆起北端的五大寺、昌须、昌昌以及岚安等地，为一套古生代—中生代的浅海相泥砂岩—碳酸盐岩建造，且含石膏及煤系地层，总厚度 1415m。

区内岩浆岩出露较广，展布于川滇南北构造带和北东向龙门山构造带，主体以晋宁—澄江期侵入岩为主，喷出岩次之。晋宁—澄江期侵入岩是前震旦纪—早震旦世的岩浆活动在本区最强的一次，广泛分布于南北向构造带的大渡河干流两岸和二郎山一带以及北东向构造带的宝兴复背斜核部，岩性以斜长花岗岩、花岗岩、闪长岩为主（俗称"康定杂岩"）。长河坝水电站坝区及大部分水库区即位于"康定杂岩"这一古老的结晶地块上。喷出岩零星分布于康定县金汤—孔玉、厂坝等地，隶属前震旦系盐井群，以变质凝灰岩、变质流纹岩为主。

第四系各类不同成因的松散堆积层沿谷坡及河谷分布，残积、崩坡积、冰川、冰水堆积主要分布于山顶平台及缓坡地带，冲洪积广泛分布于沟口、河床及两岸阶地。

2.2.2 主要断裂及活动性

长河坝水电站位于川滇南北向构造带北端与北东向龙门山断褶带、北西向鲜水河断褶带和金汤弧形构造带的交接复合部位。在大地构造部位上，处于松潘—甘孜地槽褶皱系巴颜喀拉冒地槽褶皱带内（II$_1$）（图 2.2-1）。

水电站地处鲜水河断裂带、龙门山断裂带和安宁河—小江断裂带所切割的川滇菱形块体、巴颜喀拉块体和四川地块交接部位，处于川滇菱形块体东缘外侧。最主要的构造是由龙门山断裂带、鲜水河—安宁河—小江断裂带构成近似 Y 形的构造带，统称川滇南北向构造带（图 2.2-2）。由于该地区自早元古代以来，经历了晋宁运动、澄江运动、海西运动、印支运动、燕山运动和喜马拉雅运动等多期次的构造运动，先后形成了各种不同方

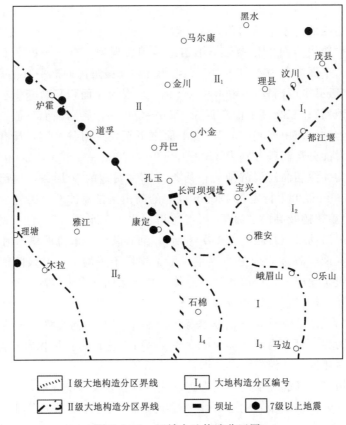

图 2.2-1　区域大地构造分区图

向、不同大小、不同样式、不同性质、不同形成环境、不同形成机制的复杂的断裂构造系统。川滇南北构造带、龙门山构造带、北西向构造带、金汤弧形构造带构成了该区最基本的构造框架。区域主要断裂及活动性见表 2.2-1。

表 2.2-1　　　　　　　　　区域主要断裂及活动性一览表

断裂名称	产状	长度/km	最新活动时代	活动性质	地震活动
鲜水河断裂带（F_1、F_{11}）	$310°\sim320°/SW\angle70°$	350	Q_4	左旋走滑	最大地震 $7\frac{3}{4}$ 级
安宁河断裂带（F_2）	$0°/W\angle50°\sim80°$	170	Q_4	左旋走滑	最大地震 $7\frac{1}{2}$ 级
大凉山断裂带（F_3）	$330°\sim360°/W\angle80°$	120	Q_4	左旋走滑	最大地震 5.5 级
龙门山断裂带（F_4、F_5、F_6）	$40°\sim50°/NW\angle50°\sim70°$	270	Q_3、Q_4	逆冲	最大地震 8.0 级
马边断裂（F_8）	$310°\sim330°/SW\angle40°\sim60°$	100	Q_4	挤压走滑	最大地震 7.0 级
莲峰断裂带（F_9）	$35°\sim45°/NW\angle40°\sim50°$	40	Q_3	压性	无中强地震
理塘—德巫断裂（F_{14}）	$310°\sim320°/SW\angle70°\sim80°$	170	Q_4	左旋走滑	最大地震 7.3 级
玉农希断裂（F_{15}）	$20°\sim30°/NW\angle50°\sim70°$	150	Q_4	逆冲	最大地震 6.2 级
松岗断裂（F_{22}）	$325°/NE\angle50°\sim70°$	50	Q_2	左旋走滑	
抚边河断裂（F_{25}）	走向 330°		Q_4	隐伏活动	最大地震 6.6 级
荥经—马边断裂	走向北西，倾向南西	160	Q_2		

续表

断裂名称	产状	长度/km	最新活动时代	活动性质	地震活动
锦屏山断裂带	走向北北东到北东，倾向北西	150	Q_2	逆冲	
大泥沟断裂（F_{16}）	$345°/SW∠80°$	150	Q_3	走滑	
龙泉山断裂带（F_{17}）	$50°/SE∠50°$	90	Q_3	逆冲	
大渡河断裂（F_{24}）	近南北向	100	Q_2	走滑	

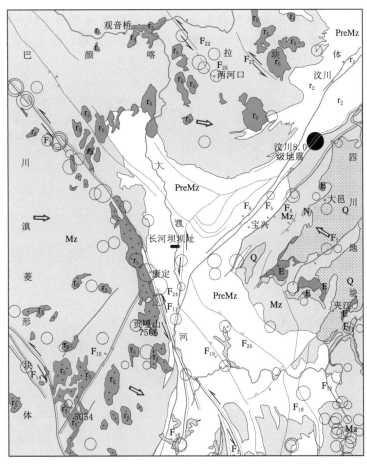

图 2.2-2 区域地震构造图（不含 2008 年 5 月 12 日汶川地震的系列余震）

F_1—鲜水河断裂带；F_2—安宁河断裂带；F_3—大凉山断裂带；F_4—彭县—蒲县断裂；F_5—北川—映秀断裂；

F_6—茂汶—汶川断裂；F_7—浦江—新津断裂；F_8—马边断裂；F_9—莲峰断裂；F_{10}—老坝河—马颈子断裂；

F_{11}—磨西断裂；F_{12}—马边—盐津断裂；F_{13}—小金河断裂；F_{14}—理塘—德巫断裂；F_{15}—玉农希断裂；

F_{16}—大泥沟断裂；F_{17}—龙泉山断裂；F_{18}—关姑断裂；F_{19}—金培断裂；F_{20}—宝新—凤仪断裂；

F_{21}—越西断裂；F_{22}—松岗断裂；F_{23}—米亚罗断裂；F_{24}—大渡河断裂；F_{25}—抚边河断裂

　　1. 鲜水河断裂带（F_1、F_{11}）

北起甘孜西北，向南东经炉霍、道孚、乾宁、康定、磨西，石棉新民以南活动行迹逐渐减弱，终止于石棉公益海附近。断裂带在康定西北走向310°～320°，康定以南的磨西断裂（鲜水河断裂带的一个断裂段）走向310°～320°，全长400km。区内长度约350km。

晚新生代以来，鲜水河断裂表现出强烈的左旋走滑运动，是松潘—甘孜造山带内部一条大型走滑断裂，横切了松潘—甘孜造山带的主体，系造山运动后期陆内变形的产物（许志琴 等，1992），晚新生代以来的位移总规模在60km左右。鲜水河断裂带多处错断全新世地层，沿断裂带形成多个与古地震有关的断塞塘堆积（李天裙 等，1997）。如折多塘附近的两个探槽，均揭露出鲜水河断裂错断全新世地层，而且揭露出几次古地震事件（图2.2-3）。

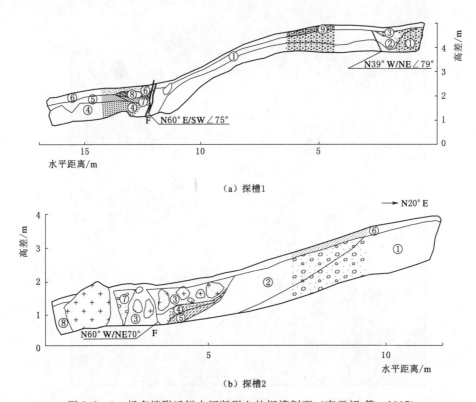

(a) 探槽1

(b) 探槽2

图 2.2-3　折多塘附近鲜水河断裂上的探槽剖面（李天裙 等，1997）

　　(a) 图中：①—灰黄色冰碛砾石；②—黄褐色冰碛砾石；③—灰色含砾亚砂土；④—黄褐色—黄灰色砂土；
　　　　　⑤—黄褐色砂层；⑥—灰白色砂层；⑦—浅黄色黏土；⑧—灰黑色亚黏土；⑨—暗褐色腐殖土层。
　　(b) 图中：①—米黄色冰碛砾石；②—黄黄色冰碛砾石层；③—褐黄色粉砂质黏土；④—灰褐色亚黏土；
　　　　　⑤—褐黑色砾石层；⑥—灰褐色砾石层；⑦—褐黄色砂砾石楔体；⑧—暗褐色含草根亚砂土

综合目前的研究结果，鲜水河断裂全新世以来的活动以惠远寺拉分盆地为界可分为两段：北西段长约200km，由一条单一的主干断裂组成，平均水平滑动速率为10～15mm/a（熊探宇 等，2010；闻学泽 等，1989）；南东段结构比较复杂，乾宁—康定段由三条次级断层近于平行展布而成，单条断裂的滑动速率小于10mm/a，但三条断层滑动速率之和在

10mm/a 左右（周荣军 等，2001），康定以南断层又呈一条单一的主干断层延伸，滑动速率值亦在 8~10mm/a 左右。有史料记载以来，鲜水河断裂共发生过 8 次 7.0 级以上地震和多次 6.0~6.9 级地震，显示出强烈的近代活动性。

2. 安宁河断裂带（F_2）

安宁河断裂带是青藏高原东缘边界断裂之一。北起石棉安顺场，南至会理以南，区内长约 170km。断裂带形成于晋宁期，经历了长期的演化历史，对沉积建造、岩浆活动起明显的控制作用。晚第四纪以来该断裂带的最新活动具有明显的分段性。

根据断裂的几何结构特征、活动构造地貌的表现及其历史地震地表破裂等的差异，以西昌和冕宁为界，可将安宁河断裂分为三段：南段（西昌以南）长约 175km，晚第四纪以来已无明显的活动性，未见明显的断错地貌现象，仅在早更新世昔格达组（Q_1x）湖相地层中发育有一些规模较小的褶皱和断层，现今地震活动较弱，尚未有 $M \geqslant 4.7$ 级地震的记载（唐荣昌 等，1993）；中段（西昌—冕宁）长约 100km，断错地貌清晰，常见地质、地貌体的左旋错开，晚第四纪以来的平均水平滑动速率在 5.5mm/a 左右，历史上发生过 1536 年西昌新华 7.5 级地震和 1952 年石龙 6.7 级地震。古地震探槽研究结果表明，公元 624 年西昌附近的大于等于 6.0 级地震亦可能发生在该断裂段上；北段（冕宁以北）仍表现出比较明显的全新世活动性，在石棉田湾、麂子坪、紫马垮、野鸡洞、大桥等地均可见到明显的断错地貌现象，平均水平滑动速率为 4.5~5.0mm/a。该断裂段除 1913 年发生过 1 次小盐井 6.0 级地震外，无更大震级的历史地震记载，但探槽业已揭示出多次古地震事件，震级在 7.5 级左右。

3. 大凉山断裂带（F_3）

断裂带北起石棉，向东南经越西、普雄、布拖、交际河，止于金沙江边头道以北，全长 240km 左右，总体走向为 330°~360°，主断面倾向西，倾角陡。由四条次级断裂组成，由北向南依次是石棉—越西断裂、普雄—竹核断裂、拖都—布拖断裂、吉夫拉打—交际河断裂。次级断裂呈右阶或左阶斜列，阶区宽度 5~15km。研究区包括北部三条断裂。

大凉山断裂带与安宁河断裂带、则木河断裂带平面上构成扁豆体状，扁豆体即小相岭。断裂带中生代控制东侧盆地的发育，反映了垂直差异运动的活动性质。新生代早期的活动性质仍以压性为主，晚第四纪以来则以左旋走滑为主，兼有正断垂直运动。左旋位移使水系有不同量级的左旋位移，地貌上形成断裂槽地，垂直运动形成新的断陷盆地或拉分盆地。经野外对左旋位移量的实测和年龄样品的测试，求得大凉山断裂带晚更新世以来的左旋位移速率平均为 3.5mm/a，全新世以来的左旋位移速率平均为 3.3mm/a。在拖都和次子角分别开挖了一个探槽，不仅解释了大凉山断裂带全新世的活动，而且还揭露出古地震事件。沿大凉山断裂带现今地震活动较弱，历史上未见 6.0 级以上地震记载，仅发生过 3 次 5.0~5.5 级地震。

4. 龙门山断裂带（F_4、F_5、F_6）

龙门山断裂带由龙门山山前隐伏断裂、前山断裂、中央断裂和后山断裂组成，长约 500km，近场区只涉及后山断裂和中央断裂的南段，距离场址最短距离分别为 20km 和 23km。

龙门山断裂带于 2008 年 5 月 12 日发生 8.0 级大地震。根据目前有限的地震地表破裂点资料，汶川大地震地表破裂主要沿中段中央断裂分布，长约185km；前山断裂在中段瓷丰镇、汉旺镇东也发现了地表破裂，但位移量较小，两点之间长约68km。沿中央断裂带，南部映秀镇垂直位移约2m，右旋位移为0.5～0.6m，往南在三江附近没有观测到地表位移；在北部南坝以北7km的石坎也观测到地表破裂，右旋走滑位移与垂直位移均为1m左右，再往北尚未发现地表破裂点。地表位移最大处在映秀东北，垂直位移接近5m，现有资料获得的地震地表破裂带的长度为185km。在前山断裂中段瓷丰镇垂直位移小于1m，汉旺以东垂直位移约1m，右旋走滑位移0.4m左右。从龙门山断裂带分段角度，北东段与中段的分段边界位于石坎北，大体位于水观镇分水岭附近，中段与南西段的分段边界位于映秀位移点以南35km处，大体处于北西向邛崃山岭的北缘。因此，目前获得的地震地表破裂点均位于中段范围内。故根据此次"5·12"大地震的震源机制、余震序列及其分布、地表构造破裂的发育和力学特性及地震宏观的灾害特点等，显示"5·12"大地震孕震构造是北东向的龙门山推覆构造带、主要发震断层为中央断裂中段的映秀—北川断裂及连锁破裂的前山断裂中段的灌县—江油断裂，此外据中国地震局地球物理研究所定位结果，汶川地震余震南起三江，北至青川以北沙洲坝附近，全长300km。余震主要分布于汶川映秀至青川之间，也表明龙门山构造带三条主要断裂其活动性具有分段性。

综合目前震源破裂、余震活动、地表破裂的性质与强度等方面的资料，可以看出，不仅南坝以北段落和以南段落存在明显的差异，而且中段与南西段也存在较大的差别。龙门山断裂带中段为汶川"5·12"大地震主地表破裂段，破裂东北端至南坝附近，构造上为岷山隆起北边缘，破裂西南端位于三江，止于四姑娘山、西岭雪山隆起边缘，长约220km，是已发生8.0级地震地段，未来潜在8.0级以下地震危险性是大有可能的，因此属上限震级为8.0潜在地震危险地段。龙门山断裂西南段具有晚更新世活动性，根据其规模（约150km）并考虑西南段动力学背景与构造程度比中段弱的特点，上限震级定为7.5级。中段和北东段的分界在北川以北，相比向北推进了40km。根据现有资料，龙门山断裂带北段三条断裂的活动性具有不同的表现，其中中央断裂和前山断裂延伸到北段后地表断续分布，并且方向向东偏转，地表没有活动的显示，根据构造级比，6.0～6.5级的潜在发震的可能性较大。而青川断裂发育很宽的碎粉岩、超碎裂岩带，地貌上呈现明显的线性展布特征，构成龙门山北段与摩天岭隆起的主要分界，但其晚更新世以来活动并不明显，且位于岷山隆起以东，考虑其所处的动力学环境，定为震级上限为7.0级潜在危险地段。

龙门山断裂带的多条断裂在横向上的地震构造特征也存在一定的差异，由于前山断裂及山前隐伏断裂深度较浅，仅为5～7km，根据构造级比，存在震级上限6.5级的危险性。

从目前资料看，发育于近场区的龙门山断裂带的西南段，同样具有青藏高原隆升和向东南推进及相对稳定的四川地块的强烈阻挡而引起的逆冲和缩短兼右旋走滑运动特性，作为活动地块的一级边界，具有孕育和发生强烈地震构造背景。虽然北西向鲜水河断裂的左旋侧向滑移，使得该段的挤压作用和缩短变形程度较中段减弱，地质地震活动性相对中段的表现也为弱，但作为活动断块一级边界西南段，其规模较大，该段长度约150km，历史上又发生过6.5级中强地震，因此，未来有发生7.5级左右地震的潜在能力。

龙门山断裂带为一条晚更新世—全新世的活动断裂，其中近场范围内的龙门山断裂带

（后山和中央断裂）西南段为晚更新世活动断裂，其西南端即二郎山断裂带的主要活动时期在早更新世—中更新世。

5. 理塘—德巫断裂（F_{14}）

理塘—德巫断裂是川滇块体内部的一条与鲜水河断裂近于平行展布的全新世走滑活动断裂。北西起于蒙巴北西，向南东经查龙、毛垭坝、理塘、甲洼、德巫至木里以北消失，全长约385km，研究区内长约170km。断裂走向为N40°～50°W，总体倾向北东，倾角较陡，显示左旋走滑运动特征，控制了毛垭坝、理塘、甲洼及德巫等第三纪至第四纪盆地的成生和发展，并致第三纪至第四纪地层普遍遭受了褶皱或断错。理塘盆地以西，该断裂带主要由数条断层呈右阶羽列而成；理塘盆地以东则主要是由三条断裂（即理塘—德巫断裂、擦忠断裂和木拉断裂）近于平行展布组合而成（唐荣昌 等，1993），均具有明显的断错地貌显示。根据断裂的几何结构特征及其历史地震的地表破裂分布现象，以理塘盆地西缘和德巫拉分盆地（唐荣昌 等，1993）为界，将理塘—德巫断裂分为三段：北西段的理塘盆地以北由数条断层呈右阶羽列而成，为全新世活动断裂，平均水平滑动速率估值为2.6～3.0mm/a，平均垂直滑动速率为0.3～0.4mm/a；中段理塘—德巫为1948年7.3级地震地表破裂的分布范围，在甲洼盆地和理塘盆地存在众多的晚更新世至全新世的断错地貌，平均水平滑动速率为3.2～4.4mm/a；南东段尚未发现明显的断错地貌现象，迄今尚未有6.0级以上地震的历史记载，现今以中小地震密集成带活动为主。

6. 大渡河断裂（F_{24}）

大渡河断裂走向近南北，倾向西，为左旋逆走滑断裂。北起康定金汤，向南经泸定、得妥、田湾、新民，于石棉安顺场被鲜水河断裂东南段所切，研究区内长约120km。泸定以南至田湾河口沿大渡河河谷发育，田湾河口以南和泸定以北发育于基岩山区。

断裂带主要由北部的昌昌断裂、瓜达沟断裂、楼上断裂、中部泸定韧性剪切带（断裂）和南部得妥断裂等断裂组成（成都理工大学，2006）。昌昌断裂距离坝址最近距离3.9km，瓜达沟断裂距离坝址最近距离4.1km。断裂显示出压性特征，主断面走向近南北，倾向南东，倾角为70°～80°，断裂新活动的地貌表现不是很清楚（中国地震局地质研究所，2004）。北段和中段之间为岚安早第四纪山间盆地，中段和南段之间为北西向金坪断裂。近场区只包括大渡河断裂北段的一部分，距离坝址约25km。断裂的基岩破碎带在冷碛有良好的出露，破碎带宽约十米至百余米，主要由角砾岩、糜棱岩等组成，显示出压性特征，主断面走向近南北，倾向不定，倾角为70°～80°。断裂新活动的地貌表现不是很清楚。

泸定断裂带大致沿大渡河流域呈南北向分布、发育于早元古代康定群的变质火山岩和澄江期岩浆岩体之中，宽为500～1000m。泸定断裂带南延和得妥断裂带相接。成都理工大学（2006）认为，该断裂带东、西支断层之间所夹持的是一套不同成分、不同类型、不同变形强度，具有强烈定向组成的糜棱岩系列断层岩，是地壳较深处高温高压环境中原岩经强烈韧性变形而形成的一条韧性剪切带，命名为泸定韧性剪切带。该带的西侧主要发育的是早元古代康定群的变质基性—酸性火山岩以及澄江期的斜长花岗岩，仅有少量的澄江期钾长花岗岩。韧性剪切带的东侧则表现为以澄江期的强烈岩浆活动为主，主要发育包括黄草山花岗岩在内的澄江期二长花岗岩、钾长花岗岩及少部分中性岩浆岩体。泸定韧性剪切带北起大渡河左岸的泸定县岚安乡徐二梁子附近，向南经泸定县城区北后斜跨大渡河到右岸，继续向南延伸，在泸定县杵坭乡以北再次斜跨大渡河，向南延伸与得妥断裂带相接，继续向南延伸经两河口至石棉县大石包被磨西断裂所截而终止，北南总长度约 90km。

在金康水电站引水隧洞穿过了大渡河断裂的昌昌断裂，大渡河断裂的昌昌段发育于中上三叠统之间，断裂破碎带宽度不大，有两条断层，断层走向近南北，向东倾。顺断层面发育宽 10cm 左右的断层泥带，顺断层带取一电子自旋共振法（Electron Spin-Resonance Spectroscopy，ESR）测试样品，经测试，其年龄为距今（16.4±1.4）万年，表明断裂的主要活动时期为中更新世晚期。

在金康水电站引水隧洞、上田坝、泸定瓦窑岗公路转弯处和硬梁包厂址 PD_1 洞内洞深 70m 处等地，大渡河断裂带剖面地质鉴定和断层泥构造物质测年显示为中更新世活动断裂。

历史上大渡河断裂地震活动频度和强度相对较弱。唯一和大渡河断裂似乎有点关系是记载的一次 6.0 级地震（康定北），即发生于 1941 年 6 月 12 日大渡河断裂带北端延伸方向的金汤弧形构造的西翼附近，此地震为震中误差达 30km（精度三级），事实上，该地震的位置在 1999 年中国近代地震目录置于龙门山构造带的泸定、天全一带，除此别无其他 6.0 级地震记载。

7. 金汤弧形断裂系

金汤弧形断裂和褶皱构造位于松潘—甘孜地槽褶皱系的东南端，弧顶朝南。弧形断裂和褶皱自三叠纪晚期形成以后，经历了印支、燕山和喜山多期次和多幕次的构造变动，期间有的期次和幕次褶皱和断裂运动强烈，地壳抬升和缩短幅度大，而有的期次褶皱和断裂活动较弱，地壳抬升和缩短幅度小。研究区范围内主要由青草塘断裂、金棚山断裂、贝母山断裂、黑旋沟断裂和长河坝断裂等断裂组成。金汤弧形断裂的最新活动时期在早中更新世，晚更新世以来已不活动。

2.2.3　地震概况

工程区域位于青藏高原中部地震区，历史上破坏性地震活动十分频繁。

自 2004 年 3 月以来，除汶川“5·12”大地震震区（主要为龙门山地震构造带中段）、“4·20”芦山地震（主要为龙门山地震构造带南段）分布有大量余震外，整个区域内仅在鲜水河断裂构造带发生 3 次 4.7～4.9 级及 6.3 级地震。显示除龙门山地震构造带外，区域和近场中强地震活动水平和 2004 年 3 月大渡河长河坝水电站场地地震安全评价以前无明显异常，小震亦是如此。坝区周边小震活动水平也无异常。

在区域范围内的 $M_L \geqslant 2.0$ 级的地震中，有震源深度数据的地震共有 836 次（不包括汶川“5·12”大地震及其余震），工程区内的地震震源深度主要分布在 5～24km 范围内，占总数 77.4%，其中以 10～19km 为主，占 5～24km 范围内地震的 64.9%，属于浅源地震（表 2.2-2）。

据中国地震局网站发布的地震参数，汶川“5·12”大地震震源深度 14km，亦属浅源地震。

表 2.2-2区域地震震源深度分布

深度/km	<5	5~9	10~14	15~19	20~24	25~29	≥30
地震次数	45	136	230	190	89	56	88
占总地震次数百分比/%	5.4	16.3	27.6	22.8	10.7	6.7	10.5

2.3 地震构造带及坝区断层活动性研究

2.3.1 地震构造带

场区位于青藏高原中部地震区，历史上破坏性地震活动十分频繁。工作区内有一条北西向的强震带，6.0级以上地震主要发生在这条带上，它们与鲜水河断裂带密切相关。工作区东南角有一中强震密集区，属马边—雷波震群活动区。其余大部分地区也遍布4.7级以上破坏性地震。现代小震虽分布密集，但可看出分三个密集条带，显然与地震构造有关。

区域内7.0~7.9级地震和6.0~6.9级地震，在距场址不同的距离档上都有分布，说明场址周围地震活动水平是很高的。

近场区内有2次$M_s \geqslant 4.7$级破坏地震，震级为6.0级和$5\frac{3}{4}$级，距场址分别约为15km和19km。此外，在近场区内还记载了1970—2008年以来2.0~4.6级的现代小震。

总的来说，近场区内地震活动水平不高。2005年长河坝水电站工程场地地震安全性评价以来，特别是汶川"5·12"大地震前后，近场区地震活动水平依旧不高，无异常活动迹象。

区域上跨青藏高原地震区的有鲜水河地震构造带、巴颜喀拉山地震构造带和龙门山地震构造带及华南地震区的长江中游地震构造带。青藏高原地震区是我国地震活动最强烈、分布面积最广的地震活动区。采用《中国地震动参数区划图》（GB 18306—2001）编制所使用的地震构造带划分方案，工作区有一半面积位于青藏高原地震区中部的鲜水河地震构造带；其余一半分别跨越青藏高原北部的龙门山地震构造带、青藏高原地震区中部的巴颜喀拉山地震构造带以及华南地震区的长江中游地震构造带。

2.3.1.1 各地震构造带地震活动状况综述

1. 鲜水河地震构造带

该地震构造带分布在可可西里—鲜水河—滇东断裂带的西南，金沙江—红河断裂以东，为青藏高原横向挤出构造带。主要发育北西西向—南北向的弧形左旋走滑断裂带。该带自有地震记载史以来共记到8.0级地震1次，7.0~7.9级地震31次，6.0~6.9级地震116次。带内强震活动主要分布在东段，即鲜水河—滇东断裂带和金沙江—红河断裂带一带。工作区内发生过一系列6.0~$7\frac{3}{4}$级的地震。

2. 巴颜喀拉山地震构造带

该地震构造带沿巴颜喀拉山分布，以一系列北西西向巨大的左旋走滑断裂活动为特征，其中有著名的花古峡断裂。1937 年 $7\frac{1}{2}$ 级大地震在托索湖一带形成 180km、总体走向为北西 310° 的地震断层带（青海省地震局，中国地震局地壳应力所，1999）。沿该断裂还有更早期地震形成的地震断层带，总长 400km 以上。自有地震记载史以来共记载 8.2 级地震 1 次；7.0～7.9 级地震 3 次，6.0～6.9 级地震 11 次。

3. 龙门山地震构造带

该构造带包括西秦岭东段和龙门山地区。新生代以来，随着青藏高原向北东推移，与祁连山一道卷入青藏高原东北缘的弧形构造带内。由于四川地块的阻挡，龙门山一带转折为北东向构造。这里发生过 1654 年天水南和 1879 年武都南两个 8.0 级地震以及一系列 6.0～7.9 级地震。

4. 长江中游地震构造带

该构造带位于长江中游一带以及江西、浙江等地，中段和西段大部为扬子地台分布的区域，东段浙江南部位于华南褶皱带的北端。该地震构造带所在区域虽然历史上遭受过多次构造运动，但在晚第三纪以来，构造活动明显减弱，绝大多数断裂在晚第四纪以来都未见明显活动。长江中游地震构造带有史以来共记载 $M_s \geqslant 4\frac{3}{4}$ 破坏性地震 113 次，其中 6.0 级以上地震 3 次，最大震级为 $6\frac{3}{4}$ 级，故地震活动相对较弱。

2.3.1.2　各地震构造带未来地震活动趋势分析

1. 鲜水河与巴颜喀拉山地震构造带

据两个构造带不同时期 $M_s \geqslant 5$ 级地震的 $M-T$ 分析，鲜水河地震构造带地震活动很活跃，尤其自 1900 年以来地震活动一直处于活跃状态，6.0 级以上地震平均每 1.2 年发生一次，两次相邻的 6.0 级以上地震最大时间间隔不超过 6 年。

巴颜喀拉山地震构造带基本上从 1923 年之后才有连续的地震记录。该构造带 1962 年前出现过 4 次 6.8 级以上地震，1963 年后地震强度有所减弱，出现过零星的 6.0 级地震，直到 2001 年发生了 1 次 8.2 级大震。

鲜水河地震构造带自 1913 年峡山 7.0 级地震至 2004 年，应变释放表现为三个不同斜率的线性阶段。第一阶段为 1913—1969 年，第二阶段为 1970—1976 年，第三阶段为 1977—2004 年。

第一、第三阶段地震应变释放速率接近，第二阶段的速率是它们的 2 倍多。第一阶段历时 57 年，第二阶段历时 7 年，第三阶段历时 28 年，估计可能还有 20～30 年仍以这种速率释放地震应变。若以第一阶段实际地震的活动水平估计，$6\frac{1}{2}$ 级以上地震的年平均发生率为 0.26，7.0 级以上地震的年平均发生率为 0.07。因此，未来几十年该地震构造带的地震活动水平应参考此估计。

巴颜喀拉山地震构造带自 1923 年以来，应变释放出现两个不同斜率的线性阶段。第一阶段时段为 1923—1947 年，第二阶段时段为 1949—2000 年。前一阶段的应变释放速率比后一阶段高 1 倍多。由于资料记载年限短,对未来百年的估计难以预测,但 2001 年已发生 1 次 8.2 级地震,不排除有进入高释放速率的可能。按前一阶段估计,该地震带 6.0 级以上地震的年平均发生率为 0.27,而后一阶段则为 0.23,因此,对未来百年该地震带地震活动水平的估计要参考以上数值酌情处理。

2. 龙门山地震构造带

据该构造带 1400 年以来的 $M-T$ 分析,地震活动经历了两个活跃期(1573—1765 年,1879—2021 年),现处于第二活跃期,至 2021 年尚未结束。

第一活跃期持续了 190 多年,第二活跃期至 2021 年已历经了 140 多年,未来百年地震活动应略高于平均的活动水平。

3. 长江中游地震构造带

据长江中游地震构造带 1400 年以来 $M_s \geqslant 4\frac{3}{4}$ 级地震的 $M-T$ 图分析,该区 $4\frac{3}{4}$ 级以上地震也经历有两个活跃期(1467—1640 年,1813—2021 年)。从两个活跃期地震历时看,未来百年地震活动要从活跃期转入相对平静阶段,鉴于该区地震活动水平低,为保守起见,未来地震活动性参数仍以活跃期进行估计。

2.3.2 近场区和坝址区断层活动性

2.3.2.1 近场区主要断裂及活动性

近场区大部分地处川西高原大面积隆升区的南部,构造上属于松潘—甘孜造山带内的巴彦喀拉冒地槽褶皱带,在近场区东南角包括了很小一部分扬子准地台的龙门山—大巴山台缘坳陷,断裂构造比较发育,以两个大地构造单元分界断裂-北东向龙门山断裂为主,北西侧以金汤弧形断裂的西翼 NW 向断裂构造为主导,南北向断裂次之(图 2.3-1)。近场区范围内包括断层有青草塘断裂 F_2、金棚山断裂 F_3、贝母山断裂 F_4、黑旋沟断裂 F_5、长河坝断裂 F_6,断层主要活动性评价如下。

1. 红锋断裂 F_1

走向近南北,波状弯曲,断面倾向西或北东,倾角 70°左右,沿走向切割康定杂岩和泥盆系,北端被弧形构造西翼贝母山冲断层截切,中段被北东向走滑断层错开,但断距不大,往南在座棚沟一带消失于康定杂岩之中。

在火地北冲沟内取碎粉岩样品,经 ESR 法测试,结果为(31.4±3.0)万年。沿走向断层地貌标志不明显,没有断层新活动的地貌及地质证据,结合碎粉岩测年结果,认为断层的活动时期主要在早中更新世,晚更新世以来已不活动。

2. 金汤弧形断裂系

金汤弧形断裂和褶皱构造位于松潘—甘孜地槽褶皱系的东南端,弧顶朝南。弧形断裂和褶皱自三叠纪晚期形成以后,经历了印支、燕山和喜山多期次和多幕次的构造变动,期间有的期次和幕次褶皱和断裂运动强烈,地壳抬升和缩短幅度大,而有的期次褶皱和断裂活动较弱,地壳抬升和缩短幅度小。在这多期次和多幕式的构造变动中,褶皱和断裂的变形方式也不相同,反映不同期次和幕式应力场的变化。弧形断裂所在地区早期断裂和褶皱方向为北西向,反映区域应力方向为北东—南西向,后期褶皱和断裂方向变为向南突出的

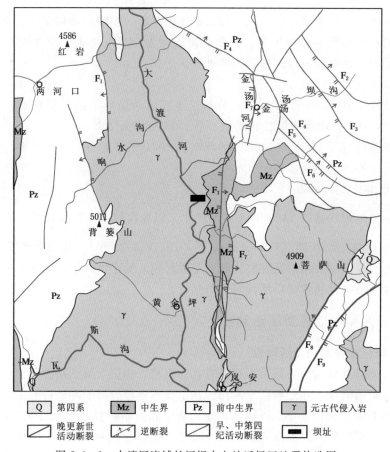

图 2.3-1　大渡河流域长河坝水电站近场区地震构造图

F₁—红锋断裂；F₂—青草塘断裂；F₃—金棚山断裂；F₄—贝母山断裂；F₅—黑旋沟断裂；F₆—长河坝断裂；
F₇—大渡河断裂（昌昌断裂和瓜达沟断裂）；F₈—茂汶—汶川断裂；F₉—北川—映秀断裂

弧形，反映其主压应力方向为近南北向。

　　近场区范围内包括青草塘断裂（F_2）、金棚山断裂（F_3）、贝母山断裂（F_4）、黑旋沟断裂（F_5）和长河坝断裂（F_6）。

　　（1）青草塘断裂（F_2），距离长河坝坝址最近距离 25km，从西翼经弧顶到东翼连续出现，近场区内长度 15km，走向北西—东西—北东，倾向北东—北—北西，倾角 50°以上。它构成了奥陶、志留、泥盆纪地层之间的界限。在东河幺堂子沟、西河永兴乡北出露。东河幺堂子沟断层面之间有断层破碎带和挤压片理带，地貌上表现为断层谷和断层垭口，但西河Ⅱ级阶地未受断层影响而变形，断层破碎带中取一碎粉岩样品，经热释光分析测试，其结果为距今（11.80±0.96）万年。

　　（2）金棚山断裂（F_3），距离坝址最近距离 20km，从西翼经弧顶到东翼连续出现，近场区长度约 20km，走向北西—东西—北东，倾向北东—北—北西，倾角 60°以上。它构成了奥陶、志留、泥盆纪地层之间的界限。在东河的锅巴岩西北、西河的弱壁东壁东南皆见到了断层面与挤压片理带。

锅巴岩剖面断层构成了奥陶纪黑色千枚岩与泥盆纪大理岩的界限，沿断层面有 1～1.5m 宽的挤压片理和断层岩带，并已胶结的非常坚硬。断层上、下盘地层或岩浆岩皆已强烈褶皱变形，地层倾角达 60°以上。断层通过处地貌上有显示，基岩中出现陡坎或槽地，但无论东河还是西河，断层对河流Ⅰ级、Ⅱ级阶地没有造成变形。

（3）贝母山断裂（F₄），距离坝址区最近距离约 15km，为金汤弧形断裂系西翼最主要的一条断裂，近场区内长度约 60km，走向北西，倾向北北东，倾角陡。

在孔玉北，该断裂与公路相交的位置表现为一宽约几十米的断裂破碎带，带内地层陡立，并发育多个宽约几十厘米的碎粉岩带，取一碎粉岩 ESR 样品，经测试，其年龄为 (28.7±3) 万年，表明断裂最后一次活动时间为中更新世中晚期。

金汤弧形断裂的其他断层［包括黑旋沟断裂（F₅）和长河坝断裂（F₆）］都是晚更新世以前活动断裂。因此，金汤弧形断裂的最新活动时期在早中更新世，晚更新世以来已不活动，不具备发生强震的构造条件。

3. 大渡河断裂（F₇）（昌昌断裂和瓜达沟断裂）

大渡河断裂北起康定金汤附近，向南经泸定、冷碛、得妥，于石棉田湾南被鲜水河断裂所错切，呈断续状展布，全长 120km，北端点被金汤弧形断裂所截，南端点被鲜水河断裂南段磨西断裂所截。该断裂大致分为三段：北段由近于平行排列的昌昌断裂和瓜达沟断裂组成，中段为泸定断裂，南段为得妥断裂。北段和中段之间为岚安早第四纪山间盆地，中段和南段之间为北西向金坪断裂。近场包括大渡河断裂的北段，由近于平行排列昌昌断裂和瓜达沟断裂组成，长约 30km。距长河坝水电站坝址的最近距离 3.9km。大渡河断裂夹持于鲜水河断裂和龙门山构造带这两大边界断裂之间，呈近南北向延伸，受该地区近东西向主压应力场的控制，理应主要表现为挤压逆冲性质。大渡河断裂的破碎带由胶结比较良好的构造角砾岩、碎裂岩、构造透镜体等组成，鲜见断裂新活动的滑动面，一些地段的基岩破碎带上覆的Ⅱ级、Ⅲ级阶地或洪积台地亦未见明显的构造变形或断错现象，因此大渡河断裂应不具备晚第四纪以来的活动性。现今 GPS 测量虽然没有直接的大渡河断裂的测量数据，但几条跨越大渡河断裂的 GPS 测线在大渡河断裂处均未发生明显的数据突变，因此大渡河断裂亦不具备明显的现今活动性。

在金康水电站引水隧洞、上田坝、泸定瓦窑岗公路转弯处和硬梁包厂址 PD₁ 洞内洞深 70m 处等地大渡河断裂带剖面地质鉴定和碎粉岩构造物质测年显示，为中更新世活动断裂。

4. 龙门山断裂带（F₈、F₉）

龙门山断裂带由龙门山山前隐伏断裂、前山断裂、中央断裂和后山断裂组成，长约 500km，近场区只涉及后山断裂（F₈）和中央断裂（F₉）的南段，距离场址最短距离分别为 20km 和 23km，具体详见 2.2.2 节。

2.3.2.2 场址区断层及活动性

长河坝水电站位于四川省甘孜藏族自治州康定市境内，地处大渡河上游金汤河口以下约 4～7km 河段，地层岩性主体以晋宁—澄江期斜长花岗岩、花岗岩、闪长岩为主，场址区内发育的区域性断裂为大渡河断裂（昌昌断裂、瓜达沟断裂）与江嘴断裂（图 2.3-2），本书将其划归为场址区断裂，此外尚发育次级断层和节理裂隙。

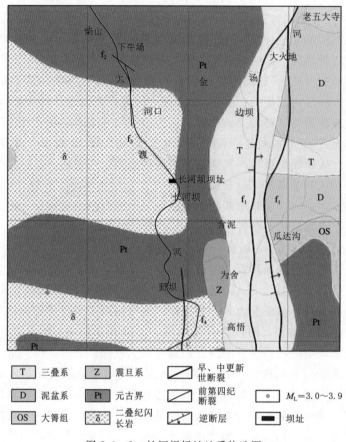

图 2.3-2　长河坝场址地质构造图

f_1—大渡河断层（西支为昌昌断裂）；f_2、f_3—断层；f_4—江嘴断层

1. 场址区区域性断裂

（1）昌昌断裂、瓜达沟断裂。两条断裂是大渡河断裂的分支，昌昌断裂距离坝址最近距离 3.9km，瓜达沟断裂距离坝址最近距离 4.1km。两条断裂沿大渡河左岸平行展布，于康定市前溪乡赶羊沟交汇。断裂显示出压性特征，主断面走向近南北，倾向南东，倾角 70°～80°，其活动性与大渡河断裂一致。

据大渡河断裂的研究，昌昌断裂活动性微弱，为中更新世活动断裂，晚第四纪以来不具新活动性，瓜达沟断裂主要活动时代为中更新世晚期。场址区内的大渡河断裂均为中更新世断裂。

（2）江嘴断裂。江嘴断裂位于昌昌断裂西侧，其南端距离长河坝 4.2km，断层面倾向总体向西，倾角变化较大，达 20°～79°。宽度在不同部位存在变化，在北段江嘴一带断层破碎带宽度 30cm，断层影响带宽度 12m；在南段威公一带断层破碎带宽度约 5m，断层影响带宽度 12m。主要发育于晋宁—澄江期斜长花岗岩中。

通过对江嘴断裂进行研究和区域调查，该断裂为脆性断裂，分布部位、产状、变形特征都与东侧相邻的昌昌断裂和瓜达沟断裂相似。该断裂在中更新世早期经历过活动，中更新世中期以来不具活动性，对区域稳定性和坝区工程基本不构成影响。

（3）f_3断层。呈南北向展布于金汤河口西侧，断层发育于元古代花岗岩之中。断层产状 N10°W/SW∠70°，断面较平直，断层破碎带宽约 2m，断层面上可见斜擦痕，侧伏向南，侧伏角 30°，显示右旋逆冲运动特征，为前第四纪断层。

2. 场址区次级断层

场址区小断层及层间挤压带发育，其中规模相对较大的断层有 9 条，分别为 $F_0 \sim F_6$、F_9、F_{10}（表 2.3-1），为Ⅲ级结构面，断层长度 200～500m，破碎带宽度几十厘米到 1m 不等。

表 2.3-1　　　　　　　　　　场址断层（Ⅲ级结构面）一览表

编号	产状	延伸长度/m	破碎带宽度/m	构造岩特征	级别
F_0	N35°～55°E/NW∠50°～55°	＞300	0.4～1.2	碎粉岩	Ⅲ
F_1	N28°W/NE∠79°～82°	＞300	1.0～1.2	片状岩、碎裂岩、构造透镜体	Ⅲ
F_2	N35°W/NE∠70°	＞300	0.05～1.1	片状岩、碎裂岩、构造透镜体	Ⅲ
F_3	N70°W/NE∠70°	＞300	0.1～1.3	片状岩、碎裂岩、构造透镜体	Ⅲ
F_4	N28°W/NE∠78°	＞300	0.1～0.3	劈理带、构造透镜体	Ⅲ
F_5	N50°W/SW∠65°	＞300	0.1～0.2	劈理带、构造透镜体	Ⅲ
F_6	N35°W/SW∠80°	＞300	0.2～0.3	片状岩、构造透镜体	Ⅲ
F_9	N30°～50°E/NW∠60°～65°	＞200	0.4～1.0	片状岩、碎裂岩、构造透镜体	Ⅲ
F_{10}	N45°～50°W/SW∠75°～80°	＞300	0.4～0.5	片状岩、碎裂岩、构造透镜体	Ⅲ

对场址区小断层研究表明，这些小断层主要活动期在中更新世，晚更新世以来不具活动性。由于这些小断层规模很小，且晚更新世以来不具活动性，故不具备产生破坏性地震的能力。

场址区受多次构造活动的影响，裂隙较发育，组数较多，延伸长度较大，可达数十米至百米以上，主要发育四组裂隙：①N10°～40°E/SE∠20°～40°；②N15°～50°E/SE∠45°～65°；③N60°～85°W/NE（SW）∠70°～85°；④N5°～40°E/SE（NW）∠70°～85°。

2.3.3　坝址抗断危险性分析

通过近场区断裂活动性的鉴定和长河坝水电站坝址区内的断裂活动分析认为：金汤弧形断裂的最新活动时期在早中更新世，晚更新世以来已不活动；大渡河断裂主要活动时期为中更新世晚期，晚更新世以来已不具活动性；龙门山断裂南段主要表现为晚更新世活动，离长河坝水电站场址最近距离为 20km；江嘴断裂活动性微弱，中更新世中期以来不具活动性；坝址区虽次级小断层较发育，但其活动时间为（14.2±1.0）～（21.0±1.5）万年，其主要活动期在中更新世，晚更新世以来不具活动性。

综上，规模较大的金汤弧形断裂、大渡河断裂、龙门山断裂带等均远离水电站主要建筑物，场址区次级小断层晚更新世以来无活动性，不具备产生破坏性地震的能力及同震地表位错的可能，因此枢纽建筑区不存在抗断问题。

2.4　工程场地地震危险性分析

2.4.1　潜在震源区划分

根据潜在震源划分的原则，该项目工作区内共划分出高震级挡的潜在震源区 13 个（表 2.4－1）。

表 2.4－1　　　　　　　　　　　区域潜在震源区划分表

地震统计区	潜在震源区组	高震级段		
		编号	潜在震源区名称	震级上限/级
鲜水河	鲜水河—安宁河潜在震源区组	21	康定潜在震源区	8.0
		24	道孚—乾宁潜在震源区	8.0
		25	炉霍潜在震源区	8.0
		22	石棉 7.0 级潜在震源区（编号 22）	7.0
		34	李子坪 7.5 级潜在震源区（编号 34）	7.5
	理塘—德巫潜在震源区组	31	理塘潜在震源区	7.5
		32	里多潜在震源区	7.0
		33	九龙潜在震源区	7.0
	马边—雷波潜在震源区组	36	马边雷波潜在震源区	7.0
龙门山	龙门山潜在震源区组	1	汶川潜在震源区	8.0
		2	宝兴潜在震源区	7.5
		12	理县潜在震源区	7.0
巴颜喀拉山		15	抚边河断裂潜在震源区	7.0

2.4.2　地震带活动性参数

为反映地震活动的空间不均匀性，地震活动性参数按两级确定：第一级为地震统计区活动性参数，它反映不同地区孕震条件和地震时、空活动特征的差异；第二级是地震统计区内各个潜在震源区的参数，反映地震统计区内地震活动的空间非均匀性。

1. 震级上限 M_{uz} 和起算震级 M_0 的确定

震级上限 M_{uz} 的含义是指震级-频度关系式中，累积频度趋于 0 的震级极限值。确定 M_{uz} 有两条主要依据：①历史地震资料足够长的地区，地震统计区中地震活动已经历几个地震活动期，可按该统计区内发生过的最大地震强度确定 M_{uz}；②在同一个大地震活动区内，用构造类比外推，认为具有相似构造条件的地震统计区，可发生相似强度的最大地震。

区域范围内涉及鲜水河地震统计区、龙门山地震统计区、巴颜喀拉山地震统计区和长江中游地震统计区。长江中游地震统计区震级上限为 7.0 级，对该场址地震危险性贡献很小，鲜水河地震统计区和龙门山地震统计区的震级上限均为 8.0 级，巴颜喀拉山地震统计区的震级上限为8.5级；起算震级 M_0 系指对工程场地有影响的最小震级，它与震源深度、震源类型、震源应力环境等有关。由于区域范围内地震属浅源地震，一些4.0级地震也会产生一定程度的破坏，故在本书中 M_0 取4.0级。

2.b 值的确定

古登堡和里克特所定义的震级频度关系式 $\lg N = a - bM$ 中的系数 b，与地震统计区内大小地震数量的比例相关，它是确定地震统计区地震震级分布概率密度函数和各震级挡地震年平均发生率的一个重要参数。式中 a 为常系数，N 为震级大于等于 M 的地震个数。根据实际地震样本数据，对震级频度关系式进行统计回归，从而确定 b 值。该值由实际地震资料统计得到，故它与资料的可靠性、完整性、取样时空范围、样本起始震级、震级间隔等因素有关。根据第1章对历史地震资料完整性的分析和对未来百年地震活动水平的估计，取震级间隔为0.5级，起始震级取5.0级，采用最小二乘法进行统计回归，得到鲜水河地震统计区、龙门山地震统计区和巴颜喀拉山地震统计区 b 值结果（表2.4-2）。

表2.4-2　　　　　　　　地震统计区地震活动性参数

地震统计区	b 值	a 值	方差 S	可信时段	相关系数 r
鲜水河	0.686	6.164	0.058	1713—2003 年	0.997
龙门山	0.593	5.040	0.049	1573—2003 年	0.997
巴颜喀拉山	0.607	4.7812	0.080	1923—2003 年	0.992

3. 地震年平均发生率 v_4 的确定

地震年平均发生率 v_4 代表未来百年内地震统计区地震活动的水平。

基于前面对三个地震统计区未来地震活动水平的判断，通过对各地震统计区内与未来地震活动水平相当的历史地震活动时段内地震样本的统计计算与分析，得到各地震统计区地震年平均发生率 v_4 估算结果为鲜水河地震统计区 $v_4 = 9.07$；龙门山地震统计区 $v_4 = 1.082$；巴颜喀拉山地震统计区 $v_4 = 2.819$。

2.4.3　潜在震源区活动性参数

潜在震源区活动性参数包括：震级上限 M_u，空间分布函数，椭圆等震线长轴取向及分布概率。震级上限在划分潜在震源区时，依据潜在震源区本身的地震活动性及地震构造特征已经确定。

1. 空间分布函数 f_{i,m_j}

空间分布函数是一个地震统计区内发生的 m_j 挡震级的地震落在第 i 个潜在震源区内的概率。在同一地震统计区内满足归一条件（对不同震级挡 m_j）

$$\sum_{i=1}^{n} f_{i,m_j} = 1 \qquad (2.4-1)$$

式中：n 为地震统计区内第 m_j 挡潜在震源区的总数。

确定影响空间分布函数时，主要考虑了以下因子：

对6.0级以下的低震级潜在震源区，主要是小地震空间分布密度。对6.5级以上的潜在震源区，主要是：①长期地震活动背景；②地震中长期预报结果；③具备发生 7.0 级以上地震的构造上的空段；④潜在震源可靠程度。

本次工作分不同地震统计区计算出带内潜在震源区各自的空间分布函数。在区域内涉及的 37 个潜在震源区中，场址附近主要的 7 个潜在震源区的空间分布函数见表 2.4-3。

表 2.4-3　　　　　　　　　　区域几个主要潜在震源区 M_u 和方向性函数

潜在震源编号	震级挡 m_j						M_u/级	θ_1/(°)	P_1	θ_2/(°)	P_2
	4.0~5.4	5.5~5.9	6.0~6.4	6.5~6.9	7.0~7.4	≥7.5					
57	0.0000	0.0000	0.0032	0.0107	0.0292	0.0721	8.0	110	1.0	0.0	0.0
58	0.0000	0.0000	0.0026	0.0109	0.0306	0.0768	8.0	100	1.0	0.0	0.0
39	0.0000	0.0000	0.0027	0.0276	0.000	0.000	7.0	85	1.0	0.0	0.0
51	0.0000	0.0000	0.0027	0.0136	0.0676		7.5	120	1.0	0.0	0.0

注　M_u 为各潜在震源区的上限；θ_1、θ_2 为等震线长轴走向角度；P_1、P_2 为相应分布概率。上限为 7.0 级以上潜在震源中，低震级挡的空间分布函数已在嵌套它们的 6.0 级和 6.5 级上限的潜在震源内给出，故为 0.0。

2. 等震线长轴取向及分布概率

我国大陆地震等震线多呈椭圆形，地震烈度在长轴和短轴方向衰减特征不同。在计算各潜在震源区对场地的影响时，必须确定长轴方向。所以对每个潜在震源区都给出方向性因子：即给出互相垂直的两个可能的长轴走向 θ_1 和 θ_2 和相应的概率值 P_1 和 P_2。本区域内断裂活动以走滑为主，各潜在震源长轴走向大多与各潜在震源区构造走向一致。对某些具有共轭断层的潜在震源区，依照两个方向作用的大小，给予不同的概率值。

2.4.4　地震动衰减关系

地震是发震断层突然破裂的结果。地震波从破裂面上一个破裂单元向外传播，工程场地距离能量释放处越远，地震波的能量和振幅就会逐渐衰减。因此，确定工程场地设计基准地面运动，需要合适的地震动参数衰减关系。但对于我国大部分地区，由于缺少足够多的强震记录，无法直接利用强震记录资料来确定相应的地震动参数衰减关系。为此，将采用胡聿贤（1988）提出的方法来确定本区地震动衰减关系，即利用本地区的地震烈度等震线资料，确定地震烈度衰减关系，然后选择既有强震记录又有烈度衰减关系的美国西部地区作为参考区，转换得到相应的地震动参数衰减关系。

1. 地震烈度衰减关系

在确定地震烈度衰减关系时，通常将地震震源假设为点源，地震烈度衰减采用椭圆模型。在本区地震烈度衰减关系的计算中，采用椭圆长、短轴联合衰减模型（陈达生 等，1989），以保证长、短轴在 $R=0$ 时烈度相等，中间距离保持长、短轴烈度的差别，在远场等震线呈圆形。联合衰减模型的衰减方程为

$$I=a+bM+c_1\ln(R_1+R_{oa})+c_2\ln(R_2+R_{ob})+\varepsilon \qquad (2.4-2)$$

式中：I 为地震烈度；M 为震级；R_{oa}、R_{ob} 分别为长、短轴方向烈度衰减的近场饱和因子；R_1、R_2 分别为烈度为 I 的椭圆等震线的长半轴和短半轴长度，km；a、b、c_1、c_2 均为回归系数，为回归分析中表示不确定性的随机变量，通常假定为对数正态分布，其均值

为 0。

为了确定研究区的地震烈度衰减关系，搜集了有仪器记录以来有可靠等震线的地震共 45 个。由于这些地震的等震线多呈椭圆形，因此分别测量了这些地震等震线的长、短轴半径共 121 组，按上述方法，确定了研究区的地震烈度衰减关系（表 2.4-4），并示于图 2.4-1。

表 2.4-4   地 震 烈 度 衰 减 关 系

a	b	c	R_0	σ	备注
4.707	1.254	−1.571	20	0.697	长轴衰减
2.399	1.254	−1.233	7	0.697	短轴衰减

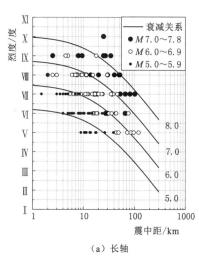 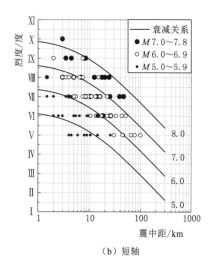

（a）长轴   （b）短轴

图 2.4-1   研究区烈度衰减拟合曲线及拟合数据点分布

2. 基岩水平地震动峰值加速度衰减关系的确定

采用胡聿贤（1988）提出的缺乏强震资料地区地震动参数（峰值加速度、速度、位移及反应谱等）衰减关系的确定方法来确定研究区地震动衰减关系，该方法的基本假设是，在震级或震中烈度相同的情况下，相同烈度的场地具有相同的地震动参数。即利用研究区的地震烈度衰减关系，并选择既有强震记录又有烈度衰减关系的美国西部地区作为参考区，转换得到相应的地震动衰减关系。

地震动衰减关系的一般形式如下：

$$\ln Y = C_1 + C_2 M + C_3 M^2 + C_4 \ln [R + C_5 \exp (C_6 M)] \tag{2.4-3}$$

式中：Y 为地震动参数；C_1、C_2、C_3、C_4、C_5、C_6 为回归常数。

转换得到的研究区地震动参数衰减关系的标准差采用参考区地震动参数衰减关系的标准差。

（1）参考区地震烈度衰减关系。选择具有强震记录的美国西部地区作为参考区，关于参考区的烈度衰减关系，经多次对比，选用了公式（2.4-4），并用 Gutenberg & Richter（1954）的震级 M 与震中烈度 I 的关系式，将公式中的震中烈度 I 换成震级 M。参考区烈度衰减关系如下：

$$I=0.514+1.500M-0.00659R-0.875\ln(R+10) \qquad (\sigma=0.274，R<300\text{km})$$
$$(2.4-4)$$

式中：R 为震中距；M 为震级，σ 为标准差。

图 2.4-2 给出了参考区与研究区地震烈度衰减关系的对比曲线。

（2）参考区基岩水平地震动峰值加速度衰减关系。选用霍俊荣（1989）根据强震记录拟合所得的美国西部地区基岩水平地震动峰值加速度衰减关系，作为参考区的基岩水平地震动峰值加速度衰减关系。图 2.4-3 给出了美国西部基岩水平地震动峰值加速度衰减关系曲线。

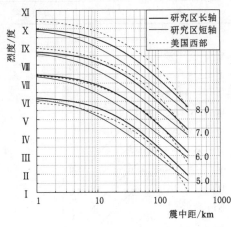

图 2.4-2　参考区与研究区地震烈度衰减
关系的对比

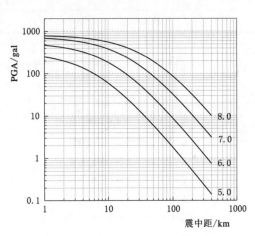

图 2.4-3　美国西部基岩水平地震动峰值
加速度衰减关系曲线

（3）基岩水平地震动峰值加速度衰减关系的确定。采用胡聿贤（1988）提出的转换方法来确定地震动衰减关系。研究区的烈度衰减关系见表 2.4-5；参考区的烈度衰减关系见式（2.4-3），表 2.4-5 列出了参考区及转换得到的研究区的基岩峰值加速度衰减关系的系数。衰减关系的标准差取为参考区加速度反应谱（峰值加速度）衰减关系标准差各周期点值的均值，即为 0.58。

表 2.4-5　　　　　　　　　　基岩水平地震动峰值加速度衰减关系的系数

C_1	C_2	C_3	C_4	C_5	C_6	备注
−2.153	2.857	−0.106	−1.904	0.327	0.614	美国西部
1.3970	2.1234	−0.0634	−1.977	0.497	0.563	研究区长轴
−0.5629	1.9849	−0.0566	−1.624	0.101	0.667	研究区短轴

图 2.4-4 给出了研究区基岩水平地震动峰值加速度衰减关系曲线，在图中点上了 1988年 11 月 6 日澜沧—耿马 7.6 级地震及余震的强震观测数据（王亚勇 等，1989，王培德 等，1991）。从图中可见，高震级地震的强震观测数据与该加速度衰减关系拟合较好。

2.4.5　历史地震对场地的实际影响

1.2008 年 5 月 12 日及之前

根据表 2.4-6，区域范围有 5 次地震可以判明其对场址产生Ⅵ度以上地震烈度的影响。

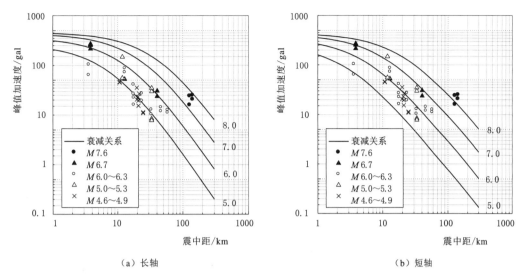

（a）长轴　　　　　　　　　　　　　　　　（b）短轴

图 2.4-4　研究区基岩水平地震动峰值加速度衰减关系曲线

其中除 2008 年汶川 "5·12" 大地震外的 4 次地震对场址的宏观影响烈度值在图 2.4-5 中列出，1786 年康定南 $7\frac{3}{4}$ 级地震和 1725 年康定 7.0 级地震造成 2 次影响烈度Ⅶ度。2008 年汶川 "5·12" 大地震对场地产生Ⅵ度影响。因此场址遭受过的最大影响烈度为Ⅶ度。

表 2.4-6　　　　　　　　　　　周围地震对场址的影响烈度

序号	发震时间	震中位置		震级/级	场址至震中距离/km	宏观影响烈度/度	计算烈度/度	影响烈度/度	参考地名
		北纬（°）	东经（°）						
1	1725-08-01	30.0	101.9	7	41	Ⅶ		Ⅶ	四川康定
2	1748-08-30	30.4	101.6	$6\frac{1}{2}$	59		6	6	四川道孚乾宁东南
3	1786-06-01	29.9	102.0	$7\frac{3}{4}$	45	Ⅶ		Ⅶ	四川康定南
4	1816-12-08	31.4	100.7	$7\frac{1}{2}$	191		5.8	6	四川炉霍
5	1893-08-29	30.6	101.5	7	76	<Ⅶ	6.4	6	四川道孚乾宁
6	1904-08-30	31.0	101.1	7	133		5.7	6	四川道孚
7	1923-03-24	31.3	100.8	7.3	176		5.7	6	四川炉霍道孚间
8	1932-03-07	30.1	101.8	6	42		5.7	6	四川康定一带
9	1941-06-12	30.1	102.5	6	35		5.9	6	四川泸定天全一带
10	1952-06-26	30.1	102.2	$5\frac{3}{4}$	19		6.2	6	四川康定泸定间
11	1955-04-14	30.0	101.9	$7\frac{1}{2}$	41	<Ⅶ	7.7	6	康定折多塘一带
12	2008-05-12	31.0	103.4	8.0	156	Ⅵ		Ⅵ	四川汶川

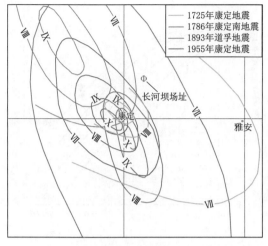

图 2.4-5　4 次历史地震在区域范围内的
宏观影响烈度等震线图

2.2008 年 5 月 12 日之后

2013 年 4 月 20 日，四川省雅安市芦山县发生 7.0 级强烈地震，震中位于北纬 30.3°，东经 103.0°，震源深度 13km，震中距离长河坝水电站场址约 92km。震后排查发现，工程区山体及边坡整体稳定，仅在斜坡陡峻处出现零星滚石现象。从宏观烈度影响来看，长河坝水电站所在地区在芦山"4·20"地震中的影响烈度低于Ⅵ度，远低于中国地震动参数区划值 0.2g（相当于Ⅷ度基本烈度）区，也低于历史地震对长河坝水电工程场地最大地震影响烈度Ⅶ度。

2014 年 11 月 22 日，四川省甘孜藏族自治州康定市发生 6.3 级地震，震中位于北纬 30.3°，东经 107.3°，震源深度 18km。四川康定 6.3 级地震最高烈度为Ⅷ度，等震线长轴方向总体呈北西向，Ⅵ度区及以上总面积为 11060km²，共涉及四川省甘孜藏族自治州康定市、道孚县、泸定县、丹巴县、雅江县 5 个县。长河坝水电站场地区位于Ⅵ度区。工程区山体及边坡整体稳定，仅在斜坡陡峻处出现零星滚石等现象。从宏观烈度影响来看，长河坝水电站所在地区在康定 6.3 级地震中的影响烈度Ⅵ度远低于中国地震动参数区划值 0.2g（相当于Ⅷ度基本烈度）区，也低于历史地震对长河坝水电工程场地最大地震影响烈度Ⅶ度。

2.4.6　地震危险性分析计算

根据安全性评价结果以及长河坝工程地震补充研究成果，场地基岩水平向峰值加速度计算结果见表 2.4-7。图 2.4-6 为场地基岩地震动水平向峰值加速度超越概率曲线。不同超越概率水平的场地基岩地震动加速度反应谱曲线见图 2.4-7，其相应的反应谱值见表 2.4-8。

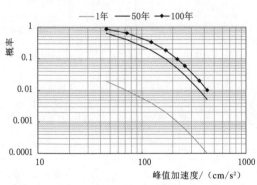

图 2.4-6　场地基岩地震动水平向峰值加速度
超越概率曲线

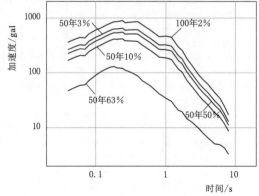

图 2.4-7　不同超越概率水平的场地基岩
地震动加速度反应谱曲线

表 2.4 - 7 场址基岩水平向峰值加速度

概率/%	50 年超越概率				100 年超越概率	
	63	10	5	3	2	1
加速度/gal	46.0	172.0	222.0	262.0	359.0	430

表 2.4 - 8 同超越概率水平的场地基岩水平向加速度反应谱

周期/s	50 年 超 越 概 率				100 年超越概率 2%
	63%	10%	5%	3%	
峰值	45.8	171.8	221.9	262.1	359.1
0.0400	47.1	168.2	223.3	264.4	361.1
0.0500	53.7	190.0	252.4	299.1	408.2
0.0600	59.3	207.0	274.4	324.9	443.3
0.0700	60.6	204.1	268.8	317.7	433.7
0.0800	72.1	242.2	319.4	377.1	513.2
0.1000	89.9	289.2	379.1	445.2	602.7
0.1200	105.0	323.6	421.4	493.8	662.9
0.1400	117.2	359.8	466.7	547.0	734.7
0.1600	126.0	389.2	507.6	592.6	797.9
0.1800	129.8	412.6	537.6	630.3	852.4
0.2000	122.9	408.0	535.3	629.9	856.6
0.2400	120.6	417.2	551.3	651.0	892.5
0.2600	111.5	383.6	508.0	599.3	819.1
0.3000	104.6	382.3	511.5	605.8	834.0
0.3400	97.2	378.9	512.3	609.2	844.9
0.3800	90.2	375.4	512.2	612.4	855.9
0.4000	86.4	368.8	505.7	605.5	848.9
0.4600	71.9	321.9	444.6	534.2	753.0
0.6000	58.2	256.9	354.8	426.2	600.9
0.7000	49.0	220.8	306.0	368.0	519.7
0.8000	41.6	192.7	268.0	323.1	457.4
0.9000	37.8	189.3	266.0	323.8	461.6
1.0000	34.6	186.8	265.2	324.8	468.1
1.2000	30.4	174.9	250.9	308.6	446.6
1.5000	20.9	117.1	167.9	206.2	297.3
1.7000	19.7	103.2	146.8	179.4	257.8

周期/s	50 年 超 越 概 率				100 年超越概率 2%
	63%	10%	5%	3%	
2.0000	14.6	72.6	103.1	126.0	180.0
2.4000	12.4	54.8	76.6	93.0	132.2
3.0000	9.6	38.3	52.7	63.8	89.9
3.4000	8.0	32.0	44.0	53.4	75.6
4.0000	6.6	26.5	36.3	44.1	62.3
5.0000	5.1	19.0	26.0	31.3	44.2
6.0000	4.9	15.7	20.9	24.9	34.5
7.0000	4.3	11.8	15.5	18.1	24.5
8.0000	3.3	8.7	11.1	13.0	17.3

根据《中国地震动参数区划图》（GB 18306—2015），长河坝坝址仍处于中国地震动参数区划值 $0.2g$（相当于Ⅷ度基本烈度）区。

2.5　防震抗震专题研究

2.5.1　地震地质研究

工程区位于川滇南北向构造带北端的北东向龙门山断褶带、北西向鲜水河断褶带和金汤弧形构造带的交接复合部位，区域地质构造背景复杂。场址工作区大部分位于我国地震活动最强烈、分布面积最广的青藏高原地震活动区中的鲜水河地震统计区、龙门山地震统计区及巴颜喀拉山统计区，地震活动水平很高，地震地质条件复杂。为对该区区域构造及其稳定性进行系统的研究和评价，成都院在预可行性研究阶段，于 2004 年期间采用委托或合作的形式分别完成了《大渡河长河坝水电站工程场地地震安全性评价和水库诱发地震评价报告》（中国地震局地质研究所、中国地震局地球物理研究所）和《大渡河长河坝水电站坝区及外围地质构造研究》（中国水电顾问集团成都勘测设计研究院、成都理工大学）专题研究工作。

2005 年 1 月，经中国地震局"中震函〔2005〕20 号"批复，长河坝水电站工程场地 50 年超越概率 10% 基岩水平峰值加速度为 172gal，100 年超越概率 2% 时为 359gal，对应地震基本烈度为Ⅷ度，区域构造稳定性较差。

为进一步核实近场区断裂的活动性，并对工程区内的断裂进行补充调查等工作，2008年 1 月，成都院委托中国地震灾害防御中心等单位完成了《大渡河流域猴子岩—硬梁包段断裂活动性研究》报告。

2008 年 5 月 12 日汶川大地震后，国家发展和改革委员会发出《要求加强水电工程防震抗震工作有关要求的通知》（发改能源〔2008〕1242 号）。为贯彻执行国家发展和改革委员会加强水电工程防震抗震工作有关要求的通知，加强水电工程防震抗震工作，落实防震抗震措施，确保水电工程的地震安全，水电水利规划设计总院制定了《水电工程防震抗震研究设计及专题报告编制暂行规定》（水电规计〔2008〕24号）。2008年6月11日中国地震局全国地震动区划编制委员会颁布了地震动区划图《中国地震动参数区划图》（GB 18306—2001）国家标准第1号修改单。根据中国地震局《关于加强汶川地震灾后恢复重建抗震设防要求监督管理工作的通知》（中震防发〔2008〕120号）规定，在第1号修改单划定范围内，位于地震动峰值加速度值有变化的地区的重大建设工程，应开展地震安全性评价复核工作。大渡河长河坝水电站（坝址地理坐标：102.192°E、30.267°N）虽位于《中国地震动参数区划图》（GB 18306—2001）国家标准第1号修改单范围内，但属地震动峰值加速度没有变化的地区，不再进行场地地震安全性评价复核。考虑到"5·12"大地震后，区域地震地质环境有一定变化，因此，又委托中国地震局地质研究所开展工程地震补充研究工作，并于2008年9月提出《四川省大渡河长河坝水电站工程地震补充专题研究报告》。该报告对长河坝水电站工程场地地震动参数仍采用中国地震局中震函〔2005〕20号文批复的由中国地震局地质研究所和中国地震局地球物理研究所共同承担完成的《大渡河长河坝水电站工程场地地震安全性评价报告》相关成果，并补充完善了基准期100年超越概率1‰基岩水平峰值加速度为430gal。

2.5.2 工程区地震地质灾害评价

工程区范围内大渡河河谷两岸地形陡峻，高差较大，临河岸坡坡度一般在60°以上。由于表部岩体卸荷强烈，且存在结构面的不利组合，加之沿局部山脊表部岩体已卸荷松动，此外坝址两岸局部不同成因的第四系堆积体稳定性较差，故在遭受Ⅷ度地震时可能引发崩塌、滚石和滑坡等地质灾害，工程上应注意防范。

临近工程区磨子沟、野坝沟等，岸坡较陡、风化卸荷作用较强，岩体破碎，沟内物源较丰富，具备泥石流发生的汇水地形及降雨条件，有泥石流发生的可能。若发生地震更加剧泥石流发生的规模和危害，当布置施工场地或附属建筑物时，应避让或采取相应的整治措施。坝区泥石流总体上不发育，仅花瓶沟、大湾沟、铁塔沟雨季在粒度相对较细的崩坡堆积体上常发生小型坡面泥石流。若发生烈度为Ⅷ度的地震，在暴雨条件下有可能发生小规模坡面泥石流，需采取一定的工程处理措施。

坝基河床覆盖层中分布较广的有②-c砂层，厚度0.75～12.5m，埋藏深度3.30～25.7m，厚度较大，为饱水的少黏性砂土。采用剪切波速、标贯、相对含水量及震动液化等方法综合判别，在发生Ⅶ～Ⅷ度地震的条件下存在液化的可能性，故需进行专门的工程处理。由于长河坝水电站建筑物地基无软土分布，因此不存在软土震陷问题。

长河坝场址区次级小断层晚更新世以来无活动性，不具备产生破坏性地震的能力及同震地表位错破坏的可能，因此枢纽建筑区不存在抗断问题。

坝区花瓶沟、倒石沟、大湾沟崩坡积堆积体，若遭受烈度为Ⅷ度的地震，将会产生一定规模的塌滑。倒石沟堆积体塌滑将会危及坝区基坑施工安全，须注意防范，其对工程安全运行影响不大。大湾沟堆积体离主要建筑物较远，其塌滑对工程安全影响不大。花瓶沟堆积体遭受烈度为Ⅶ～Ⅷ度地震时将会产生小规模至一定范围的塌滑，对施工期导流将会产生一定影响，须注意防范及制定相应的应急预案。

长河坝水库花岗岩库段蓄水后存在发生 4.0 级表层应力调整型地震的可能，震中烈度小于Ⅶ度，远小于工程建筑物的抗震设防标准，故对水工建筑物不会造成破坏性影响。长河坝水库主要支流金汤河及库尾碎屑岩库段，水库蓄水后不会发生水库地震。

2.6　区域构造稳定性评价

大渡河长河坝水电站地处鲜水河断裂带、龙门山断裂带和安宁河—小江断裂带所切割的川滇菱形块体、巴颜喀拉块体和四川地块交接部位，处于川滇菱形块体东缘外侧，区域地质构造背景复杂。工程区外围区域断裂带规模宏大，发育历史悠久，北西向鲜水河断裂带和北东向龙门山断裂带具有发生 7.5～8.0 级潜在地震的危险性。经地震地质背景和地震危险性分析，工程区不具备发生强震的地质构造条件，工程场地的地震危险性主要受外围强震活动的波及影响，其中鲜水河地震统计区康定 8.0 级潜在震源对场地地震危险性起主要作用。

根据中国地震局 2008 年《关于加强汶川地震灾后恢复重建抗震设防要求监督管理工作的通知》（中震防发〔2008〕120 号）文件，大渡河长河坝水电站虽位于《中国地震动参数区划图》（GB 18306—2001）国家标准第 1 号修改单范围内，但属地震动峰值加速度没有变化的地区，故不进行工程场地地震安全性评价的复核，工程场地抗震设防地震动参数仍采用中国地震局中震函〔2005〕20 号批复的中国地震局地质研究所和中国地震局地球物理研究所共同承担完成的《大渡河长河坝水电工程场地地震安全性评价报告》（2005年）相关成果：长河坝水电站工程场地 50 年超越概率 10% 的基岩水平峰值加速度为172gal，100 年超越概率 2% 的基岩水平峰值加速度为 359gal，相对应的地震基本烈度为Ⅷ度，区域构造稳定性较差。2008 年 9 月中国地震局地质研究所提交的《四川省大渡河长河坝水电站工程地震补充专题研究报告》分析确定了 100 年超越概率 1% 基岩水平峰值加速度为 430gal。综合统计场址基岩水平向峰值加速度见表 2.6 - 1。

表 2.6 - 1　　　　　　　　　　场址基岩水平向峰值加速度

概率/%	50 年超越概率	100 年超越概率	
	10	2	1
加速度/gal	172.0	359.0	430

芦山"4 · 20"地震、康定 6.3 级地震对长河坝水电站场址的影响并未超过上述设防烈度。

根据《中国地震动参数区划图》（GB 18306—2015）长河坝坝址仍处于中国地震动参数区划值 0.2g（相当于Ⅷ度基本烈度）区，地震地质条件未发生明显改变。

长河坝水电站所在地区没有汶川"5 · 12"大地震的构造背景和相当的发震断裂，故出现大规模、危害长河坝水电站的滑坡和泥石流的地震地质环境不存在。库区地震工况下局部边坡可能产生一定的崩塌、滑坡、泥石流对工程安全运行无影响。对枢纽区开口线上自然边坡危险源进行了针对性的防治，对重点部位进行加强处理，地震后总体对工程运行影响不大，其可能会新增一些危岩体，需采取必要的监测、巡视及建立相应应急预案。枢纽区可能产生塌滑、泥石流，但对工程安全运行无影响，蓄水后不存在砂土液化及软土震陷问题。枢纽区规模较大的金汤弧形断裂、大渡河断裂、龙门山断裂带等均远离电站主要建筑物，场址区次级小断层晚更新世以来无活动性，枢纽建筑区不存在抗断问题。

2.7　水库地震研究

2.7.1　水库地质概况

水库由大渡河主库及金汤河等支库组成，总库容 10.75 亿 m^3。正常蓄水位 1690m 时，大渡河主库回水至孔玉乡下游 1.4km 的王家河坝，长约 35.3km。下游金汤河支库回水至二台子，距上游大火地约 3.0km，回水长约 4.3km。其余响水沟、索子沟、巴郎沟等冲沟库容小，回水短。

水库地处高山峡谷区，属河道型水库。库区河谷大致呈长条形展布，河谷狭窄，谷坡陡峻，山岭海拔高程一般达 3500~4500m，属高山曲流深切割区。河谷两岸支流、冲沟发育，见有零星的 Ⅰ~Ⅲ 级阶地分布。阶面拔河高差分别为 3~4m、10~20m、45~50m，Ⅰ 级阶地为堆积阶地，Ⅱ 级、Ⅲ 级阶地多为基座或嵌入堆积阶地。

库区两岸基岩裸露，出露地层以元古界澄江—晋宁期花岗岩（$\gamma_{02}^{(4)}$）、石英闪长岩（$\delta_{02}^{(3)}$）、闪长岩（$\delta_{02}^{(3)}$）为主，库尾出露元古界前震旦系石门坎组（Pts）变质流纹岩、变质石英砂岩夹千枚岩和震旦系上统（Z_b）中厚层状白云岩、结晶灰岩、千枚岩。花岗岩、闪长岩岩体坚硬较完整，流纹岩、变质石英砂岩、白云岩、结晶灰岩夹千枚岩构造挤压紧密。

第四系沉积物成因类型有崩坡积、冲洪积、泥石流堆积与冰碛、冰水堆积。冲洪积漂卵砾石层呈带状分布于沟谷河床、残留阶地。泥石流堆积主要分布在沟口，有自然形成的，也有矿山泥石流块碎石砂土层。崩坡积块碎石土在沟谷两侧山坡、坡脚零星分布。冰碛块碎石土和冰水堆积泥块卵石主要位于河流高阶（台）地、边坡和河床底部。

库区无区域断裂通过，水库较近区域发育的 SN 向断裂有：东侧的昌昌断裂和西侧的红锋断裂等，昌昌断裂距离水库 2.0~4.5km，红锋断裂距离水库约 5km。

昌昌断裂：沿大渡河左岸山里展布，距大渡河平面距离 3.7~5.5km，距长河坝坝址最近距离 4.5km，北起金汤五大寺一带，经边坝、昌昌向南延伸至岚安一带，并在岚安附近斜列南北向泸定断裂；主要由昌昌断裂、瓜达沟断裂、楼上断裂及其与之平行的褶皱组成断褶带，断褶带宽 2~4km。五大寺、边坝、昌昌一带，断裂两侧为中生代地层（Mz），岚安附近断裂两侧为"康定杂岩"；主断带总体呈南北向展布，倾向东，倾角一般为 60°~70°，断裂带宽十几至数十米，由碎粉岩、构造透镜体和挤压劈理等组成，断裂带碎粉岩化、绿泥石化甚为普遍，显示明显的挤压特征。通过对昌昌断裂地质、地貌、地震和地球物理等方面的调查和综合研究发现：昌昌断裂活动性微弱，尤其是晚第四纪以来基本不具新活动性。

红锋断裂：该断裂距水库的最近距离为 5.2km。规模较大，总体走向南北，沿大渡河右岸延伸，北起丹巴县开顶，在开顶处被跃坝弧形断裂截阻，向南经溪火沟到康定市孔坭坝沟的大公冲，继续向南经磨子沟、麻角梁子、色朗沟，并沿色朗沟向南经红锋、长岩窝、葱子沟、长岩窝梁子到康定市。由北到南总长度约 65km。在平面上线形特征比较明显，总体上向西倾斜，倾角较缓；该断裂为脆—韧性断层，形成以构造透镜体、构造片岩、碎粉岩等脆性—韧性变形系列的断层岩。断裂活动性微弱，尤其是晚第四纪以来基本不具新活动性。

库区发育次级构造以小规模断层破碎带和小型挤压错动带、岩脉、节理裂隙为主。其中库中段四家寨沟口有近东西向四家寨断层通过，库尾段有呈弧形展布的王家河坝断层和三黄寨断层。

四家沟口断层：南距长河坝坝区 14km，西起大渡河右岸的四家寨以南，向东延伸，早期断裂活动在断层带中形成碎粉岩这样的韧性变形的断层岩，后期的断裂叠加活动形成构造角砾岩、碎裂岩、角砾岩、碎粉岩这样的脆性变形的断层岩；断层新活动性微弱，尤其是晚第四纪以来基本不具新活动性。

三黄寨断层：起于康定市孔玉乡四家寨以北，向北延伸经巴朗沟—三黄寨，在三黄寨以北转为向北北东延伸，并在门坝以东过大渡河，到桃沟以东被北西向色龙断裂的分枝断裂所截阻。总长度约 13km。在门坝一带形成一向北西方向凸出的弧形构造。总体向弧内凹的方向倾斜，断面倾角较陡，为 79°，而在弧顶部位，断面倾角较缓，为 39°。上盘为晋宁—澄江期斜长花岗岩；而断层下盘均为下震旦统石门坎组的火山岩。断裂变形强烈，为脆性断层，形成构造角砾岩、破裂岩、破劈理、构造透镜体等脆性变形产物。

王家河坝断层西起康定市孔玉乡的阿斗沟，在大渡河右岸的三工区一带被南北向龙衣寨断裂所截阻；从三工区向北东方向延伸至王家河坝后转为向东延伸，在桃沟—出背沟一带，被金汤弧形构造带中的色龙断裂顺时针切错；其东段从拿哈以北向南东方向延伸，经野牛沟、大石包到捧达以南终止；由西到东总长度约 24km。总体上呈一弧形。在三工区—阿斗沟一带断层走向北东，到王家河坝逐渐转为东西—北西西走向，在王家河坝一带形成一向北西方向凸出的弧形构造。断层倾向北西，倾角总体来说比较缓，倾角变化范围为 11°～42°。下盘为康滇地轴上的晋宁—澄江期斜长花岗岩和下震旦统石门坎组火山岩；上盘为上震旦统灯影组、上奥陶统宝塔组和志留系茂县群；断裂变形强烈，形成构造片岩、碎裂岩等脆韧性变形系列的断层岩。该断层新活动性微弱，尤其是晚第四纪以来基本不具新活动性。

库区花岗岩、石英闪长岩、闪长岩岩体坚硬完整，流纹岩、变质砂岩、白云岩、结晶灰岩、千枚岩构造挤压紧密，岩体透水性相对较弱，不同成因的覆盖层结构松散，透水性相对较强。

库区地下水主要类型有基岩裂隙水、覆盖层孔隙水，由大气降水补给，向河床或沟谷排泄。

由于库区两岸地形陡峻，岸坡岩体卸荷相对较显著，基岩裂隙水埋藏较深，未见泉水出露，覆盖层孔隙水主要赋存于不同成因的覆盖层孔隙中，泉水多出露于覆盖层与基岩接触面或与河（沟）水接触部位，反映出地下水补给河水或沟水，支沟内泉水分布高程均高于水库正常蓄水位。岩溶水主要分布于金汤河支库的肖洞子，泉水出露高程1848m，高于水库正常蓄水位，流量稳定，流量为0.25～0.5m³/s。

库区物理地质作用不强，规模较小，主要以岩体风化、卸荷、拉裂体、卸荷松弛岩体、小型崩塌、泥石流为特征。

库区花岗岩、石英闪长岩、闪长岩，岩质坚硬，风化微弱，以弱风化为主，据坝址、金康水电站、猴子岩水电站勘探资料，弱风化深度一般为30～40m。变质岩区库岸风化相对较强。由于库区地形陡峻，岸坡卸荷崩塌作用相对较强，但规模不大，据坝址及邻近地区勘探资料，强卸荷深度一般为30～40m，弱卸荷深度一般为50～70m。

库区主要发育的危岩体有右岸笔架沟上游坝前卸荷拉裂岩体、左岸坝前卸荷松弛破碎岩体、右岸1号泄洪洞进水口边坡下游松动岩体、风铃沟对岸危岩体、金汤支库右岸边坝村危岩体、索子沟对岸上游危岩体、野牛沟下游松弛破碎岩体。

库岸覆盖层有崩坡积、泥石流堆积与冰碛、冰水堆积。崩坡积块碎石土在沟谷两侧山坡、坡脚断续分布。泥石流堆积主要分布在沟口，有自然形成的，也有矿山泥石流块碎石砂土层。冰碛块碎石土和冰水堆积泥块卵石主要位于河流高阶（台）地、边坡和河床底部。

野牛沟位于库区左岸，距坝址约20km，在沟口堆积有大量块碎石土层，为早期冰缘泥石流堆积，曾造成大渡河堰塞堵江，在沟口大渡河两岸均可见残留堰塞堆积体，在上游大渡河河床形成了一套河湖相青灰色黏质粉土层，堰塞河段上游河床钻孔中均有该层分布，其厚度为15～20m。据调查，野牛沟沟长约18km，沟床平均坡降为5%～6%，流域面积约90km²，年平均流量约0.8m³/s，最大洪水流量约30m³/s，沟内植被较发育，沟床及两岸堆积物较少，小型稀性泥石流时有发生。

库区两岸冲沟较发育，在雨季常有小型沟谷型和山坡型泥石流发生，下索子、金汤河两处矿山（渣）、金汤河凉风垭溜口沟泥石流规模较小，对水库淤积影响较小。

水库工程地质分段主要包括主库区和支库区。其中主库区分为4段，包括长河坝库首—下索子块状花岗闪长岩峡谷段，下索子—广金坝块状石英闪长岩稍宽峡谷段，广金坝—门坝沟块状花岗闪长岩峡谷段及门坝沟—王家河坝库尾层状变质岩横向较宽谷段。详细分段情况见第3.2.1节。

2.7.2　水库触震分区和条件

长河坝水库属高坝大型水库，与库水接触的岩性大部分为花岗岩，只有水库主要支流金汤河及库尾为碎屑岩库段。库区无大的活动断裂通过，主要断裂昌昌断裂和红锋断裂距库区4～5km，不与库水直接接触，蓄水后库水不至于沿断层向深处及邻区渗漏，水库蓄水后由于库水的渗透引起断裂活动而发生地震的可能性很小。由于该地区受青藏高原地壳抬升的影响，河流下切，两岸基岩裸露，花岗岩库段节理、裂隙及卸荷裂隙发育，但其规模有限。库水易沿节理、裂隙等张性结构面下渗而发生地震。

从水库区节理、裂隙测量统计结果来看，不同地点所测量的节理发育优势方位不一致。说明不同地点的节理、裂隙发育方向是受局部应力引起的，而不是统一受区域构造应力作用的结果。水库蓄水后库水可沿节理、裂隙渗透，特别是顺河向缓倾角的节理、裂隙或小断层。但断层、节理、裂隙发育规模有限，发生破坏性地震的可能性很小。

1. 水库地震的概率预测

水库地震是多种因素综合作用的结果。目前尚难找出与哪种因素存在必然的联系，因此用概率统计进行评价，该水库用贝叶斯方法进行研究。统计得知库深、库容、区域应力状态、断裂活动性、岩性介质、地震活动背景等六种因素与水库地震密切相关，因此作为统计因素。其中在岩性介质中，为提高精度，把碳酸岩、花岗岩、玄武岩分别从沉积岩和火成岩中分出来。水库触震因素状态见表2.7-1。按触震的震级划分成4类，Ⅰ类$M_s > 5.0$级、Ⅱ类5.0级$\geqslant M_s > 4.0$级、Ⅲ类4.0级$\geqslant M_s > 3.0$级、Ⅳ类3.0级$\geqslant M_s$。

表 2.7-1　　　　　　　　　　　　　水 库 触 震 因 素 状 态

触震因素	状　态					
	1	2	3	4	5	6
库深/m	$D > 140$（D_1）	$140 \geqslant D > 90$（D_2）	$90 \geqslant D$（D_3）			
库容/亿 m³	$V \geqslant 100$（V_1）	$100 > V \geqslant 20$（V_2）	$20 > V$（V_3）			
区域应力状态（S）	挤压（S_1）	拉张（S_2）	剪切（S_3）			
断裂活动性（F）	活断层（F_1）	非活动断层（F_2）				
岩性介质（R）	R_1	R_2	R_3	R_4	R_5	R_6
	碳酸岩	花岗岩	玄武岩	沉积岩	火成岩	变质岩
地震活动背景（B）	活动区（B_1）	弱震区（B_2）	无震区（B_3）			

2. 长河坝水库区地震因素状态分析

长河坝水库坝高240m，根据坝高与库深的关系，库深为210m，库容为10.75亿 m³，为V_3。

长河坝水库区长约35km，按岩性可分成两段。坝址建在花岗岩上，从坝址到金汤河口约3km，主要岩性为闪长岩和花岗岩。金汤河口到门坝附近约25km，主要是花岗岩，其次为闪长岩。从坝址到门坝为库首段，此段的28km库长岩性取花岗岩和火成岩，即R_2和R_5。河流坡降大金—泸定段为0.36‰，从坝址到门坝28km库长，库水变浅了约93m。库深为208~115m，库深是D_1和D_2。坝址区没有大的断裂，水库区有昌昌断裂顺河向延伸，在坝址东侧约4km穿过坝区，倾向东。昌昌断裂与主库段不接触，在边坝与大火地间通过支流金汤河，此断裂是压扭性断裂，应力状态取S_1。此断裂不是全新世断裂，活动性为F_2。地震活动背景取弱震区B_2。

从门坝到库尾约7km为库尾段，出露的岩石为流纹岩，灰白色的结晶灰岩和千枚岩等。岩性取火成岩和变质岩，即R_5和R_6。库深小于115m，为D_2和D_3。在D_2深度时火成岩的状态已做了计算，此段只计算在D_2深度下的变质岩R_6和D_3深度下的火成岩和变质岩，即R_5和R_6的状态。库容为V_3。此段没有大的断裂，断裂活动性为F_2。应力状态取和库首段一样S_1。地震活动背景为B_2。六种因素组合发震概率见表2.7-2。

表 2.7 - 2 六种因素组合发震概率表

区域	触震因素	概 率 %			
		Ⅰ	Ⅱ	Ⅲ	Ⅳ
库首段	$D_1 V_3 S_1 F_2 R_2 B_2$	0.03	4.38	11.97	83.62
	$D_1 V_3 S_1 F_2 R_5 B_2$	0.02	2.77	5.12	92.08
	$D_2 V_3 S_1 F_2 R_2 B_2$	0.05	2.85	4.93	92.16
	$D_2 V_3 S_1, F_2 R_5 B_2$	0.03	2.75	1.89	95.24
库尾段	$D_2 V_3 S_1 F_2 R_6 B_2$	0.01	1.92	1.62	96.44
	$D_3 V_3 S_1 F_2 R_5 B_2$	0.02	3.41	1.98	94.77
	$D_3 V_3 S_1 F_2 R_6 B_2$	0.01	2.27	1.62	96.10

计算结果可以看到，发生 $M_s > 5.0$ 级地震的最大概率为 0.05%，这种可能性甚微。发生震级为 5.0 级 $\geqslant M_s > 4.0$ 级地震的最大概率为 4.4%，这种可能性也很小。在库首段花岗岩出露的地方，发生震级为 4.0 级 $\geqslant M_s > 3.0$ 级地震的最大概率为 12%，这种可能性是存在的。发生地震为 3.0 级 $\geqslant M_s$ 的可能性最小在 80% 以上，这种可能性很大。

因此，水库蓄水后存在发生小于 4.0 级表层应力调整型地震的可能，震中烈度小于Ⅶ度，鉴于坝前水压力较大，发生在坝前库段的可能性大。

2.7.3 水库触震可能性评价

长河坝水库属于高坝大库，将来水库蓄水后是否会发生水库地震，发生多大地震，对工程建筑物的影响烈度多大及当地居民的安全问题等，是工程建设部门非常重视的问题。因此必须对水库的各地段发震的可能性、震级大小及影响烈度进行综合分析。

长河坝水库区没有大的活动断裂通过，只有水库外围有昌昌断裂和红锋断裂通过，且不与库水接触。因此水库蓄水后，由于库水的渗透引起断裂活动而发生地震的可能性很小。

由于该地区受青藏高原地壳抬升的影响，河流下切，两岸基岩裸露，花岗岩库段节理、裂隙及卸荷裂隙发育。我国新丰江水库、水口水库和盛家峡水库蓄水后，在花岗岩裸露的峡谷库段发生了地震。根据节理、裂隙及卸荷裂隙发育的程度，特别是顺坡向缓倾角的小断层、节理、裂隙发育地段，认为长河坝水库蓄水后存在发生 4.0 级地震的可能，震中烈度小于Ⅶ度。

计算结果发生 $M_s > 5.0$ 级地震的最大概率为 0.05%，发生 5.0 级 $\geqslant M_s > 4.0$ 级地震的最大概率为 4.4%。库首段花岗岩段发生 4.0 级 $\geqslant M_s > 3.0$ 级地震的最大概率 12%，发生 3.0 级 $\geqslant M_s$ 的可能性最小在 80% 以上。

长河坝水库花岗岩库段蓄水后存在发生 4.0 级地震的可能，震中烈度小于Ⅶ度，对水工建筑物不会造成破坏性影响。长河坝水库主要支流金汤河及库尾碎屑岩库段，蓄水后不会发生水库地震。

2.7.4　水库触震监测台网设计

2.7.4.1　监测台网建设的必要性

根据《中华人民共和国防震减灾法》和《四川省防震减灾条例》等法律法规的规定，"大中型水电站、水库或其他可能产生地震的工程，除进行地震安全性评价外，还应根据要求建立地震监测台网"，《四川省防震减灾条例》第十四条和《水利水电工程地质观测规程》（SL 245—1999）第 4.3.1～4.3.5 条等要求，应在工程投产前建设专用地震监测台网并投入运行，建设的专用地震监测台网应当在开始蓄水前 1 年投入运行，并至少持续观测至库水位达到正常蓄水位之后 5 年；届时仍有触发地震可能的，应当继续保持运行。除了这些法律法规的规定外，建立长河坝水库地震监测和预测研究系统的必要性还有以下两点：

（1）大渡河长河坝水电站水库处于四川西部区域地质结构不稳定地区，工程所处的区域地震构造背景复杂，根据《大渡河长河坝水电站工程场地地震安全性评价》研究成果，坝址 50 年超越概率 10% 和 100 年超越概率 2% 的基岩水平地震峰值加速度分别达 172.0cm/s² 和 359.0cm/s²，50 年超越概率 10% 相应的地震基本烈度为Ⅷ度。因此，必须特别重视研究构造地震对工程的影响，建立起水库地震监测和预测研究系统密切监视库区的地震活动动态。

长河坝水电站通过开展地震安全性评价工作，详细调查和分析了工程区域范围和近场区内的地震和地质环境，给出了具体的工作结果。这些研究工作表明，大渡河上游河段区域位于我国地震活动最强烈、分布面积最广的青藏高原地震活动区中的鲜水河地震统计区、巴颜喀拉山地震统计区、龙门山地震统计区，地震活动水平较高。工程区域范围内构造活动强烈，历史上曾发生过多次 7.0 级以上破坏性地震。现今构造力表现为 NWW—EW 向的水平挤压，导致鲜水河断裂、安宁河断裂、大渡河断裂、大凉山断裂和荥经—马边—盐津断裂的左旋剪切运动和龙门山构造带具有明显的右旋运动分量、主要表现为由北西向南东的冲断运动。近场区范围包括了龙门山断裂的南段和大渡河断裂的北段。其中龙门山断裂为晚更新世以来的活动断裂，其规模较大，历史上发生过强震，而"5·12"汶川 8.0 级地震就发生在龙门山断裂带的主中央断裂上。"5·12"汶川 8.0 级地震的发生，突破了过去对龙门山地震带的认识，龙门山地震带的潜在危害也将对长河坝水电站产生更加重要的影响；南北向大渡河断裂为近场区内一条规模较大的断裂，由多条不连续的断裂段组成，其中与库水相关，且距离长河坝水电站坝址最近的是大渡河断裂北段，即近于平行排列的昌昌断裂和瓜地沟断裂，北起五大寺，经边坝、昌昌、赶羊一带，长约 40km，最近距离距坝区东约 4.5km，根据对大渡河断裂活动性研究，大渡河断裂带剖面地质鉴定和断层泥构造物质测年显示为中更新世活动断裂，历史上曾发生过 6.0 级左右中强震，其影响强度和波及范围是相当有限的。

因此，由于库区内天然构造地震活动将直接威胁到工程和库区人民生命财产安全，为保证工程安全运行，减轻地震灾害损失，有必要建立水库地震监测和预测研究系统，实时捕捉对库区有影响的天然地震活动动态，及时向有关部门和业主提供监测成果及震情趋势判断意见，为库区防震减灾决策提供资料。

（2）长河坝水电站库区的地震监测数据是进行水库地震监测和水库地震预测判断的重要依据，为保证和稳定库区人民群众正常的生产、生活秩序，减轻地震灾害损失，消除社会影响，减少下游居民的恐慌，并为预测研究系统提供可靠的科学数据，有必要建立水库地震监测和预测研究系统。

水库地震和天然地震有共同的基础，但它们各自在孕育和发展过程中又有很多不同的地方，水库地震发生的条件、成因类型、潜在震源区及震级上限等，都与天然地震不同，这就需要进行水库地震综合预测研究。根据水库地震预测研究工作经验表明，水库蓄水前，库坝区的地震活动背景情况对地震的预测判断是非常有用的。此外，水库地震的发震与库水位的关系密切，也有围堰（大坝）挡水后即发震的实例。水库地震震中大多紧邻大坝和在库周10km以内（特别是水库区的峡谷边缘地带），具有频度高、震源较浅、震级下限低、震中烈度较同级天然地震偏高、波列持续时间短、高频能量丰富、大多活动时间长且更具迁移性（包括向坝后迁移，库尾也可发震）等特点，其发生还可有长短不等的滞后期。因此，有必要在水库蓄水前进行一定时间的地震观测，尽可能获得长时间的高质量的监测资料，有利于蓄水后地震活动的监测，对于大渡河长河坝水电站水库地震监测和预测研究系统的建设必须尽快提到日程上来，尽早获得高质量的、科学的基础观测数据，为业主和政府部门提供重要的防震减灾决策依据。

按照有关法律法规的要求，同时考虑到大渡河长河坝水电站工程区域的地震地质环境及库区的可能触发地震状况，为保证工程运行安全和稳定库区人民群众正常的生产、生活秩序，减轻地震灾害损失，在进行大坝结构抗震设防的同时，开展长河坝水库地震监测与预测研究技术系统的建设、实行库区地震监测是十分必要的。

2.7.4.2 地震监测系统组成

水库地震监测和预测研究系统一般是由地震监测台网系统和水库地震综合研究系统两大部分组成。

地震监测台网系统主要是对监测区地震的活动进行实时监测，并对其监测数据进行收集、处理和存储。

水库地震综合研究系统，是对台网观测数据进行分析研究，了解、掌握其特性；分析监测区内地震活动性的变化，进行天然地震本底与水库地震的判别，以便对可能的水库地震危险性进行预测；地震发生后，根据地震造成的损失范围和灾害大小，研判地震发展趋势，为政府和业主抗震救灾决策提供科学依据。一旦发生水库地震或受到外围强震的波及影响，即可根据监测成果和应急预案，采取合理的对策与抗震应急措施，为工程的安全施工、正常运行和防震减灾服务。

长河坝水电站水库地震监测台网系统由台站（包括有线传输台站、无线传输台站）和台网记录中心所组成，其中台网中心为长河坝和黄金坪水电站的水库地震监测台网所共用。图2.7-1为长河坝水电站水库地震监测和预测研究系统结构示意图。

长河坝水电站水库地震监测台网，为水利水电工程专用小孔径密集遥测固定台网，重点监测和工程场地安全有关的地震活动，即监测工程区（库坝区）内围堰（大坝）挡水前与水库蓄水前的天然本底地震活动背景以及电站蓄水后库区及临近区域的天然地震和水库地震活动，为水库地震综合研究提供连续、可靠的基础数据。台网的优化设计调整是以

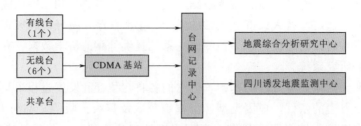

图 2.7-1　长河坝水电站水库地震监测和预测研究系统结构示意图

"总体规划设计报告"拟定的重点监测区，即坝区附近以及以坝址为中心约 10km 范围，向上游约 35km，覆盖至猴子岩水库附近可能触发地震的花岗岩库段，以及库首左岸 4km 处大渡河断裂带北段的昌昌断裂和瓜地沟断裂、金汤河支库附近的金汤弧形断裂和库中段的红锋断裂等区域。台网所属地震台站应较为均匀地展布在这个监视区内，以保证在这个区域总有较高的定位精度和较低的震级下限，基本监测的目标是在重点监视区内可以定位的地震震级下限为 $M_L 0.5$ 级。

地震监测台网的技术系统是由野外固定地震台站、地震数据汇集（含中继站）系统和地震数据收集处理系统三个主要部分组成。野外固定地震台站系统为安装于野外的遥测地震台站，在遥测地震台站内通过地震计和数据采集器将地面振动变换为数字信号，用有线或无线方式将数字信号从遥测台站可靠地传送至地震数据汇集系统或直接传送至台网记录中心；地震数据汇集系统则是将接收到的台站数据进行汇集，形成一路数据后，通过有线传输（SDH/MSTP）方式将数据传回台网中心；地震数据收集处理系统主要完成数据收集、检查、存储、交换与处理等功能，它与野外固定地震台站之间通过直接或经地震数据汇集系统实现有机链接。在本设计中，数字遥测地震台站均采用无线或有线传输方式直接将数据传回记录中心，不需要经过地震数据汇集系统中继的方式进行数据传输。地震数据收集处理系统并行安装于四川省数字地震监测中心。

2.7.4.3　水库地震监测台网建设

目前长河坝建设了临时地震监测台网，为水利水电工程专用小孔径密集遥测临时微震监测台网，待固定地震监测台网建设完毕后停止运行。临时地震监测台网重点监测与大坝、水库中段和工程场地安全有关的 $M_s 5.0$ 级以下及 $M_L 0.5$ 级以上的地震活动。

长河坝水库地震监测和预测研究系统总体规划设计于 2008 年由四川省地震局水库地震研究所完成，2009 年 10 月通过评审，2014 年 6 月四川大唐国际甘孜水电开发有限公司委托四川省地震局水库地震研究所开展了"大渡河长河坝、黄金坪水电站水库诱发地震监测和预测研究系统台站勘选测试及技术实施设计"工作，完成长河坝和黄金坪水库地震监测台网规模和布局的优化设计，并对优化设计拟定的候选台址进行场地振动干扰背景测试、通信网络测试、基础资料收集，最终提交《大渡河长河坝、黄金坪水电站水库地震监测台网勘选测试及定址报告》，为系统技术实施设计提供必要的设计依据。

根据中华人民共和国国家标准《地震台站观测环境技术要求》（GB/T 19531.1～19531.4—2004），测震台站台基噪声水平等级的划分，用速度型地震仪记录地噪声时，可用台基噪声的速度有效值 RMS 值，长河坝水电站水库地震监测台网台站的台基地噪声测试结果及台基类型汇总见表 2.7 - 3。

表 2.7 - 3　长河坝水电站水库地震监测台网台站的台基地噪声测试结果及台基类型

台名	UD 向噪声值 /(m/s)	EW 向噪声值 /(m/s)	NS 向噪声值 /(m/s)	三分向/(m/s) (平均值)	台基类型 (取 UD 向)
雄居	5.0569×10^{-8}	1.9108×10^{-8}	7.1192×10^{-8}	4.6956×10^{-8}	Ⅱ类台
野坝	1.5771×10^{-7}	3.9442×10^{-7}	2.8251×10^{-7}	2.7821×10^{-7}	Ⅲ类台
下火地	6.3857×10^{-8}	6.7733×10^{-8}	1.0344×10^{-7}	7.8343×10^{-8}	Ⅱ类台
谢家沟	2.1445×10^{-7}	3.7368×10^{-7}	4.5567×10^{-7}	3.4793×10^{-7}	Ⅲ类台
新五大寺	4.5306×10^{-8}	6.9430×10^{-8}	8.3655×10^{-8}	6.6130×10^{-8}	Ⅱ类台
四家寨	1.5306×10^{-8}	1.8452×10^{-8}	2.4099×10^{-8}	1.9285×10^{-8}	Ⅰ类台
巴沟	1.2133×10^{-7}	3.2281×10^{-7}	6.4276×10^{-7}	3.6230×10^{-7}	Ⅲ类台
河坝	7.5084×10^{-8}	9.8481×10^{-8}	1.3344×10^{-7}	1.0233×10^{-7}	Ⅱ类台
折骆（共享台）	7.9071×10^{-8}	7.2487×10^{-8}	6.9017×10^{-8}	7.3525×10^{-8}	Ⅱ类台

根据测定的地动噪声水平，长河坝水库地震监测台网（含共享台站）监测能力估算见图 2.7 - 2，台网在给定的重点监视区的地震监测能力下限为 $M_L 0.5$ 级，达到了规范要求，说明台网的布局是可行的、合理的。

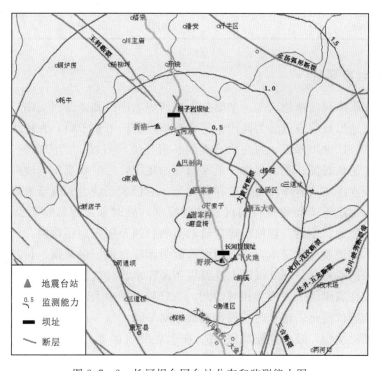

图 2.7 - 2　长河坝台网台站分布和监测能力图

长河坝水库地震台网设计由8个测震台站组成，其基本情况见表2.7-4，台网布局孔径NS34km×EW17km，台站沿库区均匀展布，并全部包围了可能地震的重点监视区段，重点监视区内监测震级下限为$M_L 0.5$级，震中定位误差小于等于1km。为了提高库坝区的防震减灾能力，四川大唐国际甘孜水电开发有限公司决定在长河坝水电站水库地震监测预测系统之前，于2015年先期建设临时地震监测台网，拟在大坝建成蓄水前，先期开展天然地震观测工作，以积累更多水库蓄水前期地震本底活动资料。长河坝水库临时地震台网于2015年9月建成投入运行，由8个台站和1个台网中心组成。长河坝水库临时台网在台站地震观测系统上全部采用反馈式短周期地震计和24位数据采集器，观测频带为2s～40Hz。在数据传输上，长河坝水库台网采用了CDMA公网传输作为地震监测台网数据传输方式，台站地震数据通过CDMA VPDN专网传输到四川省地震局监测中心。

表2.7-4　　　　　　　　　长河坝水电站水库地震监测台网台站基本情况表

序号	台站	高程/m	岩性	观测类型	传输方式
1	雄居	2208	泥灰岩	短周期	CDMA
2	野坝	1705	花岗岩	短周期	CDMA
3	下火地	2033	花岗岩	短周期+加速度	CDMA
4	谢家沟	2272	花岗岩	短周期	CDMA
5	新五大寺	1843	泥灰岩	宽带+加速度	CDMA
6	四家寨	2429	花岗岩	短周期	SDH有线
7	巴沟	1969	花岗岩	短周期	CDMA
8	河坝	1740	白云岩	短周期	CDMA

2.7.5　水库触震研究

（1）长河坝水库属河道型水库，主要分为长河坝主库区和金汤河支库。长河坝主库根据岩体结构及其地形地貌特点分为四段：①长河坝库首—下索子段，为块状花岗闪长岩峡谷段；②下索子—广金坝库段，为块状石英闪长岩稍宽峡谷段；③广金坝—门坝沟库段，为块状花岗闪长岩峡谷段；④门坝沟—王家河坝库尾段，为层状变质岩横向较宽谷段。

（2）长河坝水库花岗岩库段蓄水后存在发生4.0级表层应力调整型地震的可能，震中烈度小于Ⅷ度，远小于工程建筑物的抗震设防标准，故对水工建筑物不会造成破坏性影响，但需进行水库地震监测。目前已建立流动监测台网及固定监测台网。

（3）水库本底地震监测显示，长河坝水库临时地震台网记录期间，长河坝库区及附近的地震活动比较活跃，部分3.0级以上地震展布距库水设计线区域相对较近。库区及附近地震活动水平，在震级图中表现为相对活跃，在日频次图中表现为单点的异常增强，在月频次图中表现为起伏变化。整个时段最大震级相对平稳，除3次3.0级以上地震较为突出外，总体变化相对平稳。最大期望震级M_{max}在库区分成两部分，库区西南和东南普遍偏高，为3.0级及以上，库区其他区域普遍偏低，约2.0级及以上，而在西南的康定地区，更有存在4.0级以上地震的可能，故康定附近具有中强震危险。从时间序列看整个时段地震活动水平,在 2015 年 10 月四川康定 3.5 级地震之后出现明显增高,月频度持续高值。地震监测区内地震深度基本小于 20km,且集中分布在 1~15km 范围内。而康定地区频度偏高,是值得关注的地区,特别是康定地区的地震直接影响到长河坝水库库区及大坝的安全,应作为蓄水后重点关注的区域。

总体来说,本次水库本底地震监测成果与本地区区域地震情况一致,地震地质条件较可行性研究阶段无本质差别。

(4)通过对长河坝库区所处区域的本底地震活动背景分析,认为库区位于鲜水河、龙门山、安宁河三大断裂带的交汇部位,新构造活动强烈,地震地质构造复杂,中强地震活动背景较高。通过长河坝水库库区第一、第二、第三阶段蓄水后的地震活动时空分布特征与库区本底地震活动的对比,发现水库第一阶段蓄水后由于水位上升不大,没有观测到明显的水库地震活动;水库第二阶段蓄水后,水位上升近 90m,淹没区域迅速扩大,库区的库首和四家寨附近出现小震级快速响应型水库地震;第三阶段蓄水后,水位上升 120m,库首附近小震活动减弱,四家寨附近小震活动持续增强。根据以往大岗山水库、锦屏水库蓄水与地震活动的对应关系,随着水位的继续抬升,触发地震活动可能出现升级现象,需继续加强蓄水期间的地震活动监测和分析研究,密切关注后续震情发展。

2.8 小结

(1)区域构造稳定性研究是水电勘察的主要工作之一,正确评价是影响水电水利工程经济合理、安全可靠的重要因素之一,在一定条件下,是关系到水电水利工程是否可行的根本地质问题,对水电规划、开发方式、坝址坝型选择以及大坝等建筑物的设计、运行等影响极大。而对水库地震进行分析预测、监测是在查明库坝区触发地震地质条件基础上,预测触发地震的可能性和强度以及可能性造成的危害,也是工程安全重要的预测、监测手段。

(2)大渡河长河坝水电站地处鲜水河断裂带、龙门山断裂带和安宁河—小江断裂带所切割的川滇菱形块体、巴颜喀拉块体和四川地块交接部位,处于川滇菱形块体东缘外侧,区域地质构造背景复杂。工程区外围区域断裂带规模宏大,发育历史悠久,北西向鲜水河断裂带和北东向龙门山断裂带具有发生 7.5~8.0 级潜在地震的危险性。经地震地质背景和地震危险性分析,工程区不具备发生强震的地质构造条件,工程场地的地震危险性主要受外围强震活动的波及影响,其中鲜水河地震统计区康定 8.0 级潜在震源对场地地震危险性起主要作用。

(3)根据中国地震局 2008 年《关于加强汶川地震灾后恢复重建抗震设防要求监督管理工作的通知》(中震防发〔2008〕120 号)文件,大渡河长河坝水电站虽位于《中国地震动参数区划图》(GB 18306—2001)国家标准第 1 号修改单范围内,但属地震动峰值加速度没有变化的地区,故不进行工程场地地震安全性评价的复核,工程场地抗震设防地震动参数仍采用中国地震局"中震函〔2005〕20 号文"批复的中国地震局地质研究所和中国地震局地球物理研究所共同承担完成的《大渡河长河坝水电工程场地地震安全性评价报告》(2005 年)相关成果:长河坝水电站工程场地 50 年超越概率 10% 的基岩水平峰值加速度为 172gal，100 年超越概率 2% 的基岩水平峰值加速度为 359gal，相对应的地震基本烈度为 Ⅷ 度，区域构造稳定性较差。2008 年 9 月，中国地震局地质研究所提交的《四川省大渡河长河坝水电站工程地震补充专题研究报告》分析确定了 100 年超越概率 1% 基岩水平峰值加速度为 430gal。

（4）工程区在遭受 Ⅷ 度地震时可能引发崩塌、滚石和滑坡等地质灾害，工程上应注意防范。临近工程区的磨子沟、野坝沟等若发生地震会加剧泥石流发生的规模和危害，当布置施工场地或附属建筑物时，应避让或采取相应的整治措施。坝基河床覆盖层中分布较广的有 ②-c 砂层，厚度较大，为饱水的少黏性砂土，在发生 Ⅶ～Ⅷ 度地震的条件下存在液化的可能性，故需进行专门的工程处理。因为长河坝水电站建筑物地基无软土分布，所以不存在软土震陷问题。长河坝场址区次级小断层晚更新世以来无活动性，不具备产生破坏性地震的能力及同震地表位错破坏的可能。因此枢纽建筑区不存在抗断问题。长河坝水库花岗岩库段蓄水后存在发生 4.0 级表层应力调整型地震的可能，震中烈度小于 Ⅶ 度，对水工建筑物不会造成破坏性影响。支流金汤河及库尾碎屑岩库段，水库蓄水后不会发生水库地震。

（5）长河坝水库花岗岩库段蓄水后存在发生 4.0 级表层应力调整型地震的可能，震中烈度小于 Ⅶ 度，远小于工程建筑物的抗震设防标准，故对水工建筑物不会造成破坏性影响。考虑到触震对大坝、库岸稳定可能产生的不利影响，建立了水库地震监测台网。水库本底地震监测显示，长河坝水库临时地震台网记录期间，长河坝库区及附近的地震活动比较活跃，部分 3.0 级以上地震展布距库水设计线区域相对较近。库区及附近地震活动水平，在震级图中表现为相对活跃。整个时段除 3 次 3.0 级以上地震较为突出外，总体变化相对平稳。康定地区频度偏高，是值得关注的地区，特别是康定地区的地震直接影响到长河坝水库库区及大坝的安全，应作为蓄水后重点关注的区域。总体来说，本次水库本底地震监测成果与本地区区域地震情况一致，地震地质条件较可行性研究阶段无本质差别。

水库由大渡河主库及金汤河等支库组成，蓄水后总壅水高度达213m，总库容10.75亿 m³。正常蓄水位达 1690m 时，大渡河主库回水长约 35.3km。下游金汤河支库长约 4.3km。其余响水沟、索子沟、巴郎沟等冲沟库容小，回水短。长河坝水库主要为岩质库岸，沿正常蓄水位 1690m 库岸线总长约 106.7km，其中岩质岸坡库岸线长 98.9km，占库岸线总长的 92.6%，土质岸坡库岸线长 7.8km，占库岸线总长的 7.4%。基岩以花岗岩（$\gamma_{02}^{(4)}$）、石英闪长岩（$\delta_{02}^{(3)}$）、闪长岩（$\delta_{02}^{(3)}$）为主，仅库尾出露元古界前震旦系石门坎组（Pts）变质流纹岩、变质石英砂岩夹千枚岩和震旦系上统（Z_b）中厚层状白云岩、结晶灰岩、千枚岩，形成斜向谷。由于岩石总体以坚硬岩为主，蓄水前对卸荷拉裂松动岩体稳定性进行了分析评价，认为蓄水后岸坡整体稳定，少量卸荷拉裂松动岩体蓄水后即使会产生滑塌，破坏规模也不大，对枢纽工程运行影响不大；蓄水后岩质库岸总体稳定，也未产生较大的变形破坏，故本章主要研究松散堆积体蓄水后岸坡稳定性。长河坝水库壅水高度很大，岸坡坡度为 30°～40°，局部较陡，覆盖层多位于岸坡坡脚、支（冲）沟沟口，以崩坡积堆积和冰碛堆积为主，覆盖层蓄水塌岸问题较突出。蓄水前采用多种方法进行了塌岸分析及预测，预测了覆盖层塌岸地点、规模及其危害。蓄水过程及蓄水后对重点部位加强了巡视，蓄水后有部分库段塌岸较严重，滑塌规模较大，并导致其上改线公路路基破坏，这些覆盖层变形及塌岸迹象均被及时发现，并及时采取了应急处置措施，确保了工程安全。运行期对新增不稳定岸坡也进行了调查及稳定性分析，提出了运行期处置措施及安全管控建议。

3.1 水库区基本地质条件及主要工程地质问题

水库区基本地质条件见本书第 2.7.1 节。

水库区物理地质作用不强，规模较小，主要以岩体风化、卸荷、拉裂体、卸荷松弛岩体、小型崩塌、泥石流为主。

水库区花岗岩、石英闪长岩、闪长岩，岩质坚硬，风化微弱，以弱风化为主，据长河坝坝址、金康水电站、猴子岩水电站勘探资料，弱风化深度一般为 30～40m。变质岩区库岸风化相对较强。由于库区地形陡峻，岸坡卸荷崩塌作用相对较强，但规模不大，据坝址及邻近地区勘探资料，强卸荷深度一般为 30～40m，弱卸荷深度一般为 50～70m。

水库区主要发育的危岩体有右岸笔架沟上游坝前卸荷拉裂岩体、左岸坝前卸荷松弛破碎岩体、右岸 1 号泄洪洞进水口边坡下游松动岩体、风铃沟对岸危岩体、金汤支库右岸边坝村危岩体、索子沟对岸上游危岩体、野牛沟下游松弛破碎岩体。

库岸覆盖层有崩坡积、泥石流堆积与冰碛、冰水堆积。崩坡积块碎石土在沟谷两侧山坡、坡脚断续分布，泥石流堆积主要分布在沟口。冰碛块碎石土和冰水堆积泥块卵石主要位于河流高阶（台）地、边坡和河床底部。大部分规模较小，位于库水位以下，相对较大的有一炷香堆积体、2 号干沟堆积体、右岸中牛场下游堆积体、左岸野牛沟堆积体、左岸门坝村堆积体、支库右岸金汤河口堆积体、支库右岸边坝村 2 号隧道口堆积体、支库右岸金汤河支线桥 2 下游堆积体等。

水库区两岸共发育 13 条支（冲）沟，多数沟内第四系松散堆积物较为丰富，它们是库区固体径流物质的主要来源。据调查，这 13 条支（冲）沟中有 11 条沟为泥石流沟，多条沟历史上曾不同程度发生过规模不等的泥石流活动，其中响水沟于 2009 年 7 月 23 日发生了特大泥石流。响水沟发育于大渡河右岸，位于坝址上游，距坝址约 3km。响水沟主沟沟道长度 14.26km，高程分布范围为 1500～5011m，主沟分水岭处高程为 4421m，响水沟主沟沟道整体顺直，平均纵坡为 319.2‰。响水沟上游崩塌滑坡体比较发育，沟道松散堆积物及坡面松散堆积物较多，为响水沟泥石流的发生提供了丰富物源。上游 2742m 处发育一条支沟，支沟纵坡为 299.5‰，成锐角交入主沟，沟系整体呈 Y 形。"7·23"泥石流为在局地暴雨激发下形成的泥石流。响水沟在"7·23"泥石流发生以前为低频率黏性泥石流沟，在"7·23"泥石流发生后，沟道内细颗粒物质出露地表，在降雨作用下易揭底，同时沟道两侧受泥石流冲刷，崩塌滑坡相对发育。在"7·23"泥石流发生后响水沟为中度易发，危险性较大。响水沟流域内松散物质约 1337.77 万 m^3，其中可直接参与泥石流物源的为 370.64 万 m^3，再次发生泥石流的可能性较大。

总体来说，这些泥石流沟对水库会产生一定的淤积，但整体对水库运行影响不大。

基岩库岸山体雄厚，基岩裸露，岩石以花岗岩、闪长岩为主，岩体坚硬较完整，库岸整体稳定，谷坡变形破坏形式以岩体卸荷拉裂变形形成变形体和局部小型崩塌坠落为主。土质库岸段第四系松散堆积物多位于正常蓄水位 1690m 高程以下，在索子沟下游右岸分布有较厚冰碛堆积物，岸坡高陡，厚达数十米，水库蓄水后可能会产生一定范围滑坡和塌岸，但对枢纽工程正常安全运行总体上影响不大，仅对改线公路通行及库内船只航行安全存在威胁。

库区无深切邻谷，无区域性断裂通过，岩体透水性较弱，不存在水库渗漏问题；水库淤积与浸没问题不突出。

3.2　库岸地质分段研究

3.2.1　大渡河库区

长河坝水电站水库回水长约 35.3km，总体 NNW 流向，为深切曲流河谷地貌，河谷地形为 V 形谷。第四系崩坡积物广泛分布于河谷两岸缓坡与坡脚地带，冲洪积物沿河谷沟谷口呈带状分布。低高程沿河两岸可见 I 级阶地，Ⅱ 级阶地残留发育。通过对坝址至上游库尾（王家河坝）整个水库段的调查复核，长河坝水电站水库区工程地质分段与前期一致，将库区河段分为 4 个工程地质段。

3.2.1.1 长河坝库首—下索子段

该段为块状花岗闪长岩峡谷段。该段河流由 NNW 向 SSE 流，在距坝址上游 4.3km 左岸与金汤河汇合，段长约 14km。河谷狭窄，两岸谷坡陡峻，呈 V 形谷，地形坡度一般为 $35°\sim40°$，局部为 $45°\sim50°$，河床宽度一般为 $50\sim80m$。冲沟较发育，大的冲沟右岸有索子沟、2 号干沟、1 号干沟、响水沟，左岸有茶坪子沟、金汤河。地层由元古界澄江—晋宁期花岗岩（$\gamma_{02}^{(3)}$）、石英闪长岩（$\delta_{02}^{(3)}$）和闪长岩（$\delta_{02}^{(3)}$）组成，岩石致密坚硬，风化微弱，以弱风化为主。崩坡积块碎石层在坡脚地带断续分布，普遍发育；冲洪积漂卵砾石层分布于河床、漫滩及支沟口。较大堆积体有一炷香堆积体、中牛场下游堆积体、2 号干沟堆积体，一炷香堆积体和中牛场下游堆积体为冰水积块碎石土，厚度较厚，岸坡较陡，水库蓄水后会产生一定的塌岸。2 号干沟为崩坡积块碎石和人工堆积碎石土，蓄水后会产生一定的塌岸。

主要发育的危岩体有右岸笔架沟上游坝前卸荷拉裂岩体、左岸坝前卸荷松弛破碎岩体、右岸 1 号泄洪洞进水口边坡下游松动岩体，其中对笔架沟上游坝前卸荷拉裂岩体和左岸坝前卸荷松弛破碎岩体已采取了工程处理措施，对 1 号泄洪洞进水口边坡下游松动岩体进行了分析论证工作。

该库段无区域性断裂通过，主要以规模较小的断层、裂隙为主，未见滑坡，危岩体发育。各冲沟沟口未见大的堆积物，但沟内物源丰富，存在发生山洪和泥石流的可能。库岸基岩裸露，除局部危岩体和岩块有失稳坍塌外，整体稳定性较好。覆盖层岸坡大部分位于蓄水位以下，局部较大的堆积体蓄水后会产生一定的塌岸。

3.2.1.2 下索子—广金坝库段

该段为块状石英闪长岩稍宽峡谷段。该段河流由 NWW 向 SEE 流，段长约 4.0km。河谷相对较宽，谷坡较陡峻，地形坡度一般为 $30°\sim35°$，局部为 $40°\sim50°$，河床宽度一般为 $100\sim130m$，局部为 $180\sim220m$。两岸基岩裸露，出露地层由元古界澄江—晋宁期花岗岩（$\gamma_{02}^{(4)}$）组成，岩石坚硬致密，风化微弱，以弱风化为主。冲沟较发育，大的冲沟右岸有索子沟，第四系崩坡积块碎石土零星分布，其中四家寨下游 280m 大渡河右岸分布崩坡积块碎石层，顺河宽约 280m，分布高程为 $1570\sim1760m$，地形坡度为 $40°\sim43°$，结构较松散，蓄水后可能会产生塌岸，对改线 S211 公路基础有一定影响。下索子上游约 1.2km 右岸发育一现代泥石流沟，暴雨季节常有稀性泥石流发生，但规模小；下索子上游约 1.2km 左岸发育一卸荷拉裂岩体，主要沿 $N50°\sim60°W/SW\angle40°\sim50°$ 结构面卸荷拉裂，后缘高程约为 1820m，前缘河水水位高程为 1540m，顺河宽度为 $150\sim190m$，顺坡方向宽度为 $260\sim300m$，相对高差 280 余米。体积为 80 万～100 万 m^3，现状稳定。水库蓄水后，尤其是库水迅速消落期间，可能造成该卸荷拉裂岩体的局部失稳。

该库段无区域性断裂通过，库段上游发育了四家寨断层，构造主要以次级小断层、小挤压带、裂隙为主。下索子沟口未见大的堆积物，但沟内物源丰富，存在发生山洪和泥石流的可能。库岸基岩裸露，整体稳定性较好，局部危岩体发育，蓄水后存在坍塌的可能。覆盖层岸坡大部分位于蓄水位以下，四家寨下游崩坡积堆积蓄水后会产生一定的塌岸，对改线 S211 路基会产生一定影响。

3.2.1.3　广金坝—门坝沟库段

　　该段为块状花岗闪长岩峡谷段。该库段河流由 NW 向转 SSE 向，段长 14.7km。河谷狭窄，谷坡陡峻，两岸冲沟发育。河床宽度一般为 100～150m，局部为 200～250m，地形坡度一般为 35°～45°，局部为 50°～60°。两岸基岩裸露，出露地层由元古界澄江—晋宁期花岗岩（$\gamma_{02}^{(4)}$）、闪长岩（$\delta_{02}^{(3)}$）组成，岩石坚硬致密，风化微弱，以弱风化为主。在野牛沟下游 1.4km 大渡河右岸，受两侧冲沟切割，岩体松弛破碎，蓄水后可能会产生一定垮塌。第四系松散堆积物分布广泛，主要成因类型有冲洪积、崩坡积、泥石流堆积和少量冰碛堆积，冲洪积漂卵砾石层分布于河床、沟口及 I 级阶地；冰碛堆积泥块卵砾石多分布在边坡或坡顶部位，结构较密实，厚度变化大；此外崩坡积在库区分布较广，主要分布在缓坡、坡脚部位；在改线 S211 三雕隧道出口右岸分布崩坡积块碎石土，分布高程为 1605～1750m，顺河宽度约为 400m，结构松散，蓄水后浅表部会产生一定塌岸，对改线公路路基存在一定影响。两岸冲沟发育有左岸桃沟、拿哈沟、野牛沟、茶孔沟，右岸有巴郎沟、四家寨沟。桃沟、野牛沟、巴郎沟常年流水，其余为季节性冲沟，除野牛沟外，其余沟口无大的堆积物，但沟谷延伸较长，沟内及岸坡存在一定物源，存在发生泥石流的可能。

　　该库段无区域性断裂通过，构造主要以次级小断层、小挤压带、裂隙为主。该库段冲沟较发育，沟内存在一定物源，存在发生山洪和泥石流的可能，对水库淤积影响较小，桃沟对岸拟建建筑场地，泥石流会对建筑护坡产生影响。库岸基岩裸露，整体稳定性较好，野牛沟下游约 1.4km 大渡河左岸发育卸荷松弛破碎岩体，蓄水后可能会产生一定塌岸。覆盖层岸坡大部分位于蓄水位以下，改线 S211 三雕隧道出口崩坡积堆积蓄水后会产生一定的塌岸，对改线 S211 路基会产生一定影响。

3.2.1.4　门坝沟—王家河坝库尾段

　　该段为层状变质岩横向较宽谷段。长河坝水电站主库尾段，河流由 NW 向 SE 流，段长约 2.6km。该段河谷相对较宽，一般为 150～350m，两岸冲沟发育，谷坡较缓，地形坡度一般为 25°～30°，局部为 35°～40°，基岩裸露，岩层挤压强烈，产状 N50°～60°E/NW∠30°～40°，构造线方向与河流呈大角度相交，为横向谷。地层岩性为元古界前震旦系石门坎组（Pt₂）变质流纹岩、变质石英砂岩夹千枚岩；震旦系上统（Z_b）中厚层状白云岩、结晶灰岩、千枚岩。第四系堆积物为冲积、洪积堆积，崩坡积堆积。冲积堆积主要分布于河床、漫滩及 I 级阶地上。洪积堆积块碎石砂土层主要分布在浦力河坝、王家河坝，厚达数十米。崩坡积堆积块碎石土两岸零星分布。

　　该段无区域性断裂通过，为横向谷，基岩裸露，库岸稳定性较好；该段为库尾段，库水位上升低，对覆盖层岸坡影响小。

3.2.2　金汤河支库区

　　金汤河库区呈 EW—NE 流向，库水回水至二台子，回水长约 4.3km。两岸山体雄厚，冲沟植被较发育，谷坡陡峻，为深切曲流河谷地貌，为相对对称 V 形谷，地形坡度一般为 30°～35°，局部为 40°～50°。两岸基岩大部分裸露，主要由元古界澄江—晋宁期花岗岩（$\gamma_{02}^{(4)}$）、石英闪长岩（$\delta_{02}^{(3)}$）、闪长岩（$\delta_{02}^{(3)}$）组成，岩石坚硬完整，风化微弱，以弱风化为主。第四系冲洪积、崩坡积松散堆积物位于河床、沟口及谷坡下部，在距河口 0.7km 处河谷左岸的泥石流（矿山泥石流）堆积块碎石土层，结构较松散。在库区局部可见残留的Ⅰ～Ⅱ级河流阶地。库内未见区域性断裂通过，只是在库尾二台子上游约 3.5km 的大火地有 SN 向大渡河断裂通过，产状近 SN/E∠60°～70°，具压扭性特征。库内崩坡积较普遍，但规模、厚度较小。距河口 2km 的金汤河左岸发育有危岩体，受裂隙不利组合的影响，易形成沿顺坡裂隙滑塌破坏，危岩体上游边坡于 2005 年 2 月 15 日发生沿顺坡裂隙滑塌，塌方量约 5 万 m³，导致交通中断；边坝危岩体位于原滑塌体对岸边坡，受裂隙不利组合的影响，易产生滑塌破坏。较大的堆积体有金汤河口堆积体、边坝村 2 号隧道口堆积体、金汤河支线桥 2 下游堆积体，蓄水后会产生一定的塌岸，对 S211 改线公路路基产生不利影响。

该支库无区域性断裂通过，构造主要以次级小断层、小挤压带、裂隙为主。矿山泥石流是由于人类活动产生的，随人类活动而停止，且规模小，不存在水库严重淤积问题；左右岸发育有危岩体，蓄水后存在滑塌的可能；金汤河口堆积体、边坝村 2 号隧道口堆积体、金汤河支线桥 2 下游堆积体等覆盖层岸坡，蓄水后会产生一定的塌岸。

3.3 典型覆盖层库岸稳定性评价

长河坝水库区岸坡可分为层状结构、块状结构、散体结构三种类型的岸坡。整个库区岸坡以基岩为主，有少量覆盖层堆积体。前已述及，基岩边坡整体稳定，而覆盖层边坡总体由于结构较松散、坡度较陡，加之库区壅水最大高度超 200m，覆盖层库段塌岸问题较突出。比较典型的覆盖层塌岸段有中牛场下游堆积体段、一炷香堆积体段及三雕堆积体段，它们的塌岸规模、处理方式稍有不同。其中，中牛场下游堆积体预测塌岸规模大，蓄水后塌岸规模大，破坏较长一段改线公路路基，永久以隧洞方式进行绕避，临时通行便道无法形成（由于正在蓄水便道修通没多久便遭塌岸破坏），导致很长一段时间改线公路不能通行，影响较大；一炷香堆积体规模大，预测塌岸规模大，蓄水前改线公路以隧洞方式进行了绕避；三雕堆积体塌岸规模相对略小，蓄水导致塌岸后，在上部快速形成应急通行便道，同时为确保塌岸不影响便道下岸坡临时稳定，对该段岸坡进行水下块石压脚处理，效果很好，在改线隧道施工时，该便道一直保持稳定。

3.3.1 中牛场下游堆积体

中牛场下游堆积体位于中牛场下游约 230m 处大渡河右岸，距坝址约 9.3km，分布于上下游两山脊之间，顺河宽约 690m，分布高程为 1520～1950m。为冰碛堆积含块碎砾石土，浅表部为后期崩坡积改造形成的碎石土层，天然坡度 1760m 以下为 33°，1760m 以上为 24°，植被发育。堆积体中部发育一条冲沟，冲沟切割较深达 5～15m，两侧沟壁近于直立，沟内为崩坡积块碎石土。冰碛堆积块石粒径一般为 20～60cm，局部达 1～3m，含量占 10%～20%，碎石粒径一般为 6～12cm，占 20%～30%，砾石粒径一般为 0.2～0.8cm 和 1～4cm，含量占 30%～40%，余为灰色砂土。结构较密实，力学强度较高。

通过地质调查，该堆积体浅表部崩坡积块碎石土厚 3～5m，可见成层性坡积物，结构稍松散。该堆积体覆盖层深 45～55m，结构较密实。坡面植被发育，乔木直径 5～8cm，树木挺拔直立，整个坡面未见变形迹象，局部坡面由于修筑 S211 改线公路扰动，发生了垮塌。

该段岸坡无居民，无耕地等重要设施，S211 改线公路以明线形式通过该堆积体，过冲沟段采用简支梁桥，两端桥墩位于覆盖层上；冲沟上游约 180m 处，公路以简支梁桥通过，其中靠下游侧桥墩位于覆盖层上，上游侧桥墩为基岩。冲沟上游公路路面已产生一条弧形拉裂缝，缝长 40～50m，缝宽 0.3～0.5cm，靠山外侧下座 0.3～0.5cm；靠公路外侧结构缝已产生开裂，张开 1～2cm，裂缝延伸长 40～50m。裂缝产生的原因为，在路面持续荷载作用下，靠公路外侧坡体向临河侧产生侧向变形，导致公路路基产生不均匀变形，形成拉裂缝。

1. 蓄水前预测

本次复核采用卡丘金法、冲堆平衡法（陈卫东 等，2015）和三段法预测塌岸宽度。

（1）卡丘金法预测。α 为浅滩冲磨蚀坡角，取 21°；β 为水上稳定坡角，取 40°。卡丘金法最终预测中牛场下游堆积体最终塌岸宽度约为 152.53m，见图 3.3-1，改线公路完全在塌岸线范围内。

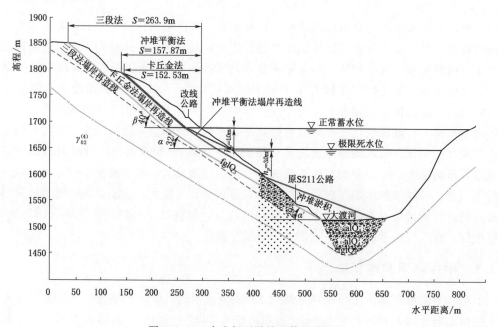

图 3.3-1　中牛场下游堆积体塌岸图解

（2）冲堆平衡法预测。根据工程类比和堆积体成因及结构等因素确定，冰碛堆积水下稳定坡角 α' 为 29°，水下冲磨蚀角 α 为 32°，水上稳定坡角 β 为 40°，水下浅滩堆积坡角为 20°。最终预测塌岸宽度为 157.87m，改线公路也完全在塌岸线范围内，见图 3.3-1。

（3）三段法预测。三段法预测塌岸宽度为 263.9m，改线公路也完全在塌岸线范围内，见图 3.3-1。

用卡丘金法及冲堆平衡法预测塌岸宽度相差不大,三段法预测塌岸宽度相差较大,最终预测塌岸宽度为157.87～263.9m,改线公路完全在塌岸线范围内。

稳定性评价及建议:

(1)通过地质调查中牛场下游堆积体无特定的软弱面和滑面,不具备发生大规模滑坡的地质条件,现状整体基本稳定。水库正常蓄水后,该段库岸再造主要表现为塌岸,由于距坝址较远,不影响水库蓄水。

(2)该段无居民、无耕地等重要对象,改线S211以明线形式通过。通过塌岸预测,中牛场堆积体塌岸宽度为157.87～263.9m,公路及桥基在塌岸范围内,塌岸对公路路基和桥基稳定不利,建议复核该段桥基和路基的稳定性,蓄水后加强巡视和监测,并做好塌岸预案。

2. 蓄水过程中、蓄水后巡查及稳定性评价

根据预测成果,蓄水过程中进行了重点巡查。在2016年12月22日设计代表人员巡视过程中发现有变形迹象,当时仅有2条0.5mm宽的极细裂缝,立即通知参建各方进行应急安全管控,停止人员及车辆通行,塌岸附近人员撤离,库内严禁通航,以确保安全。塌岸发展较快,5天后即2016年12月27日改线S211公路桩号约为23+600～23+894段路基下错约3m,路面开裂,后缘拉裂缝在公路以上约40m高,导致该段S211改线公路通行已完全中断。变形体呈弧形发展,塌岸面貌见图3.3-2,周边裂缝贯通,呈圈椅状形态,下部不断产生解体、垮塌,变形体进入初滑阶段。当时库水位约为1650m(已蓄水173m高,距正常蓄水位还差40m),库水位以上变形体方量约为30万m³,总方量约50万m³。该堆积体变形原因为覆盖层边坡蓄水后产生塌岸牵引上部覆盖层边坡变形。随着变形不断发展,由牵引式发展为推移式为主兼牵引式,变形阶段由蠕滑转为初滑,最终产生滑动,变形范围及高程不断扩展(图3.3-3),总体以解体式垮塌为主。

图3.3-2 变形体全貌 　　　　　　　图3.3-3 变形体变形情况
(摄于2016年12月27日) 　　　　　　(摄于2017年1月18日)

随着水库水位的不断抬升,至2017年5月(库水位约1680m)原变形体已滑塌至库水位以下,见图3.3-4,水位以下坡体下部仍不断垮塌,并牵引上部变形。塌岸上部临时便道路面发现多条裂缝,其中最大一条顺河向展布,缝宽一般13～15cm,外侧下错12～14cm,陡倾山里,顺河流向延伸长约60m,横河宽约60m。初步估计变形方量仍有

20 万～30 万 m³，在下部不断垮塌牵引下，易产生滑动，并易产生较大涌浪。

图 3.3 - 4　中牛场塌岸全貌（2017 年 5 月）

变形体随着水位上升仍在不断发展，虽以解体式垮塌为主，但仍有可能产生整体失稳并产生较大涌浪，需对其危害性进行初步评估。评估假定最不利工况产生整体垮塌，即 30 万 m³ 土体整体下滑，滑块滑速分别采用了潘家铮涌浪算法和美国土木工程师协会推荐公式算法；计算涌浪高度分别采用潘家铮涌浪算法、水科院涌浪算法。采用不同的算法，水科院涌浪算法在大坝处涌浪高度为 0.31m，潘家铮提出的涌浪计算法涌浪高度为 0.81m，按保守取值涌浪高度为 0.81m。最大涌浪高程为 1690.81m，低于 1697m，不会产生翻坝风险，即涌浪对大坝安全运行无影响。该段路基塌滑后，公路由"明线"改为

图 3.3 - 5　中牛场塌岸全貌（2019 年 5 月）

"隧洞"（长约 1.7km）。因交通中断且临时便道短时无法恢复，业主当时暂采取轮船摆渡"瓦斯沟—丹巴线"方向过往人员，轮船核载 35 人。土体整体下滑时会产生较大涌浪，滑塌也可在河对岸产生较大涌浪，变形体滑塌、涌浪等均可能导致轮船安全事故。当时建议加强塌岸巡视和监测变形体上下游覆盖层段，对 S211 改线公路变形段设立警示牌、警戒线，禁止人员和车辆通过；防范涌浪可能导致轮船翻沉的危险，做好应急管控及监控，做好应急预案，设专职安全员加强巡视，并禁止对岸人员活动。后改线隧道建成，交通压力解除。蓄水完成后塌岸仍在继续，见图 3.3 - 5，一定范围库段仍受较大涌浪影响，仍需做好安全管控，尤其是需禁止船只通行，包括对岸禁止人员活动。

3.3.2　一炷香堆积体

一炷香堆积体位于大渡河右岸索子沟下游 930m 处，距坝址 11.7km，顺河宽约 720m，顺坡长 900～1000m，主要为冰水成因的漂（块）碎石土堆积层，部分为后期崩坡

积作用改造形成的碎石土层，分布高程1545～2540m，厚达数十米至100余米，前缘自然坡度为50°～65°，后缘为35°～40°。漂（块）碎石土堆积层，块石粒径一般为20～60cm，局部达1～3m，含量约占总重量的25%，碎石粒径一般为6～12cm，约占总重量的30%，砾石粒径一般为1～4cm，含量约占总重量的30%，余为灰色砂土，总体粗颗粒构成骨架，结构多呈中密状态，力学强度较高。由于前缘坡陡，天然状态下前缘崩塌时有发生，见图3.3－6。

图 3.3－6　一炷香堆积体全貌

1. 蓄水前预测

一炷香堆积体天然状态下基本稳定，地震及蓄水时前缘稳定性差，将会产生一定的塌滑。

（1）卡丘金法预测。一炷香堆积体采取卡丘金法进行塌岸计算图解见图3.3－7，计算公式如下：

$$S = N\left[(A + h_p + h_b)\cot\alpha + h_2\cot\beta - (A + h_p)\cot\gamma\right] \tag{3.3-1}$$

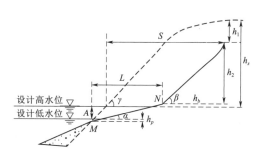

图 3.3－7　一炷香堆积体卡丘金法预测塌岸图解

式中：S 为最终坍岸宽度，m；N 为与土颗粒大小有关的系数，取值为0.5；A 为库水位变化幅度，m，取正常蓄水位与汛限水位之差值40m；h_p 为波浪影响深度，m，相当于1～2倍波高，取3.0m；h_b 为浪爬高度，m，按公式 $h_b=3.2kh\text{tg}\alpha$ 计算；h_2 为浪爬高度以上斜坡高度，m；k 为被冲蚀岸坡表面糙度系数，取值0.9；h 为波浪波高，m，取1.0m；h_s 为正常蓄水位以上岸坡高度，m，取值267.7m；α 为水下稳定坡度，(°)，取32°；β 为水上稳定坡度，(°)，取40°；γ 为原始岸坡坡角，(°)，取59°。

经计算，最终塌岸宽度 $S=299.99$m。

（2）冲堆平衡法预测。根据工程类比和堆积体成因及结构等因素确定，冰水积堆积水下稳定坡角 α' 为29°，水下冲磨蚀角 α 为32°，水上稳定坡角 β 为40°，水下浅滩堆积坡角为20°。预测塌岸宽度为291.39m，见图3.3－8。

（3）三段法预测。三段法预测塌岸宽度为468.71m。

卡丘金法及冲堆平衡法预测塌岸宽度相差不大，三段法预测塌岸宽度相差较大，最终预测塌岸宽度为291.34～468.71m。

稳定性复核评价及建议：

（1）通过地质调查一炷香堆积体无特定的软弱面和滑面，不具备发生大规模滑坡的地质条件，现状整体基本稳定，仅前缘由于坡陡，局部发生崩塌。一炷香堆积体地震及蓄水

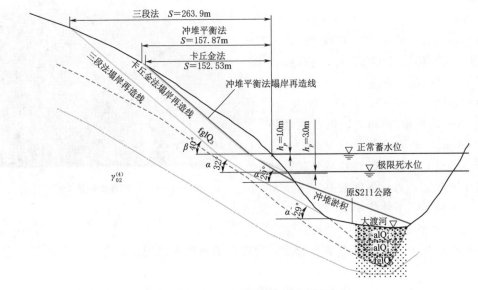

图 3.3-8　一炷香堆积体塌岸预测图解

时前缘稳定性差，将会产生一定的塌滑，蓄水后地震工况下边坡将失稳。

　　水库正常蓄水后，该段库岸再造主要表现为塌岸及前缘部分塌滑，蓄水后地震工况下边坡将失稳，由于距坝址较远，不影响水库蓄水。

　　（2）通过塌岸预测，一炷香堆积体塌岸宽度为 291.34～468.71m。

　　（3）该段无居民、无耕地等重要对象，改线公路 S211 以隧洞形式进行了绕避，塌岸对水库正常运行影响不大，建议蓄水后加强巡视。

　　2. 蓄水过程中、蓄水后巡查及稳定性评价

　　蓄水过程中及蓄水后实际也产生了较大的塌岸，见图 3.3-9。由于改线公路在蓄水前以隧洞形式进行了绕避，故该塌岸对工程无影响。但由于塌岸可能产生较大涌浪，一定范围库段仍受较大涌浪影响，受影响范围水库需做好安全管控，尤其是需禁止船只通行，包括对岸禁止人员活动。

3.3.3　三雕堆积体

　　三雕堆积体位于改线 S211 省道三雕隧道出口下游 280m 处大渡河右岸，距坝址约 18.3km，改线公路以明线形式从该坡体通过。2018 年 10 月 25 日，覆盖层路基段出现垮塌，造成 S211 省道断

图 3.3-9　一炷香堆积体蓄水后塌岸后全貌

路，路面垮塌长度约 55m，垮塌宽度约 45m，厚度约 15m，垮塌方量约 1.8 万 m³。堆积体宽度约 150m，顺坡长约 160m，厚度约 15m，方量约 12 万 m³。塌岸发生后第一时间进行了地质测绘、无人机遥感勘察、分析其变形破坏机理，进行稳定性评价、风险评估及制

定处理措施。

S211 改线公路（1715m 高程）以下边坡坡度为 33°～40°，垮塌后为 45°～50°，以上为 35°～40°。覆盖层段植被较发育。坡面冲沟发育，中部为小山脊，山脊两侧为沟槽地貌，沟槽内为近源崩坡积块碎石土，堆积体范围内局部基岩零星出露，见图 3.3-10。岸坡崩坡积块碎石土厚度为 25～40m，局部具有架空结构，结构较松散，见图 3.3-11。

图 3.3-10　三雕堆积体塌岸后无人机航拍全貌

S211 改线公路路基坐落在崩坡积块碎石土上，路面高程约为 1715m，正常蓄水位 1690m，极限死水位 1650m。蓄水前，该部位地形坡度总体为 35°～40°，为崩坡积块碎石土，地表无变形迹象，路基边坡总体基本稳定。蓄水后，该处壅水高度达 100m，块碎石土在库水浸泡及波浪冲刷作用下，不断产生自下而上牵引式垮塌破坏，随着水库蓄水、运行，下部土体不断垮塌，最终导致路基垮塌。故本次变形属水库塌岸产生的牵引式变形。

垮塌体前缘地形坡度陡，为 45°～

图 3.3-11　三雕堆积体岸坡内块碎石土

50°，土体结构较松散，改线公路高程以下已出现垮塌等变形迹象，稳定性极差，在降雨、库水位升降、震动等不利工况下，易出现向后缘牵引式垮塌。由于该垮塌段离大坝较远，且为前缘解体式滑塌，滑塌方量较小，其可能产生的涌浪小，对枢纽工程及水库运行影响小。垮塌对后缘修建的临时保通便道影响较大，须立即采取处理措施。

1. 蓄水前预测

蓄水前进行了塌岸预测，针对此河道型水库主要有卡丘金法、两段法及冲堆平衡法等。卡丘金法适用于黄土类土层及平原地区水库的塌岸预测；两段法适合峡谷型水库，但对高坝大库，两段法起算点偏低，误差较大；冲堆平衡法利用塌岸土体体积乘以堆存系数与堆积土体体积相等原理，根据水下稳定坡角、浅滩堆积坡角、冲磨蚀坡角、水上稳定坡角通过水库特征水位（死水位、正常蓄水位）确定塌岸范围。

根据工程类比和堆积体成因及结构等因素确定，三雕堆积体水下稳定坡角 α' 为 $26°$，水下冲磨蚀角 α 为 $28°$，水上稳定坡角 β 为 $35°$，水下浅滩堆积坡角为 $20°$。两种方法最终预测塌岸宽度为 $115.02m$，改线公路也完全在塌岸线范围内，三雕塌岸预测见图 3.3 - 12。

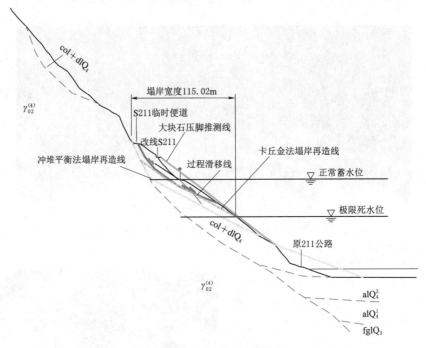

图 3.3 - 12　三雕塌岸预测图

综上所述，三雕塌岸变形体是由于水库蓄水，导致三雕堆积体产生塌岸，并牵引上部覆盖层变形，为牵引式破坏。经塌岸预测，原改线公路及后缘修建的保通便道均在塌岸预测范围内。加之塌岸变形后岸坡陡峻，保通便道又离新近塌岸线较近，在库水作用下，极易再次产生塌岸，并导致保通便道处坡体再次产生滑塌，危及通行车辆及人员安全。

2. 蓄水过程中、蓄水后巡查及稳定性评价

塌岸应急处置过程中，采取了加强巡视、监测，临时交通采取单向通行，控制车流量，加强交通管制，采取警戒措施，并设置专职安全员等应急管控措施。这些措施对临时便道保通提供了保障。临近春节，为保持省道通行，仍需采取工程措施。

工程区有改线隧道开挖料，开挖料岩性为花岗岩或闪长岩，均为坚硬岩。能否利用开挖料进行坡体压脚并使库岸得到保护，部分人认为在 $100m$ 深库水中对变形坡体进行压脚，需要天文数字的开挖料，该方案根本行不通，实际并非如此。

由于山区型水库河谷较窄，库水流速较小，当库水位以下存在堆积地形时，水下以堆积为主。因此塌岸段水位以下存在一定水下堆积。另根据围堰施工中相关资料分析，块石料在水下自然休止稳定坡角可达 $35°\sim38°$，相对较陡。经剖面分析，如图 3.3 - 12 所示，

最大剖面需块石料约 470m³/m，总共不超过 4 万 m³。最终决定本次应急处理采用了在塌岸变形处坡脚堆放大量工程开挖块石料的方法（见图 3.3－13），一方面对坡体起压脚保护作用，另一方面又使库水波浪不直接作用于库岸坡体。经过近一年时间的运行，监测成果表明塌岸库段边坡总体稳定，压脚措施确保了便道稳定，保障了交通安全，起到了良好的社会效益及经济效益。

图 3.3－13　三雕堆积体应急便道块石
（隧洞开挖料）压脚处理后全貌

3.4　小结

岸坡以基岩岸坡为主，由于岩石总体以坚硬岩为主，蓄水前对卸荷拉裂松动岩体稳定性进行了分析评价，认为蓄水后岸坡整体稳定，少量卸荷拉裂松动岩体蓄水后即使会产生滑塌破坏规模也不大，对枢纽工程运行影响不大；蓄水后岩质库岸总体稳定，也未产生较大的变形破坏。覆盖层岸坡占库岸线总长 7.4％，由于岸坡较陡，覆盖层多位于岸坡坡内、坡脚、支（冲）沟沟口，以崩坡积堆积和冰碛堆积为主，结构较松散，加之长河坝水电站蓄水后壅水高度最高达 213m，覆盖层蓄水塌岸问题较突出。蓄水前针对西南山区型水库特点，采用多种方法进行了塌岸分析及预测，尤其是采用适合于西南山区型河道水库的最新塌岸预测方法（冲堆平衡法），预测了覆盖层塌岸地点、规模及其危害。蓄水过程及蓄水后中对重点部位加强了巡视，蓄水后有部分库段塌岸较严重，滑塌规模较大，并导致其上改线公路路基破坏，这些覆盖层变形及塌岸迹象均被及时发现，塌岸后对岸坡变形机制进行了分析和稳定性评价，针对性地提出应急处置措施。比较典型的覆盖层塌岸段有中牛场下游堆积体段、一炷香堆积体段及三雕堆积体段。它们塌岸规模、处理方式稍有不同。其中，中牛场下游堆积体预测塌岸规模大，蓄水后塌岸规模大，破坏改线公路路基较长，永久以隧洞方式进行绕避，临时通行便道无法形成（由于正在蓄水，便道修通没多久便遭塌岸破坏），导致很长时间改线公路不能通行，对社会影响较大；一炷香堆积体规模大，预测塌岸规模大，蓄水前改线公路以隧洞方式进行了绕避，对工程无影响；三雕堆积体塌岸规模相对略小，蓄水导致塌岸后，在上部快速形成应急通行便道，同时为确保塌岸不影响便道下岸坡临时稳定，基于冲堆平衡理论，利用块石水下自然休止稳定坡角较大的特点，首次针对高坝深库利用开挖料提出了块石压脚护坡处理措施。经实施后，效果较好，监测成果显示库岸塌岸段边坡稳定，确保了便道稳定，保障了交通安全，同时发挥了良好的社会效益及经济效益。

第4章
复杂结构层次覆盖层超高坝筑坝
工程地质问题研究

4.1 坝基覆盖层勘察方法

4.1.1 勘察工作思路

长河坝水电站以发电为主、兼顾防洪，属一等大（1）型工程，根据《水力发电工程地质勘察规范》（GB 50287—2016）要求，预可行性研究阶段选取上、下两个规划坝址进行勘察比较，上坝址拱坝及土石坝方案各选取 1 条主要勘探线及 1 条辅助勘探线、推荐坝址下坝址选 1 条主要代表性勘探线和上下游各 1 条辅助勘探线布置勘探；可行性研究阶段结合地质测绘，对推荐坝址重点进行勘探、试验工作。长河坝水电站是世界上深厚覆盖层所建造的唯一的坝高超过 200m 的超高坝，其勘察及评价难度巨大，为进一步研究河床深厚覆盖层的颗粒级配和力学性能，进行了专门的较大口径（φ130mm）取芯钻探和现场原位旁压试验等工作。

施工详图阶段河床覆盖层开挖后原位进行覆盖层物理力学试验，以比较一定埋深条件下覆盖层物理力学性能的变化，为水工设计最终提供地质依据。坝址区勘探、试验工作量见表 4.1 - 1。

表 4.1 - 1　　长河坝水电站首部深厚覆盖层研究勘探、试验工作量汇总表

项目	工作内容		单位	工作量				
				规划阶段	预可行性研究阶段	可行性研究阶段	招标施工详图阶段	合计
勘探	井探		m/井		50/8	50/10	42/8	192/34
	钻孔	小口径	m/孔	512.0/5	1685.5/14	2380.6/26	8760.17/96	1451.2/45	14789.47/186
		大口径（φ130mm）	m/孔			153.29/4		153.29/4
	长观孔		孔		2	2	4	2	10
试验	压水试验		段/孔	5/2	191/13	200/18	510/33	420/11	1326/77
	高压压水试验		段/孔		32/1			32/1
	抽（注）水试验		组		11/5	5/3	35/17	41/10	92/35
	标贯试验		段/孔		6/2	27/8	22/5	349/20	404/35

项目	工作内容	单位	工 作 量				
			规划阶段	预可行性研究阶段	可行性研究阶段	招标施工详图阶段	合计
试验	重力触探	段/孔		55/11	54/13	56/14	140/13	305/51
	水质简分析	组	2	5	5	7	52	71
	水质全分析	组		5	5	6	5	21
	土体物理性质试验	组		26	63	104	321	514
	室内土体力学全项试验	组		2	10	10	15	37
	土体高压大三轴试验	组		2	4	7	12	25
	土体现场载荷试验	组		1	3	3	13	20
	土体现场大剪试验	组		1	3		10	14
	土体现场旁压试验	点/孔				109/7		109/7
	土体现场管涌试验	组		2	4	3	22	31
	沙层振动液化试验	组		1	2	2	4	9

4.1.2 勘探工作

长河坝大坝布置图、纵剖面、坝轴线横剖面分别见图 4.1-1～图 4.1-3。预可行性研究阶段上坝址拱坝及土石坝方案各选取 1 条主要代表性勘探线及 1 条辅助勘探线、推荐坝址下坝址选 1 条主要代表性勘探线及上下游各 1 条辅助勘探线布置勘探，主要了解河床覆盖层的分层情况、空间分布及物理力学性状、水文地质条件等，钻孔间距为 50～100m，拱坝方案主要勘探线钻孔深入基岩超 1 倍坝高并进入微透水岩体（透水率小于 1Lu），土石坝方案主要勘探线钻孔深入岩体透水率小于 3Lu 的基岩，其余辅助勘探线钻孔深入基岩 15～20m。可行性研究阶段，对推荐下坝址按水工设计方案，加密坝轴线（横Ⅰ-2 勘探线）勘探（间距达 20～30m），增设坝线上、下游共 10 条勘探线，间距 50～100m，共布置 40 个钻孔。可行性研究阶段钻孔深度根据相关规范要求，均揭穿覆盖层并进入基岩 15～20m，坝轴线及防渗线钻孔深入透水率小于 3Lu 的基岩。另外为查清砂层分布情况，增打了 25 个钻孔，深度穿过砂层；为进一步研究河床深厚覆盖层的颗粒级配和力学性能，进行了专门的较大口径（φ130mm）取芯钻探。

可行性研究阶段推荐下坝址主要布置了 9 条勘探线（图 4.1-4），其中坝轴线（Ⅰ-2 线）完成 5 个钻孔，孔间距 20～30m。上游横Ⅰ-3 勘探线完成了 5 个钻孔，包括河心孔 3 个、右岸漫滩 2 孔，孔间距 20～30m。上游横Ⅰ-4 勘探线完成了 4 个钻孔，包括河心孔 3 个、右岸漫滩 1 孔，孔间距 23～40m。上游横Ⅲ勘探线完成了 3 个钻孔，包括河心孔 2 个、右岸漫滩 1 孔，孔间距 30～45m。上游横Ⅴ勘探线完成了 4 个钻孔，包括河心孔 3 个、右岸漫滩 1 孔，孔间距 26～36m。下游横Ⅰ-1 勘探线完成了 8 个钻孔，包括河心孔 6 个、右岸漫滩及右岸阶地各 1 孔，孔间距 10～40m。下游横Ⅰ勘探线完成了 5 个钻孔，包

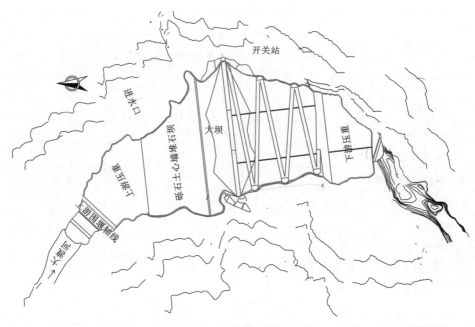

图 4.1-1　长河坝大坝布置图

括河心孔 3 个、右岸漫滩 1 孔及右岸阶地 1 孔，孔间距 10~40m。下游横 Ⅱ-1 勘探线完成了 6 个钻孔，包括河心孔 3 个、右岸漫滩 1 孔及右岸阶地 2 孔，孔间距 20~35m。下游横 Ⅸ 勘探线完成了 7 个钻孔，包括河心孔 1 个、右岸漫滩 1 孔及右岸阶地 5 孔，孔间距 10~44m。下游横 Ⅶ 勘探线完成了 7 个钻孔，包括河心孔 1 个、右岸漫滩 6 孔，孔间距 10~40m。

招标及施工详图阶段，在坝轴线进行了加密钻孔，覆盖层开挖后施打了一系列触探孔和砂层标贯孔，以测试覆盖层物理力学特性。针对防渗墙基覆界线鉴定，在防渗墙槽孔基本完成时，施打先导孔，结合勘探孔以确保防渗墙入岩。

4.1.3　试验工作

为了初步查明其物理力学特性及渗透与渗透变形特性，预可行性研究阶段上下坝址均分层进行了室内物理性试验，室内力学全项试验；现场原位测试进行了超重型触探试验和砂层标贯试验、抽（注）水试验以及现场大剪、载荷、管涌试验等。上坝址共进行 47 组超重型重力触探、1 组现场载荷试验、2 组现场大剪试验、1 组现场渗透试验、6 组标贯试验、11 组现场抽水或标准注水试验。下坝址共进行了 43 组超重型重力触探、2 组现场载荷试验、2 组现场大剪试验、4 组现场渗透试验、12 组标贯试验、6 组现场抽水或标准注水试验。另外，上下坝址各布置了 2 个长观孔。

深厚覆盖层的试验，主要根据覆盖层的结构、分层及空间展布情况，按相关规程、规范要求进行布置，重点研究水文地质条件、覆盖层基础承载力及变形、砂层液化研究三个方面。可行性研究阶段，为查明覆盖层渗透性能，结合水工布置，共在 19 个钻孔分层进

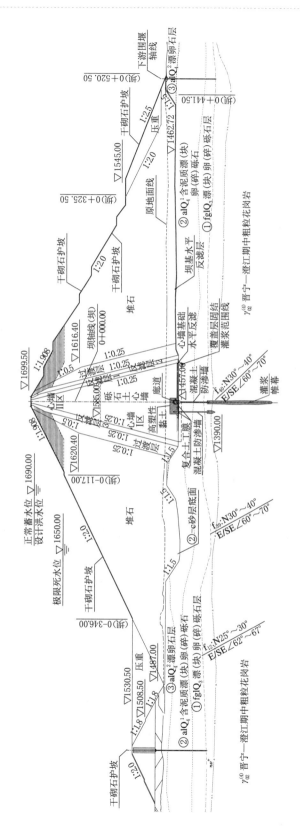

图 4.1 - 2　长河坝纵剖面示意图

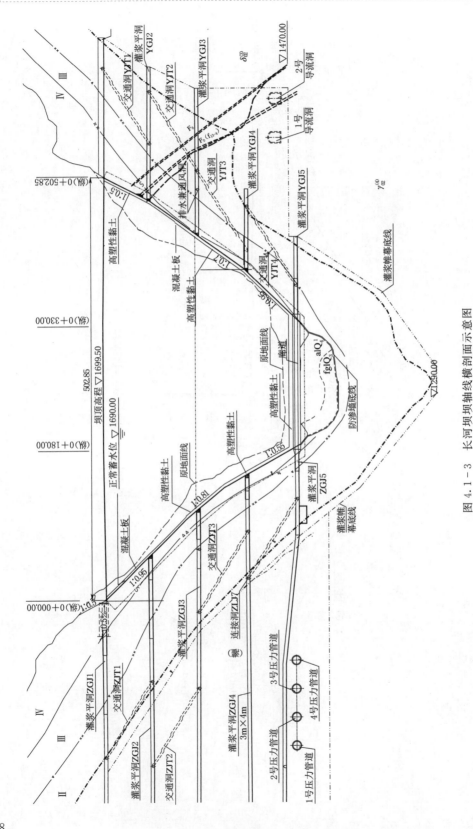

图 4.1-3　长河坝坝轴线横剖面示意图

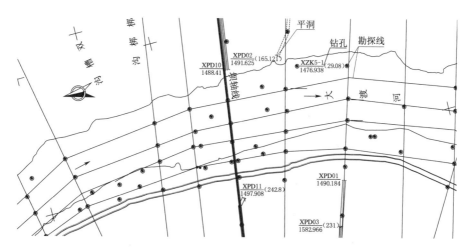

图 4.1-4　坝址区可行性研究阶段勘探布置示意图

行了 43 组抽水或标准注水试验，在防渗线基岩中进行了 102 组压水试验，现场管涌试验 7 组，共布置 4 个地下水长观孔以查明天然地下水渗流场特征。为研究覆盖层物理力学性质，坝址区共完成土体物理性质试验 104 组，室内力学全项 10 组；为研究覆盖层基础承载力和变形，坝址所有钻孔揭露到砂层等软弱夹层均进行了标贯试验（共 47 组），覆盖层中粗颗粒为主土层共分层进行了 165 组超重型重力触探，现场荷载试验 6 组，大剪试验 4 组，钻孔旁压试验 114 点。其他试验包括砂层震动液化试验 2 组，水质简分析 7 组，水质全分析 6 组。为查明土体高围压下压缩特性还进行了 7 组土体高压大三轴试验。

招标及施工详图阶段，尤其是覆盖层基坑开挖 20～30m 后，为查清一定埋深下或一定上覆压力下覆盖层物理力学性能及渗透性能，在已开挖深基坑进行了标贯、超重型重力触探、现场原位大型力学及渗透试验，同时进行了钻孔抽水及标准注水试验，并根据现场开挖取原状样进行了室内物理力学试验、高压大三轴试验。试验主要在基坑开挖揭示的第②、第③层土体中进行，其中第③层共进行物理性质试验 25 组，现场力学试验（承载、大剪及渗透）2 组，室内力学全项试验 6 组，大三轴试验 3 组，超重型重力触探 62 组；第②层共进行物理性质试验 25 组，现场力学试验（承载、大剪及渗透）3 组，室内力学全项试验 7 组，大三轴试验 4 组，超重型重力触探 78 组。②-c 砂层共进行物理性质试验 20 组，现场力学试验（承载、大剪及渗透）6 组，标贯试验 150 组。

4.2　坝基覆盖层空间分布与组成特征

坝区河床覆盖层厚度 60～70m，局部达 79.3m。根据河床覆盖层成层结构特征和工程地质特性，自下而上（由老至新）可分为 3 层：第①层为漂（块）卵（碎）砾石层（fglQ$_3$），第②层为含泥漂（块）卵（碎）砂砾石层（alQ$_4^1$），第③层为漂（块）卵砾石层（alQ$_4^2$），第②层中有砂层分布。

（1）①层漂（块）卵（碎）砾石层（fglQ$_3$），分布于河床底部，厚度和埋深变化较大，钻孔揭示厚度 3.32～28.50m。漂石占 10%～20%，卵石粒径占 20%～30%，砾石占 30%～40%，充填灰—灰黄色中细砂或中粗砂，占 10%～15%。粗颗粒基本构成骨架，局部具架空结构。

（2）②层含泥漂（块）卵（碎）砂砾石层（alQ$_4^1$）。钻孔揭示厚度 5.84～54.49m，漂石占 5%～10%，卵石占 20%～30%，充填含泥灰黄色中细砂。钻孔揭示，在该层有②-c、②-a、②-b 砂层分布。

（3）②-c 砂层分布在②层中上部，钻孔揭示砂层厚度 0.75～12.5m，顶板埋深 3.30～25.7m，为含泥（砾）中—粉细砂。在平面上砂层主要分布在河床的右岸横Ⅰ-3线下游，向左岸厚度逐渐变薄，呈长条状分布，顺河长度大于 650m，宽度一般 80～120m。在坝轴线上游的横Ⅴ线—横Ⅰ-4线间②-c 砂层呈透镜状分布，厚度 3.56～8.58m，顶板埋深 18.00～27.84m，顺河长约 200m，横河宽一般 40～60m。坝基②层上部局部分布有②-a、②-b 透镜状砂层，均在②-c 砂层之上。

（4）③层为漂（块）卵（碎）砾石层（alQ$_4^2$）：钻孔揭示厚度 4.0～25.8m，漂石一般占 15%～25%，卵石一般占 25%～35%，砾石一般占 30%～40%，充填灰—灰黄色中细砂或中粗砂，占 10%～20%。该层粗颗粒基本构成骨架。

除坝区河床覆盖层外，第四系堆积在枢纽区亦较为发育，以坡崩积为主，少量为人工堆积及泥石流堆积，多分布在两岸坡脚、各冲沟沟口及沟床内。此外，两岸坡面零星分布有残余的冰水堆积物。

4.3　坝基覆盖层物理力学特征

4.3.1　试验成果

枢纽区覆盖层研究坝址区河床覆盖层深厚，具有多层结构，为了查明其物理力学特性及渗透与渗透变形特性，分层进行了室内物理性质试验，室内力学全项试验以及现场大剪、载荷、管涌、三轴试验；现场原位测试进行了超重型触探试验、现场钻孔旁压试验和砂层标贯试验、抽（注）水试验等。整理后成果见表 4.3-1～表 4.3-6。

表 4.3-1　　　　　长河坝坝区河床覆盖层超重型触探成果统计表

层位	孔　号	试段深度/m	组数	取值	标准锤击数 N_{120}/次	承载力标准值 f_k/kPa		变模标准值 E_0/MPa
						水电部	西勘院	西勘院
③层	XZK02、XZK03、XZK06、XZK12、XZK13、XZK17、XZK18、XZK20、XZK32、XZK33、XZK34、XZK52、XZK53、XZK55	4.00～17.28	35	最小值	3.4	272	245.2	18.2
				最大值	16.0	900.0	1000.0	77.0
				平均值	8.7	626.5	649.5	45.2
				小值平均值	5.6	442.3	443.2	30.9

层位	孔　号	试段深度/m	组数	取值	标准锤击数 N_{120}/次	承载力标准值 f_k/kPa		变模标准值 E_0/MPa
						水电部	西勘院	西勘院
②层	XZK03、XZK12、XZK14、XZK20、XZK06、XZK07、XZK08、XZK17、XZK28、XZK31、XZK32、XZK33、XZK34、XZK35、XZK46、XZK48、XZK49、XZK50、XZK52、XZK53、XZK54、XZK55	4.35~46.52	125	最小值	3.5	272.5	246	18.3
				最大值	16.0	899.8	999.8	77.0
				平均值	9.3	649.7	674.2	47.3
				小值平均值	6.1	481.0	558.0	32.8
①层	XZK03、XZK20	47.89~61.72	5	最小值	4.7	372.0	347.6	246.0
				最大值	14.7	867.0	967	71.4
				平均值	7.1	508.6	505.7	36.2
				小值平均值	5.3	372.0	347.0	27.4

注　西勘院指中国西南建筑勘察研究院,水电部指原水利电力部。

表 4.3－2　　　　　　　　长河坝坝址区覆盖层现场力学试验成果表

试验编号	取 样 位 置	层位	载荷试验			大剪试验	
			沉降量 S/mm	比例极限 P_f/MPa	变形模量 E_0/MPa	黏聚力 c/kPa	内摩擦力 φ/(°)
XE1	下坝址Ⅱ线右岸河漫滩	③层	6.70	0.71	39.6		
XE2	下坝址 XK6 竖井（下游河漫滩）		5.30	0.75	52.9		
E1	坝址Ⅱ~Ⅳ线上游		6.20	0.54	32.3		
E2	坝址Ⅱ~Ⅳ线中间		6.70	0.56	31.0		
E3	坝址Ⅱ~Ⅳ线下游		5.50	0.63	42.4		
XJE	下坝址 XK5 竖井（右岸阶地）	②层	7.70	0.52	25.3		
Xτ1	下坝址Ⅱ线右岸河漫滩	③层				8.75	35.2
Xτ2	下坝址 XK6 竖井（下游河漫滩）					5.00	39.9
XJτ	下坝址 XK5 竖井（右岸阶地）	②层				7.50	28.4

　　第①层漂（块）卵（碎）砾石层,埋藏较深,粗颗粒基本构成骨架,结构较密实。5 段超重型圆锥动力触探试验表明 N_{120} 平均击数 5.3~7.1 击,经换算成承载力标准值 $f_k=$ 0.37~0.51MPa,变形模量 $E_0=27.4$~36.2MPa。旁压试验表明旁压模量 $E_m=19.87$~ 112.80MPa,平均值为 65.08MPa,标准值为 26.59MPa,地基承载力基本值的平均值为 0.934MPa,表明该层结构稍密—中密,具有较高的承载力。4 段钻孔抽水试验渗透系数 $k=2.22\times10^{-1}$~3.09×10^{-2}cm/s,表明具强透水性。

　　第②层含泥漂（块）卵（碎）砂砾石层。超重型圆锥动力触探 N_{120} 平均击数 6.1~

表 4.3 - 3　长河坝坝基覆盖层③层、②层和②- c 层物理及颗粒级配试验成果

层位	线别	天然状态土的物理性指标 ρ/(g/cm³)	ρ_d/(g/cm³)	e	ω/%	ω_L/%	ω_p/%	I_p	G_s	颗粒级配组成（颗粒粒径：mm） >200 %	200~100 %	100~60 %	60~40 %	40~20 %	20~10 %	10~5 %	5~2 %	2~0.5 %	0.5~0.25 %	0.25~0.075 %	0.075~0.05 %	0.05~0.005 %	<0.005 %	<5 %	<0.075 %	C_u	C_c	典型土名	分类符号
③层	上包线									4.00	14.00	14.00	5.00	15.00	14.00	8.50	9.50	8.50	6.00	12.50	3.00		—	39.50	3.00	120	1.5	卵石混合土	SICb
	平均线	2.27	2.22	0.25	2.28				2.78	20.17	14.41	13.13	7.92	9.79	7.25	5.77	4.64	8.70	2.98	4.25	0.99		—	21.56	0.99	114	3.5	卵石混合土	SICb
	下包线									16.50	8.00	6.00	6.00	6.50	5.50	2.00	1.00	2.50	1.20	0.80	0.00		—	5.50	0.00	18	1.9	混合土漂石	BSI
②层	上包线											3	3	7.5	6.5	11.5	7.5	6	16	25	9.5	3.5	—	67.5	13.0	44	0.4	含细粒土砾	GF
	平均线	2.17	2.12	0.29	2.55				2.74	8.16	14.28	12.59	9.33	15.1	10.52	7.84	5.99	8.70	2.68	3.66	1.02	0.12	—	22.17	1.14	65	2.6	卵石混合土	SICb
	下包线									40	45	7	3	3	3	5.65	0.1	0.25						0.25	—	3	1.3	卵石	Cb
②- c 层	上包线																	1.00	7.00	50.50	3.50	23.00	15.00	100.0	41.50	43	1.6	黏土质砂	SM
	平均线	2.00	1.64	0.66	21.80	24.7	14.3	10.4	2.72			0.31	0.38	0.54	1.06	0.90	4.99	14.80	13.05	39.13	3.90	14.26	6.68	96.81	24.84	26	0.0	黏土质砂	SM
	下包线											5.00	2.00	3.00	7.00	5.00	3.00	30.00	16.00	24.50	4.50	0.00	0.00	78.00	4.50	10	0.8	级配不良砂	SP

表 4.3－4　　　　　　　　　　　长河坝坝址区覆盖层现场管涌试验成果表

试验编号	取样位置	层位	管涌试验 渗透系数 k_{20}/(cm/s)	管涌试验 临界坡降 i_k	管涌试验 破坏坡降 i_f	管涌试验 破坏类型
XHS1	下坝址Ⅱ线右岸河漫滩	③层	6.0×10^{-3}	0.88	2.68	管涌
XHS2	下坝址 XK6 竖井（下游河漫滩）		3.36×10^{-2}	0.12	0.48	管涌
CS1	下坝址Ⅱ～Ⅳ线上游		5.28×10^{-2}	0.58	1.36	管涌
CS2	下坝址Ⅱ～Ⅳ线中间		4.46×10^{-2}	0.31	1.44	管涌
CS3	下坝址Ⅱ～Ⅳ线下游		3.94×10^{-2}	—	1.77	管涌
XJS1	下坝址 XK2 竖井（右岸阶地）	②层	6.36×10^{-2}	0.33	1.95	管涌
XJS2	下坝址 XK5 竖井（右岸阶地）		5.47×10^{-2}	0.36	2.96	管涌

表 4.3－5　　　　　　　　　　　长河坝坝址区室内力学性试验成果表

试验编号	位置	层位	控制干密度 ρ_d/(g/cm³)	控制含水率 ω/%	压缩试验(0.1～0.2MPa) 压缩系数 a_v/MPa⁻¹	压缩试验(0.1～0.2MPa) 压缩模量 E_s/MPa	压缩试验(0.4～0.8MPa) 压缩系数 a_v/MPa⁻¹	压缩试验(0.4～0.8MPa) 压缩模量 E_s/MPa	渗透变形试验 临界坡降 i_k	渗透变形试验 破坏坡降 i_f	渗透变形试验 渗透系数 k_{20}/(cm/s)	渗透变形试验 破坏类型	直剪试验(饱、固、快) 黏聚力 c/kPa	直剪试验(饱、固、快) 摩擦角 φ/(°)
BXK 平	坝址河漫滩	③层			0.050	29.93	0.029	51.24	0.32	1.06	9.04×10^{-3}	管涌		
XH 上	坝址河漫滩				0.022	59.65	0.015	88.39	0.18	0.42	7.06×10^{-2}	管涌		
XH 平					0.012	110.43	0.008	160.97	0.19	0.34	1.09×10^{-1}	管涌		
XH 下					0.015	80.27	0.007	170.15	0.13	0.34	1.16×10^{-1}	管涌		
XHX 上	坝址河漫滩				0.020	62.38	0.012	103.96	0.44	0.93	1.99×10^{-2}	管涌		
XHX 平					0.011	107.45	0.007	168.64	0.32	0.74	4.66×10^{-2}	管涌		
XHX 下					0.008	147.0	0.005	245.91	0.16	0.33	1.75×10^{-1}	管涌		
ZT 上	坝址河漫滩				0.020	61.6	0.011	119.1						
ZT 平					0.013	92.8	0.009	140.6						
ZT 下					0.012	99.6	0.009	141.7						
BXJ 上	坝址阶地	②层			0.025	53.60	0.017	81.23	0.18	0.48	5.18×10^{-2}	管涌		
BXJ 平					0.014	94.72	0.010	134.29	0.06	0.16	5.27×10^{-1}	管涌		
BXJ 下					0.009	134.84	0.007	184.14	0.07	0.17	2.46×10^{-1}	管涌		
DZK 平	φ130mm 钻孔		2.10	4.5	0.014	94.6	0.011	116.2	0.20	0.39	2.60×10^{-1}	管涌	50	41.0
XZK93	砂层孔	②-c层	1.64	20.42	0.139	11.9	0.060	27.6			8.85×10^{-5}		4	21.8
XZK94			1.67	20.62	0.117	14.0	0.050	32.8			2.53×10^{-5}		7	24.2

表 4.3 - 6坝基土体渗透系数一览表

层号	钻孔抽水、标准注水试验	现场渗透变形试验	钻孔或井坑取样室内力学试验	岩层代号	建议值
③	$6.57\times10^{-2}\sim$ 2.28×10^{-1}，平均 1.47×10^{-1}	$6.0\times10^{-3}\sim$ 5.28×10^{-2}，平均 3.53×10^{-2}	$9.04\times10^{-3}\sim$ 1.75×10^{-1}，平均 7.80×10^{-2}	alQ_4^2	$5.0\times10^{-2}\sim$ 2.0×10^{-1}
②	$1.36\times10^{-3}\sim$ 2.75×10^{0}，平均 1.11×10^{-1}	$5.47\times10^{-2}\sim$ 6.36×10^{-2}，平均 5.92×10^{-2}	$5.18\times10^{-2}\sim$ 5.27×10^{-1}，平均 2.71×10^{-1}	alQ_4^1	$6.5\times10^{-2}\sim$ 2.0×10^{-2}
② - c	6.86×10^{-3}		$2.53\times10^{-5}\sim$ 8.85×10^{-5}，平均 5.69×10^{-5}	lQ_4^1	6.86×10^{-3}
①	$3.09\times10^{-2}\sim$ 2.22×10^{-1}，平均 1.16×10^{-1}			$fglQ_3$	$2.0\times10^{-2}\sim$ 8.0×10^{-2}

9.3击，经换算成承载力标准值 $f_k=0.48\sim0.65$MPa，变形模量 $E_0=32.8\sim47.3$MPa。旁压试验旁压模量 $E_m=2.63\sim131.93$MPa，标准值为 18.79MPa，地基承载力基本值的平均值为 0.533MPa。表明卵砾石层粗颗粒构成骨架，结构中密，具有较高的承载力。

据现场载荷和大剪试验表明比例极限 $P_f=0.52$MPa，变形模量 $E_0=25.3$MPa；内摩擦角 $\varphi=28.4°$，黏聚力 $c=7.5$kPa。大口径②层室内力学试验内摩擦角 $\varphi=41°$，黏聚力 $c=50$kPa。室内大三轴试验表明在施加围压 $\sigma_3=4.5$MPa 时，通过"$E-\mu$"模型计算，其内摩擦角 $\varphi=34.61°\sim37.95°$，黏聚力 $c=40\sim45$kPa。通过对②层大口径钻探的室内大三轴试验表明在施加围压 $\sigma_3=1\sim3$MPa 时，其内摩擦角 $\varphi_0=46.9°$，$\Delta\varphi=6.5°$。室内压缩试验反映压缩模量分别为 $E_{s0.1\sim0.2}=53.6\sim113.84$MPa 和 $E_{s0.4\sim0.8}=81.23\sim184.14$MPa。上述试验成果表明该层总体强度较高，具低压缩性，结构不均一等特点。

据现场管涌试验表明，渗透系数 $k=5.47\times10^{-2}\sim6.36\times10^{-2}$cm/s，临界坡降为 $0.33\sim0.36$，破坏坡降为 $1.95\sim2.96$，破坏形式为管涌。室内力学试验表明，渗透系数 $k=5.27\times10^{-1}\sim5.18\times10^{-2}$cm/s，临界坡降为 $0.06\sim0.20$，破坏坡降为 $0.16\sim0.48$，破坏形式也为管涌。钻孔抽水试验渗透系数 $k=1.36\times10^{-3}\sim2.75\times10^{0}$cm/s，现场渗透试验和钻孔抽水试验均表明其具有强透水性。

该层中的② - c 砂层，标贯击数一般 $N_{63.5}=6.65\sim29.58$击，结构稍密—中密，承载力 $f_k=0.17\sim0.20$MPa，压缩模量 $E_0=13.88\sim15.36$MPa。旁压试验表明旁压模量 $E_m=2.63\sim10.45$MPa，平均值为 7.40MPa，地基承载力基本值的平均值为 0.191MPa。室内压缩试验反映压缩模量分别 $E_{s0.1\sim0.2}=11.9\sim14.0$MPa 和 $E_{s0.4\sim0.8}=27.6\sim32.8$MPa，渗透系数 $k=2.53\times10^{-5}\sim8.85\times10^{-5}$cm/s，内摩擦角 $\varphi=21.8°\sim24.2°$，黏聚力 $c=4\sim13$kPa。钻孔注水试验渗透系数 $k=6.86\times10^{-3}$cm/s。上述试验成果表明② - c 砂层总体强度较低，具中压缩性和中等—弱透水性。

第③层漂（块）卵砾石层，超重型圆锥动力触探试验 N_{120} 平均击数 $5.61\sim8.86$击，经换算成承载力标准值 $f_k = 0.44 \sim 0.63\text{MPa}$，变形模量 $E_0 = 30.9 \sim 45.2\text{MPa}$。旁压试验旁压模量 $E_m = 3.70 \sim 67.36\text{MPa}$，标准值为 7.33MPa，地基承载力基本值的平均值为 0.535MPa，表明卵砾石层粗颗粒构成骨架，结构稍密—中密，具有较高的承载力。

现场载荷和大剪试验比例极限 $P_f = 0.54 \sim 0.75\text{MPa}$，变形模量 $E_0 = 31.0 \sim 52.9\text{MPa}$；内摩擦角 $\varphi = 35.2° \sim 39.9°$，黏聚力 $c = 5.0 \sim 8.75\text{kPa}$。室内大三轴试验在施加围压 $\sigma_3 = 0.8 \sim 4.5\text{MPa}$ 时，通过"$E - \mu$"模型计算，其内摩擦角 $\varphi = 36.7° \sim 40.69°$，黏聚力 $c = 25 \sim 44\text{kPa}$。在施加围压 $\sigma_3 = 0.8 \sim 2.4\text{MPa}$ 时，通过"$E - B$"模型计算，其内摩擦角 $\varphi = 36.7° \sim 39.2°$，黏聚力 $c = 31 \sim 44\text{kPa}$。室内压缩试验反映压缩模量分别为 $E_{s0.1 \sim 0.2} = 29.93 \sim 110.43\text{MPa}$ 和 $E_{s0.4 \sim 0.8} = 51.24 \sim 245.91\text{MPa}$，上述试验成果表明该层总体强度较高，具低压缩性。

据现场管涌试验渗透系数 $k = 5.28 \times 10^{-2} \sim 6.0 \times 10^{-3}\text{cm/s}$，临界坡降为 $0.12 \sim 0.88$，破坏坡降为 $0.48 \sim 2.68$，破坏型式为管涌。室内力学试验表明，渗透系数 $k = 1.75 \times 10^{-1} \sim 9.04 \times 10^{-3}\text{cm/s}$，临界坡降为 $0.13 \sim 0.44$，破坏坡降为 $0.33 \sim 1.06$，破坏型式也为管涌。钻孔抽水试验渗透系数 $k = 2.28 \times 10^{-1} \sim 6.57 \times 10^{-2}\text{cm/s}$，现场渗透试验和钻孔抽水试验均表明透水性强。

4.3.2 地质参数选取原则与建议值

根据上述试验成果，按照坝址区覆盖层分类，分层进行试验值统计，以实验室成果及原位测试成果为依据，土体物理力学性质参数以试验的算数平均值作为标准值，渗透系数根据土体组成、结构及类似工程经验结合渗透相关试验综合确定，地表承载力特征值根据载荷试验确定，下部土体根据钻孔动力触探、标贯、室内试验等成果结合相似工程实践经验值综合确定，抗剪强度采用试验的小值平均值作为标准值。以《水力发电工程地质勘察规范》（GB 50287—2016）为准则，类比大渡河上相关水电站等相似工程经验，给出坝址区覆盖层物理力学参数建议值，见表 4.3 - 7。

表 4.3 - 7 长河坝坝址区覆盖层物理力学参数建议值表

层位	岩性	代号	天然密度 ρ /(g/cm³)	干密度 ρ_d /(g/cm³)	允许承载力 f_0/MPa	变形模量 E_0/MPa	抗剪强度 φ/(°)	抗剪强度 c/MPa	渗透系数 k/(cm/s)	允许渗透坡降 J	边坡比 水上	边坡比 水下
③	漂（块）卵砾石	alQ₄²	$2.14 \sim 2.22$	$2.10 \sim 2.18$	$0.5 \sim 0.6$	$35 \sim 40$	$30 \sim 32$	0	$5.0 \times 10^{-2} \sim 2.0 \times 10^{-1}$	$0.10 \sim 0.12$（局部 0.07）	1:1.25	1:1.5
②	②-c 砂层	alQ₄¹	$1.7 \sim 1.9$	$1.50 \sim 1.60$	$0.15 \sim 0.20$	$10 \sim 15$	$21 \sim 23$	0	6.86×10^{-3}	$0.20 \sim 0.25$	1:2	1:3
②	含泥漂（块）卵（碎）砂砾石	alQ₄¹	$2.15 \sim 2.25$	$2.1 \sim 2.2$	$0.45 \sim 0.50$	$35 \sim 40$	$28 \sim 30$	0	$6.5 \times 10^{-2} \sim 2.0 \times 10^{-2}$	$0.12 \sim 0.15$	1:1.0	1:1.5
①	漂（块）卵（碎）砾石	fglQ₃	$2.18 \sim 2.29$	$2.14 \sim 2.22$	$0.55 \sim 0.65$	$50 \sim 60$	$30 \sim 32$	0	$2.0 \times 10^{-2} \sim 8.0 \times 10^{-2}$	$0.12 \sim 0.15$（局部 0.07）	—	—

续表

层位	岩性	代号	天然密度 ρ /(g/cm³)	干密度 ρ_d /(g/cm³)	允许承载力 f_0/MPa	变形模量 E_0/MPa	抗剪强度 φ/(°)	抗剪强度 c/MPa	渗透系数 k/(cm/s)	允许渗透坡降 J	边坡比 水上	边坡比 水下
崩坡积堆积积体	块碎石土	col+dlQ₄	2.0~2.1	1.95~2.05	0.30~0.35	25~30	25~27	0.01			1:1.25	1:1.5
	块碎石	colQ₄	1.85~1.95	1.82~1.95	0.25~0.30	20~25	25~30	0			1:1.25	1:1.5

4.3.3 施工详图阶段复核

在大坝基坑开挖过程中，现场进行了大剪、载荷、管涌、三轴、超重型动力触探、现场钻孔旁压和砂层标贯、抽（注）水等试验。

第③层开挖深度5~15m，原位挖坑取样，进行了物理性质试验、现场原位及室内力学试验和高压大三轴试验。开挖后现场原位力学试验（表4.3-8）表明，第③层漂（块）卵砾石层粗颗粒构成骨架，结构中密，具有较高的承载力，渗透系数为 $i \times 10^{-3} \sim i \times 10^{-2}$ cm/s，管涌破坏，与前期结果一致。

表 4.3-8 坝基覆盖层第③层现场力学试验成果

试验位置	现场干密度 ρ_d/(g/cm³)	载荷试验 比例极限 P_f/MPa	载荷试验 变形模量 E_0/MPa	载荷试验 相应沉降量 S/mm	大剪试验 黏聚力 c/kPa	大剪试验 内摩擦角 φ/(°)	渗透变形试验 临界坡降 i_k	渗透变形试验 破坏坡降 i_f	渗透变形试验 渗透系数 k_{20}/(cm/s)	破坏类型
③层埋深11m	2.25	0.60	45.8	0.49	15	29.2	3.18	9.03	3.14×10^{-5}	过渡
③层埋深0.5~4m	2.17~2.27	0.54~0.75	31.0~52.9	0.53~0.67	50~88	35.2~39.9	0.12~0.70	0.48~1.77	$6.0 \times 10^{-3} \sim 5.28 \times 10^{-2}$	管涌

根据开挖取样进行室内力学试验表明（表4.3-9），压缩试验成果表明该层具低压缩性，结构不均一等特点，渗透变形破坏类型主要为管涌，与前期勘察结论一致。

表 4.3-9 坝基覆盖层③层室内力学性试验成果

试验编号	控制条件 干密度 ρ_d/(g/cm³)	压缩试验（0.1~0.2MPa） 压缩系数 a_v/MPa⁻¹	压缩试验（0.1~0.2MPa） 压缩模量 E_s/MPa	渗透变形试验 临界坡降 i_k	渗透变形试验 破坏坡降 i_f	渗透变形试验 渗透系数 k_{20}/(cm/s)	渗透变形试验 破坏类型	直剪试验（饱、固、快） 黏聚力 c/kPa	直剪试验（饱、固、快） 内摩擦角 φ/(°)
③层上包线（开挖取样）	2.21	0.022	55.5	0.13	0.55	5.86×10^{-2}	管涌	15	33.0
③层平均线（开挖取样）	2.24	0.020	61.3	0.13	0.37	7.04×10^{-1}	管涌	25	43.2

试验编号	控制条件	压缩试验 (0.1~0.2MPa)			渗透变形试验				直剪试验 (饱、固、快)	
	干密度 ρ_d/(g/cm³)	压缩系数 a_v/MPa⁻¹	压缩模量 E_s/MPa	临界坡降 i_k	破坏坡降 i_f	渗透系数 k_{20}/(cm/s)	破坏类型	黏聚力 c/kPa	内摩擦角 φ/(°)
③层下包线（开挖取样）	2.28	0.015	83.1	0.14	0.34	1.13×10^{-1}	管涌	50	42.9
③层上包线（浅部取样）	2.19	0.020	61.6	0.45	1.55	3.19×10^{-3}	管涌	65	35.5
③层平均线（浅部取样）	2.22	0.013	92.8	0.34	0.83	2.30×10^{-2}	管涌	70	38.9
③层下包线（浅部取样）	2.25	0.012	99.6	—	0.17	1.70×10^{0}	管涌	70	43.3

综上所述，第③层漂（块）卵砾石层开挖后物理力学性质表明其粗颗粒构成骨架，结构中密，低压缩性，具有较高的承载力；具强透水，抗渗性能差，与前期结果一致。

开挖超过 20m 后对第②层进行了现场原位及室内力学试验。深部开挖后原位取样干密度平均值为 2.27g/cm³，比浅表取样略大，试验成果见表 4.3－10。

表 4.3－10　　　　　　坝基覆盖层第②层现场力学试验成果统计

试验位置	现场干密度 ρ_d/(g/cm³)	载荷试验			大剪试验		渗透变形试验			
		承载力特征值 P_f/MPa	变形模量 E_0/MPa	相应沉降量 S/mm	黏聚力 c/kPa	内摩擦角 φ/(°)	临界坡降 i_k	破坏坡降 i_f	渗透系数 k_{20}/(cm/s)	破坏类型
②层 （高程1457m）		0.85~0.98	51.4~59.3	6.3						
②层 （高程1462m）	2.24~2.32	0.9~0.97	48.4~88.6	0.38~0.75	—	—	1.05~1.79	3.17~5.45	2.94×10^{-4}~2.50×10^{-3}	管涌
②层 （高程1478m）	2.12	0.52	25.3	0.77	45	30.4	0.33~0.36	1.14~1.65	5.47×10^{-2}~6.36×10^{-2}	管涌

试验表明第②层卵砾石层粗颗粒构成骨架，结构密实，具有较高的承载力。深部土体在一定埋深下更加致密，变形模量、比例极限、抗渗透变形能力较表层有一定的提高，渗透系数有一定的降低。

②-c 砂层开挖后表明总体为浅灰—灰色，具有明显层理，向左岸逐渐尖灭，向右岸一直延伸到基岩。施工开挖后对②-c 砂层原位取样 20 组，总体较可行性研究及招标阶段该砂层粒径略微偏细。开挖取样平均干密度为 1.33g/cm³，较钻孔取样干密度要小。开挖后进行现场原位载荷试验、大剪试验，成果见表 4.3－11。开挖后标贯击数校正后标贯击数 $N_{63.5}$ 一般为 6.35~21 击，次为 21~28 击，平均为 13.5 击，与前期基本一致。总体该砂层结构稍密，局部中密。经标贯复判，②-c 砂层在Ⅷ度、Ⅸ度地震烈度下大部为可能液化砂。开挖后对②-c 砂层进行物理力学特性复核，其承载力、变形模量、抗剪强度均较低，且为可能液化砂，力学性能与可行性研究阶段基本一致。

表 4.3 - 11　　　　　坝基覆盖层②- c 砂层现场力学试验成果

试验位置	试验编号	现场干密度 ρ_d/(g/cm³)	载荷试验			大剪试验	
			比例极限 P_f/MPa	变形模量 E_0/MPa	相应沉降量 S/mm	黏聚力 c/kPa	内摩擦角 φ/(°)
②- c	SE1	1.36	0.17	14.7	0.42		
②- c	SE2	1.34	0.17	11.0	0.57		
②- c	Sτ1	1.30				30	19.1
②- c	Sτ2	1.29				25	18.9
②- c	Sτ3	1.36				25	19.2
②- c	Sτ5	1.33				30	19.1

　　总之在大坝基坑开挖后，现场进行了大剪、载荷、管涌、三轴、超重型动力触探、现场钻孔旁压和砂层标贯、抽（注）水等试验，对覆盖层物理力学性能及渗透性能进行了复核，与前期结论一致，埋深较大的第②层变形模量、比例极限、抗渗透变形能力较表层露头有一定的提高，渗透系数有一定的降低，但总体与前期结论无本质区别（余挺 等，2019）。

4.4　坝基覆盖层工程地质条件评价

　　长河坝水电站拦河大坝为砾石土心墙堆石坝，坝顶高程 1697m，最大坝高 240m，坝顶长 502.9m，坝顶宽 16m，坝体顺河长度约 1km。心墙顶宽 6m，底宽 125.7m，上、下游坡均为 1∶2.0。心墙两侧依次设反滤层、过渡层、堆石区、压重体和围堰。上游反滤层水平厚 8m，下游两层反滤层水平厚 12m，过渡层上、下游厚均为 20m。心墙区覆盖层坝基，桩号（坝）0−72.85～（坝）0+72.85，覆盖层厚 18.80～51.50m。上游堆石区覆盖层坝基，桩号（坝）0−72.85～（坝）0−456.00，覆盖层厚 33.80～54.00m。下游堆石区覆盖层坝基，桩号（坝）0+72.85～（坝）0+458.50，覆盖层厚 33.80～54.00m。坝基覆盖层深厚，且不均匀，存在承载力及不均匀变形、渗透及渗透稳定、抗滑稳定及砂层液化等工程地质问题。

4.4.1　建基面选择原则

　　建基面选择应能满足超高坝坝基承载、变形、抗滑及抗震稳定要求，不应有可能液化土层。

　　坝体范围河床覆盖层具多层结构，河床覆盖层第③层漂（块）卵（碎）砾石层（alQ$_4^2$）、第②层含泥漂（块）卵（碎）砂砾石层（alQ$_4^1$）、第①层漂（块）卵（碎）砾石层（fglQ$_3$）总体粗颗粒基本构成骨架，结构稍密～密实，承载和抗变形能力均较高，可作坝基持力层。其中第③层漂（块）卵（碎）砾石层（alQ$_4^2$）位于现代河床覆盖层上部，其表部 2～3m 厚结构松散，力学性能相对略差，不能作为坝基持力层，进行了清除处理。覆盖层内分布有②- a、②- b、②- c 砂层，为含泥（砾）中—粉细砂，承载力和变形模量均较低，对覆盖层地基的强度和变形特性影响较大，存在不均匀变形问题，不能满足地基承载力及变形要求，不能作为坝基持力层，最终也进行了挖除处理。坝上游右岸部分坝基分布有部分崩坡积堆积层，钻探揭示厚度为 30～70m，总体积为 150 万～160 万 m^3，其表部 10～15m 厚结构较松散，不能作为持力层，进行了挖除处理。因此坝基持力层主要为清除表部 2～3m 后的第③层漂（块）卵（碎）砾石层（alQ_4^2）和第②层含泥漂（块）卵（碎）砂砾石层（alQ_4^1），极少量为第①层漂（块）卵（碎）砾石层（$fglQ_3$）和清除表部 10～15m 后的右岸崩坡积堆积层。

4.4.2 地基承载力与变形稳定

堆石坝河床覆盖层地基具多层结构，总体为漂（块）卵砾石层，粗颗粒基本构成骨架，结构较密实，其允许承载力 $f_0=0.45～0.65MPa$，变形模量 $E_0=35～60MPa$，其承载和抗变形能力均较高，可满足基础承载变形要求。但由于覆盖层结构不均一，②-c 砂层分布较广，厚度 0.75～12.5m，顶板埋深 3.30～25.7m，顶板高程 1472.53～1459.20m，为含泥（砾）中—粉细砂，允许承载力 $f_0=0.15～0.2MPa$，变形模量为 10～15MPa，其承载力和变形模量均较低，对覆盖层地基的强度和变形特性影响较大，存在不均匀变形问题，建议进行针对性处理。

4.4.3 地基渗漏与渗透稳定

坝基河床覆盖层深厚，由①层漂（块）卵（碎）砾石层（$fglQ_3$）、②层含泥漂（块）卵（碎）砂砾石层（alQ_4^1）、③层漂（块）卵砾石（alQ_4^2）构成，具粒径悬殊、结构复杂不均、局部架空、分布范围及厚度变化大等急流堆积特点。河床覆盖层透水性强，漂（块）卵砾石层渗透系数 $k=8.0×10^{-2}～2.0×10^{-1}cm/s$，具强—极强透水性；②-c 砂层渗透系数 $k=6.86×10^{-3}cm/s$，具中等透水性。漂（块）卵砾石颗粒大小悬殊，结构不均一，允许渗透坡降 $J=0.10～0.15$，局部架空地层 $J=0.07$，渗透坡降较低，抗渗稳定性差，存在渗漏和渗透变形稳定问题，易发生集中渗流、管涌破坏等问题。因砂层透镜体与其余河床覆盖层的渗透性差异，有产生接触冲刷的可能。总之，河床覆盖层存在较严重的渗漏及渗稳定问题，需采取专门的防渗处理措施。

4.4.4 坝基抗滑稳定

河床覆盖层地基由粗颗粒构成骨架，充填含泥（砾）中—粉细砂，总体较密实，现场大剪试验表明其强度较高，$\varphi=28°～32°$，能够满足堆石坝坝基抗滑稳定要求。分布在②层中上部的透镜状②-a、②-b 和②-c 砂层，抗剪强度较低，$\varphi=21°～23°$，当外围强震波及影响时，砂土强度将进一步降低从而可能引起地基剪切变形，对坝基抗滑稳定不利，应进行专门的基础处理。

4.4.5 地基砂土液化

前期采用年代法、粒径法、地下水位法、剪切波速法等进行了初判，采用标准贯入锤击数法、相对密度法、相对含水量法等复判，并进行了振动液化试验，施工详图阶段对②-c

砂层采用标准贯入锤击数法复判，判定②-c砂层在Ⅶ度、Ⅷ度、Ⅸ度地震烈度下为可能液化砂，需进行挖除或专门的工程处理。

4.5　坝基覆盖层工程地质问题处理对策

坝基覆盖层工程地质问题按心墙区、堆石区区别进行处理（余挺 等，2020）。

（1）地基承载与变形问题的处理。坝体范围河床覆盖层地基允许承载力 $f_0=0.45\sim0.65\text{MPa}$，变形模量 $E_0=35\sim60\text{MPa}$，可满足地基承载及变形要求。但由于②-a、②-b、②-c砂层承载力 $f_0=0.15\sim0.2\text{MPa}$，变形模量为 $10\sim15\text{MPa}$，不能满足地基承载力及变形要求，将砂层进行了全部挖除。为了减小河床覆盖层坝基不均匀沉降量，为改善大坝砾石土心墙的应力变形条件，提高其整体性，对河床部位心墙基础覆盖层进行了深5m的固结灌浆处理。据固结灌浆注水检测结果及地震波检测成果表明：渗透系数降低至不大于 $5\times10^{-4}\text{cm/s}$，地震横波提高大于60%，纵波提高大于40%，坑探有明显的水泥结石，灌浆效果明显。

（2）地基砂土液化问题的处理。覆盖层地基中的砂层经初判和复判确定均为可能液化砂，施工中将砂层全部挖除，心墙建基面高程1457m以下局部砂层开挖后换填掺4%水泥干粉的全级配碎石，并在坝体填筑前分层碾压夯实，解决了砂层液化问题。

（3）坝基渗漏及渗透稳定问题的处理。为了解决覆盖层坝基渗漏及渗透变形问题，采用了两道全封闭混凝土防渗墙，墙厚分别为1.4m和1.2m，两墙之间净距14m，最大墙体深度54.5m，墙底嵌入基岩内不小于1.0m。墙下基岩采用帷幕灌浆，主防渗墙帷幕伸入透水率 $q\leqslant3\text{Lu}$ 的相对不透水层。同时在坝轴线下游与覆盖层建基面之间设置一层水平反滤层。

（4）坝基抗滑稳定问题处理。坝基②层中上部的透镜状②-a、②-b和②-c砂层抗剪强度较低，尤其是②-c砂层分布范围广，施工详图阶段已将覆盖层地基中的砂层全部挖除，同时在上、下游坝脚铺设一定厚度和宽度的弃渣压重，增强了大坝抗滑稳定性。

4.6　大坝覆盖层地基安全性评价

4.6.1　地表巡视情况

电站蓄水至死水位（1680m）并发电后，巡视大坝无明显变形破坏现象，未见有裂缝、局部塌陷等异常现象，坝面无明显渗水点，廊道未见严重渗漏裂缝、结构缝未出现较大渗漏，巡视未见坝体坝基应力变形异常。坝后量水堰无水渗出，坝基覆盖层变形及防渗效果良好。

4.6.2　监测情况

蓄水前后坝基覆盖层沉降监测值未见明显增加，坝基覆盖层累计最大沉降量为680.98mm，下闸蓄水以来变化量为7.78mm，总体变化量少，坝基承载力及变形满足大坝要求。

下游堆石区最大沉降位于桩号（坝）0+138.00、（纵）0+330.00，1550m 高程的 C95 测点，最大沉降为 2714.9mm。扣除覆盖层沉降（680.98mm）后，占下游堆石区填筑高度 0.847%，总体在已有工程经验范围内。

从大坝外部变形观测可以看出，由于蓄水湿化的影响，大坝上游堆石区的外观点沉降量蓄水前后变化较大，上游坝坡最大累计沉降量发生在桩号（纵）0+287.23，高程 1695m 的 TP77 测点，自 2015 年 10 月以来累计沉降量为 196.10mm，一期蓄水以来变化量为 187.10mm（下沉）。坝顶最大累计沉降量发生在上游堆石区顶部桩号（纵）0+290.49 的 BM_L19 测点，自 2016 年 10 月以来累计沉降量为 166.85mm，一期蓄水以来变化量为 166.85mm（下沉）。下游坝坡最大累计沉降量发生在桩号（纵）0+253.83、高程 1615m 的 BM43 测点，自 2015 年 10 月以来累计沉降量为 496.05mm，一期蓄水以来变化量为 38.70mm（下沉）。下游坝坡外观测点相对于上游及坝顶监测点蓄水后沉降变化量较小。根据大坝检测成果三维应力变形计算分析得到大坝的最大沉降均发生在心墙内，填筑至顶和蓄水至 1690m 分别为 347.4cm 和 353.5cm，目前心墙的监测最大沉降值为 2230mm，心墙的监测沉降值小于计算值。与类似工程相比，长河坝心墙沉降率略低，总体沉降率低对应力变形协调有利。

心墙测斜管显示 1615m 高程以上顺河向水平位移向上游，外观上游坝坡及坝顶向上游位移。外观监测显示大坝上游及坝顶蓄水后向上游水平位移 52～65mm，大坝下游坡向下游位移 16.78mm。大坝内观和外观变形数据一致说明：大坝顶部上游坝壳及心墙呈现向上游位移的趋势，与计算不符，但与已建类似瀑布沟、冶勒等工程规律一致。

当上游水位为 1652.79m 时，水头由副防渗墙折减 33.26～38.66m 后，又经主防渗墙再次折减 137.18～142.51m，总折减水头 175.66～175.84m。蓄水后主防渗墙下游侧实测水头基本没有变化（图 4.6-1），说明坝基防渗墙防渗效果良好。

蓄水前大坝总渗漏量为 5.06L/s，蓄水后大坝及厂房总渗漏量为 30.90L/s，总渗漏量远远小于大坝设计渗漏量（约 150L/s）。

应力变形计算分析、监测成果及现场巡视检查均认为，目前坝体坝基应力变形在蓄水后未出现明显异常。渗流监测成果表明，在目前水位下坝体坝基防渗系统防渗效果良好，大坝防渗及排水系统在蓄水后运行正常。

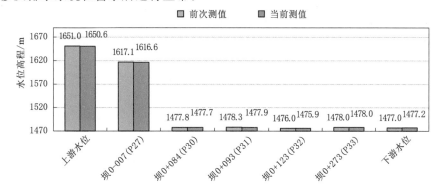

图 4.6-1 （纵）0+253.72 坝基实测水位（坝上游为 0-桩号，坝下游为 0+桩号）

4.7　总体评价

长河坝水电站坝基覆盖层将砂层挖除，心墙基础进行固结灌浆，采用两道全封闭防渗墙防渗，墙下基岩采用帷幕灌浆，深入 3Lu 的相对不透水层。坝轴线下游覆盖层设反滤层。应力变形计算分析、监测成果及现场巡视检查均认为，目前坝体坝基应力变形在蓄水后未出现明显异常，变形值小于计算值，并与已有工程经验和规律一致。在目前水位下坝体坝基防渗系统防渗效果良好，总渗漏量远小于设计量，坝体坝基及两岸防渗及排水系统在蓄水后运行正常。总体而言，坝基及坝体变形和渗透均在正常范围内，基础处理是成功的。

第 5 章
高地应力区大跨度地下洞室
群围岩稳定性研究与处理

5.1　高地应力条件下围岩稳定勘察方法

　　根据《水力发电工程地质勘察规范》（GB 50287—2016）要求，预可行性研究阶段选取上、下 2 个坝址进行勘察比较，上坝址拱坝及土石坝方案各选取 1 条主要勘探线及 1 条辅助勘探线、推荐坝址下坝址选 1 个主要代表性勘探线和上下游各 1 条辅助勘探线布置勘探；可行性研究阶段结合地质测绘，对推荐坝址重点进行勘探、试验工作。

　　预可行性研究阶段对长河坝水电站可能布置地下洞室区进行详细地质调查，宏观分析地质环境，对岩性、构造、地应力、岩体物理力学特性有了初步认识，结合枢纽布置需要，初步选择地下厂房位置进行勘探。可行性研究阶段结合洞室的布置位置，详细分析洞室边墙的稳定性，根据揭示的结构面发育情况、地应力情况和水流情况等确定厂房位置和轴线。施工开挖过程中，及时进行地质编录、进行块体稳定性分析和监测资料分析，进行洞室开挖反馈分析，及时调整支护处理方案，保证了洞室的稳定。

　　地下厂房的勘探工作主要采用勘探平洞、钻孔进行。勘探平洞布置时在厂房拱座高程部位沿初步拟定的主厂房轴线进行，再打支洞到尾水调压室、主变室，沿初定的尾水调压室、主变室轴线进行平洞揭示，平洞的深度要能控制两个端墙的稳定性，勘探平洞基本控制了三大洞室顶部的地质情况，然后在洞内选择合适位置进行钻孔，钻孔深度要深入洞室底板，以了解待开挖洞室的岩体类别、构造发育、地下水等地质条件，通过平洞及钻孔就对厂区的地质情况有了较详细的了解。

　　在充分利用勘探平洞进行地质资料的收集，包括岩性、断层、挤压带、地应力、地下水出露情况、进行岩体类别的划分的基础上，地下厂房的试验工作主要开展了各类岩体和结构面现场原位变形试验、抗剪强度试验，岩体地应力（平洞应力解除法和钻孔水压致裂法）测试、岩体声波测试以及室内岩石物理力学试验工作。施工期，洞室开挖后还进行了声波测试、全景成像等物探测试；同时对岩体应力、应变、变形、渗压等进行了监测；根据现场开挖、监测情况进行了监测反馈分析。对厂区地质条件和岩体的特性有了全面的认识。

　　该水电站地下厂房洞室群规模大，洞室跨度达 30.8m、围岩地质条件比较复杂，初始地应力水平较高，最大地应力达 32MPa，属高地应力区。工程前期勘察工作过程中，对地下洞室群部位开展了大比例尺地质测绘和勘探平洞、钻孔及试验研究工作，基本查明了地下洞室群区的工程地质与水文地质条件、岩体物理力学特性与地应力条件，开展了高地应力条件下洞室围岩稳定性分类，评价了地下洞室群围岩稳定性，为洞室开挖支护设计、防渗与排水设计提供了翔实的地质资料和参数。

5.2　地下厂址选择及布置确定

5.2.1　地下厂址的选择

预可行性研究阶段，以上坝址拱坝方案、下坝址土石坝方案进行了比较，最终选择了下坝址土石坝方案。由于右岸为凸岸，右岸地下厂房有利于枢纽布置，因此预可行性研究阶段推荐下坝址土石坝方案以土石坝＋右岸地下厂房方案为代表。

可行性研究阶段，随着勘探工作深入揭示出右岸地下厂房布置区岩性较复杂，花岗岩中含有较多的闪长岩和辉长岩捕房体，花岗岩、闪长岩相互穿插，不同岩性的接触带较破碎，受构造挤压强烈，岩体蚀变较严重；拟定厂房部位发育有 F_0 和 F_9 两条规模较大的断层和一些次级小断层，受其影响，岩体中节理裂隙较发育，岩体较破碎，岩体以镶嵌—次块状结构为主，断层及其影响带为镶嵌—碎裂结构，围岩以Ⅲ类为主，局部为Ⅱ类、Ⅳ类，洞室稳定条件较差，地下水较丰富，易产生股状涌水或突水，厂房排水防渗工程量较大。厂房内移方案，水平埋深 772m，垂直埋深 600m，根据右岸厂房探洞 XPD01 洞深 420m 处揭示的情况，往深部地质条件并没有变好的趋势，地下水涌水量却越来越大，且随着厂房埋深的增加，地应力也会不断增大，地质条件愈加复杂，同时厂房埋深的增加，引水、尾水工程量也会相应增大。

左岸地下厂房布置区岩性为较单一的花岗岩，岩体完整性好，次级小断层、岩脉不发育，节理裂隙稀疏，岩体以块状—次块状为主，围岩以Ⅲ～Ⅱ类为主，局部Ⅳ类，成洞条件较好。地下水不丰以渗滴水为主，排水防渗工程量较小。

左岸地下厂房工程地质条件明显优于右岸厂房。故可行性研究阶段选择左岸地下厂房厂址。

5.2.2　地下厂房位置及厂轴线方向的确定

厂房区岩性以花岗岩主，夹少量闪长岩和辉长岩捕房体，岩性较单一，岩体强度较高。据 XPD02、XPD10、XPD10-1、XPD10-2 勘探平洞揭示，厂房区无规模较大的断层、构造带和软弱岩带分布。次级小断层和挤压带发育较稀疏，且破碎带宽度较小，一般仅 1～10cm，局部宽达 30cm，构造岩多以岩块岩屑型为主，挤压紧密，地下水不发育。节理裂隙虽较发育，组数较多，但间距较大，同一部位一般仅出现 2～3 组。调查及统计资料表明，断层、挤压带和裂隙的发育方向以北北东向为主，其次为近东西向，再次为北北西和北西向；岩体以块状、次块状和镶嵌结构为主，Ⅲ～Ⅱ类围岩为主（图 5.2-1），成洞条件较好。岩体风化卸荷较弱，弱风化强卸荷水平深度为 24.5～30.5m，弱风化弱卸荷水平深度为 35～50m，50m 以里为微新岩体。综上所述，地下厂房布置在 230～430m 左岸山体内是合适的。

据 XPD10、XPD10-1、XPD10-2 探洞中进行的 6 组地应力测试成果，地下厂区水平埋深 200～450m 山体内，最大主应力 σ_1 方向大致为 N60°～80°W，倾角为 −20°～−54.98°，最大主应力 σ_1 量级为 16～32MPa。按照厂轴线与最大主应力方向尽可能一致的原则，建议厂轴线按北西西方向布置为宜。

根据上述地下厂区的工程地质条件，地下厂房布置在左坝肩山体内，水平埋深为 230～430m，垂直埋深为 285～480m。根据结构面发育特征、地应力状态及水工建筑物布置的需要，经综合分析，选择厂房轴线为 N82°W，三大洞室平行布置。该方向与厂房区最大主应力 σ_1 方向（除在 XPD10 厂房洞 0+300m 附近的 $\sigma_{XPD10-1}$，σ_1 方向为 N20.47°W 外）成 0°～26° 夹角，与厂房区主要发育的 NE 向错动带有 45°～80° 夹角，与 NE 向陡裂亦有 60°～80° 夹角。总体上看，厂房轴线与最大主应力方向夹角较小，与主要结构面夹角较大，选择 N82°W 厂房轴线方位利于围岩稳定。

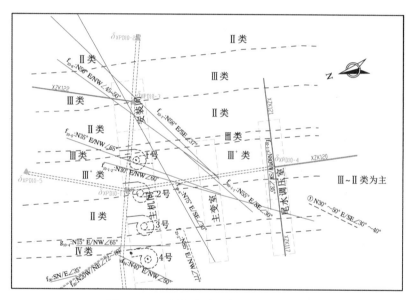

图 5.2-1　左岸地下厂房 1481m 平切图

XPD10 为平洞编号；XZK120 为钻孔编号；Ⅲ类为围岩类别；$\delta_{XPD10-1}$ 为地应力编号；
f_{36}：SN/E∠35° 为断层编号和产状；①N30°～50°E/SE∠30°～40° 为裂隙编号和产状

5.3　地下厂房工程地质条件及评价

5.3.1　厂址区基本地质条件

地下厂房区地表地形坡度为 40°～45°，局部达 55°～60°，坡面基岩裸露，植被不发育。在厂房上游约 200m 发育一梆梆沟，沟内常年有流水，基岩裸露，且切割较浅。

地下厂房区出露基岩主要为晋宁—澄江期（$\gamma_{02}^{(4)}$）花岗岩，岩体中含有闪长岩包裹体，其间穿插花岗细晶岩脉、石英岩脉和辉绿岩脉，岩体间呈熔融接触，岩体新鲜、致密坚硬。

地下厂区无区域断层通过，据 XPD10 平洞揭示，厂房部位岩体完整性好，岩脉不发育，主要结构面为次级小断层、挤压破碎带和节理裂隙。

（1）次级小断层及挤压破碎带（Ⅳ级结构面）。据 XPD10、XPD10-1、XPD10-2 平洞揭示，对地下厂房区有影响的次级小断层（包括地表推测至厂区的断层）发育 17 条，挤压破碎带发育 1 条（表 5.3-1）。

表 5.3-1　　　　　　　　　　　地下厂房区地表及平洞内小断层一览表

断层编号	洞深/m	产状	破碎带宽度/m	性状	级别
f_{18}		N7°E/SE∠50°	0～0.05	碎裂岩、糜棱岩	Ⅳ
f_{35}		N35°E/SE∠30°	0.05～0.20	片状岩、碎裂岩、构造透镜体	Ⅳ
f_{23-2}		N85°E/NW∠77°	0.05～0.20	糜棱岩，充填石英脉	Ⅳ
f_{24}		N40°～60°E/NW∠60°～65°	0.05～0.20	片状岩、碎裂岩	Ⅳ
$f_{20(f06-1)}$		SN/E∠63°	0.01～0.03	碎裂岩、糜棱岩	Ⅳ
f_{17}		N30°E/SE∠60°～70°	0.10～0.20	碎裂岩、糜棱岩	Ⅳ
f_{36}		SN/E∠35°	0.05～0.20	片状岩、碎裂岩、构造透镜体	Ⅳ
f_{02-4}	37.4	N43°E/SE∠37°	0.01～0.05	碎裂岩、糜棱岩和次生泥，局部见树根	Ⅳ
f_{02-5}	125.0	N70°E/NW∠33°	0.05～0.40	碎裂岩、糜棱岩和石英脉	Ⅳ
f_{02-6}	185.0	N40°E/NW∠50°	0.05～0.40	碎裂岩、糜棱岩和石英脉	Ⅳ
g_{10-4}	251.5	N15°E/NW∠65°	0.20～0.30	碎裂岩	Ⅳ
f_{10-5}	334	N35°E/NW∠65°	0.20～0.30	糜棱岩、碎裂岩、片状岩	Ⅳ
f_{10-6}	410	N40°～50°E/NW∠45°～50°	0.03～0.30	糜棱岩、碎裂岩	Ⅳ
f_{10-7}	418	N30°～60°E/SE∠35°～40°	0.01～0.15	糜棱岩、少量碎裂岩	Ⅳ
f_{10-8}	420	N75°E/SE∠30°	0.01～0.15	糜棱岩、碎裂岩	Ⅳ
f_{10-1-1}	63	N55°E/SE∠30°	0.01～0.03	糜棱岩、碎裂岩、石英脉	Ⅳ
f_{10-1-2}	81	N30°E/NW∠60°	0.01～0.05	糜棱岩、石英条带	Ⅳ
f_{10-1-3}	123	N80°W/SW∠35°	0.01	糜棱岩、石英条带	Ⅳ

（2）节理裂隙。对地下厂区裂隙进行了实测统计，结果显示裂隙的优势方向共有 5 组：J_2（N20°～40°E/SE∠45°～65°）、J_1（N10°～40°E/SE∠20°～40°）、J_3（N20°～50° E/NW∠50°～65°）、J_4 [N60°～80°W/NE（SW）∠70°～85°]、J_9 [N70°E～N70°W/ NW（NE）∠10°～20°]。裂隙发育方向以 J_2、J_1 两组发育为主，同一部位一般只发育 1～2 组，很少同时出现 3 组，间距较大，挤压带及小断层部位，可达 4 组。延伸长 2～3m，少数可达 5～6m 或更长，裂面新鲜，多起伏粗糙，闭合无充填。

厂房岩性为花岗岩，除断层带具一定透水性外，陡倾裂隙一般透水性较弱。由于河谷深切，岸坡陡峻，地表水入渗困难，补给水源有限，岸坡排泄条件较好，因此，地下水位埋藏较深，总体上地下水补给河水。岩体中地下水不丰，据 XPD10 平洞揭示，洞深 30.5m 以里，以渗滴水为主，局部见线状流水。厂区范围天然状态下地下水位位于弱卸荷带下限附近，地下水位垂直埋深为 80～100m，该洞段将承受 200～350m 左右的外水压力；水库蓄水后，外水压力将会升高。

左岸地下厂区水平埋深 200～450m 山体内，最大主应力 σ_1 方向大致为 N60°～80°W，倾角为 $-20°$～$-54.98°$，最大主应力 σ_1 量级为 16～32MPa。其中水平埋深 200m 附近地应力较高，最大主应力 σ_1 量级为 21.82MPa，为岩体卸荷带以后的第一个应力集中区，属中等地应力；水平埋深 300m 附近地应力不高，最大主应力 σ_1 量级为 15.52～16.07MPa，为第一个应力集中区后的地应力低值区，属中等地应力；水平埋深 300m 以里地应力值不断增高，350～450m 处，最大主应力 σ_1 量级为 25.68～31.96MPa，属高地应力区。地应力方向总体与区域构造应力场相近。

地下厂区勘探平洞（XPD10、XPD10-1）内进行了氡（Rn）及其子体浓度、岩体自然伽玛（γ）辐射强度测试、环境空气质量测试（包括 O_2、CO_2、CO、NO、NO_2、SO_2 百分比浓度）等百分含量测试。左岸地下厂区结果显示：

1）平洞中氡子体平衡当量浓度的最大值为 112.5Bq/m³，低于设计水平限值。

2）测试平洞中 γ 辐射年有效剂量当量的最大值为 0.27mSv，低于规定限值。

3）平洞中无 CO、NO、NO_2、SO_2 有毒有害气体。

4）由于平洞较长（450m 左右）并有两个支洞（240m 左右），实测平洞中 O_2 的百分比浓度随洞深的增加而降低，在 449m 处 O_2 的百分比浓度最低为 18.7%，施工中应加强通风。

5.3.2 洞室群围岩力学参数

为评价围岩稳定性和岩体质量，根据勘探试验成果，结合该工程的工程地质特点，以《水力发电工程地质勘察规范》（GB 50287—2006）"围岩工程地质分类"分类方法为基础，参考巴顿"Q 系统"、比利威斯基"RMR"分类方法进行了围岩分类。地下洞室围岩分类见表 5.3-2，各类围岩物理力学指标建议值见表 5.3-3。

施工阶段长河坝隧洞围岩分类高应力下折减按《水力发电工程地质勘察规范》（GB 50287—2016）进行，并结合高地应力地下洞室群围岩变形稳定控制技术研究成果（宋胜武 等，2016），Ⅱ类围岩如强度应力比 $S \leqslant 4$ 时降为Ⅲ₁类，Ⅳ类围岩基本未进行高应力下折减。

5.3.3 厂址区工程地质评价

厂区基岩主要为晋宁—澄江期（$\gamma_{02}^{(4)}$）花岗岩，岩体中含有闪长岩包裹体，其间穿插少量花岗细晶岩脉、石英岩脉和辉绿岩脉，岩体间呈熔融接触，岩体新鲜，致密坚硬较完整。岩体中地下水不丰，以渗滴水为主，局部见线状流水，厂房埋深较大，天然状态下地下水位位于弱卸荷带下限附近，地下水位垂直埋深 80～100m，该区域将承受 200～350m 的外水压力，设计时应考虑外水压力的不利影响；水库蓄水后，外水压力将会升高。厂房轴线与最大主应力方向夹角较小，与主要结构面夹角较大，利于围岩稳定；厂房部位岩体完整性好，次级小断层、岩脉发育稀疏；Ⅳ级结构面在厂房位置仅发育 7 条，围岩多呈次块—块状结构，局部镶嵌结构，以Ⅲ、Ⅱ类围岩为主，局部小断层交汇区为Ⅳ类围岩，成洞条件较好。

表 5.3－2　地下洞室围岩分类表

围岩类别	岩体描述	围岩稳定性	岩石湿压抗压强度 R_b/MPa	岩体结构	岩体完整性				结构面					地下水状态	强度应力比 S
					RQD	V_p/(m/s)	K_v均值	间距/m	组数	延伸长度	张开度	充填物	嵌合程度		
II	微新较完整岩体	围岩基本稳定	100~140	块状结构为主，少量次块状整体结构	75~85	5000~5500	0.6~0.75	0.6~1.0	1~2	一般 5~10m，少量大于 30m	闭合	无	紧密	一般干燥，局部湿润	>4
III	弱卸荷、弱下风化岩体，微新裂隙较发育岩体	局部稳定性差	60~80	次块状结构为主，少量块状状镶嵌结构	50~75	3500~4500	0.3~0.5	0.4~0.6	2~3	一般 3~5m，少量大于 10m	普通微张	钙、泥膜	较紧密	一般湿润，局部滴水	>2
IV	强卸荷、弱上风化岩体；裂隙密集带，挤压破碎带，断层影响带，缓裂发育洞段岩体。	围岩稳定性差	40~50	块裂结构为主，少量碎裂结构	30~50	2500~3500	0.15~0.30	0.2~0.4	2~3	一般 3~5m，部分大于 10m	普遍张开 1~5mm	泥、泥膜、岩屑	较松弛	一般湿润，部分滴水，局部线状流水	>2
V	断层破碎带	围岩不稳定	5~15	碎裂散体结构	0	<2500	<0.15			>50m			松弛	一般在断层两盘线状流水	

表 5.3-3　地下洞室围岩物理力学性指标建议值表

围岩类别	地质特征	围岩稳定程度	岩体结构	密度 /(g/cm³)	岩石湿抗压强度 /MPa	变形模量 E_0/GPa	泊松比 μ	岩体声波纵波波速 V_p/(m/s)	岩体抗剪断强度 f'	岩体抗剪断强度 c'/MPa	岩体单位弹性抗力系数 K_0/(MPa/cm)	岩石坚固系数 f_k
II	微新花岗岩、辉长岩、石英闪长岩体；一般干燥湿润	基本稳定，局部可能掉块	块状结构为主，少量整体状和块体状结构	2.70	100~140	15~20	0.25	5000~5500	1.2~1.3	1.5~1.8	50~70	5~7
III	弱卸荷、弱下风化花岗岩、辉长岩、石英闪长岩体；裂隙较发育的微新岩体；一般湿润局部滴水	局部稳定性差，不支护方可能产生较大的变形破坏	次块状结构为主，少量块状和镶嵌结构	2.65	60~80	8~10	0.30	3500~4500	1.0~1.2	1.0~1.5	30~50	3~5
IV	强卸荷、弱上风化岩体，裂隙密集带岩体；一般湿润局部线状流水	稳定性差（围岩自稳时间短，可能产生规模较大的变形破坏）	块裂结构为主，少量碎裂结构	2.60	40~50	1~5	0.35	2500~3500	0.55~0.8	0.3~0.5	20~30	2~3
V	断层破碎带、挤压破碎带、强风化（夹层；两盘线状流水	不稳定（断层破碎带，围岩不能自稳，变形破坏严重）	碎裂散体结构	2.2~2.5	5~15	≤1	>0.35	<2500	0.35	0.05	5~10	0.5~1

5.4　高地应力大跨度地下洞室群围岩稳定性研究与处理

5.4.1　高地应力施工期大跨度地下洞室围岩变形破坏特征

地下厂房三大洞室岩性单一，以花岗岩为主，岩体新鲜坚硬，多呈块状—次块状结构，以Ⅱ～Ⅲ类围岩为主，岩体完整性总体较好，开挖初期岩体多嵌合紧密，开挖面总体成型良好，未曾发生过较大规模的失稳现象，仅在个别地段围岩发生了局部破坏。如洞室顶拱局部稳定性受缓倾角结构面控制，边墙局部稳定性受 NWW 向（与边墙成小角度相交）陡倾角结构面控制，三大洞室均存在局部不利结构面组合形成的块体稳定问题；地下厂房区地应力量级为中等—高地应力区，各洞室拱座附近出现岩体片帮剥落现象；三大洞室高边墙多出现岩体卸荷回弹现象；厂房洞室群支护后又出现了喷层开裂、岩体劈裂等破坏现象；此外母线洞等洞室还出现环向拉裂变形、洞室平交部位多出现卸荷松动破碎等变形破坏现象。支护后围岩稳定性总体较好。

1. 围岩的变形破坏类型及现象

（1）片帮剥落。片帮剥落无明显集中现象，在厂房三大洞室边顶拱及拱座附近、排水廊道、压力管道下平段及尾水管等工程部位均有出现，通过分析，厂房边墙及下游拱座部位、Ⅱ层排水廊道拱座部位以及压力管道下平段外侧拱座及顶拱部位片帮剥落现象相对偏多；片帮一般伴随开挖发生，或开挖后滞后数小时出现，片帮厚一般为 10～30cm，最厚为 50cm，即使在初期支护后仍有片帮现象（图 5.4-1 和图 5.4-2）。

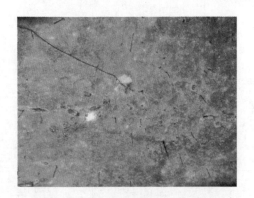 

图 5.4-1　厂房顶拱混凝土喷层剥落　　　图 5.4-2　厂房 0+120～0+135 下游拱座片帮

（2）卸荷回弹。卸荷回弹主要体现在已开挖洞室松动圈的形成，为更准确把握长河坝水电站地下厂房开挖后的松动圈效应，特设置长观孔进行声波测试及全景图像测试，测试成果及监测数据显示卸荷回弹主要集中在高边墙中上部及拱座部位。

长河坝水电站左岸地下厂房破碎区深度为 1.4～2.2m，平均声波波速为 3018m/s，波速变化范围为 2297～3476m/s。主要分布在 2—2 断面 [（厂横）0+194.00 下游侧、高程 1507m]、3—3 断面 [（厂横）0+160.00 上下游侧、高程 1501m]、4—4 断面 [（厂横）0+121.40 下游侧、高程 1501m、高程 1507m]、6—6 断面 [（厂横）0-030.45 上游侧、高程1507m]。

长河坝水电站左岸地下厂房损伤区深度为1.2~2.8m，平均声波波速为4403m/s，波速变化范围为3849~5262m/s，属完整性差~较完整岩体。其中在3—3断面〔（厂横）0+160.00上游侧、高程1507m〕由于断层影响，损伤区深度达7.2m。

长河坝水电站主厂房岩体松弛深度一般为1.6~4m，平均为3.3m，最大达7.6m。

（3）岩体劈裂。开挖过程中岩体劈裂出现部位与上述片帮剥落，卸荷松弛部位一致，劈裂缝方向与开挖面近平行（图5.4-3），起伏、粗糙，多为开挖暴露一段时间后岩体劈裂形成。

（4）平交部位卸荷变形和结构面不利组合。该类变形破坏主要集中在洞室空间交叉部位，如母线洞与厂房边墙平交段、进场交通洞与厂房边墙平交段、尾水管与厂房三大洞室平交段等，均出现不同程度的变形破坏，支护后变形趋于收敛。其中较为典型的有两处。

图5.4-3 厂房下游边墙0+010.00~0+020.00（高程1495m）段岩体劈裂

1）4号尾水肘管与厂房集水井之间岩柱受结构面组合及开挖卸荷影响，多处出现裂缝，经喷护后混凝土喷层也出现不同程度的裂缝，同时4号尾水肘管顶拱及拱座部位亦出现不同程度的裂缝（图5.4-4）。

（a）肘管与厂房集水井之间岩柱裂缝

（b）肘管顶拱及拱座裂缝

图5.4-4 4号尾水肘管拱座及其与集水井之间岩柱出现裂缝

2）尾水调压室上游边墙与2号尾水连接洞平交段在底部及下游侧临空以及门槽开挖爆破扰动下，岩体卸荷明显，并伴随出现裂缝，由于支护不及时加之有结构面不利组合影响，随后产生塌方，方量约200m³，最大塌落高度达6m。后经针对性处理后趋于稳定（图5.4-5）。

（5）环向卸荷拉裂。该类破坏主要集中于母线洞，多见与洞向垂直的环向裂缝（裂缝方向与厂房边墙近平行，见图5.4-6），开裂范围距边墙6~8m，最深达12m，裂缝一般平直，与边墙平行，近直立。这类裂隙呈明显的张拉特征，卸荷面近平行于两侧的垂直

（a）塌方前　　　　　　　　　　　　　　（b）塌方后

图 5.4-5　尾水调压室上游边墙与 2 号尾水连接洞平交部位（塌方前后对比）

河流方向的洞室开挖面，也就是说裂隙面张开方向与开挖卸荷方向基本一致，说明卸荷引起的差异变形引起拉应力起到较重要的作用，在母线洞等四面临空的中间岩柱，垂直方向的压应力导致的压致劈裂破坏效应更为明显。

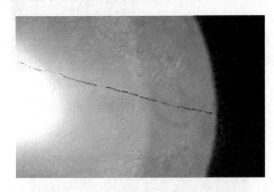

图 5.4-6　母线洞底板环向裂缝

（6）缓倾角结构面对顶拱稳定的不利影响。长河坝地下厂房区发育 J_1（N10°～40°E/SE∠10°～30°）及 J_9［近 EW/N（S）∠10°～30°］等长大缓倾角结构面，在顶拱发育时多与其他结构面组合形成不稳定块体，在开挖后局部出现掉块（图 5.4-7），对洞室局部稳定存在一定不利影响。

（7）顺洞向陡倾角结构面对边墙稳定的不利影响。厂区发育的 J_4［N60°～80°W/NE（SW）∠70°～85°］、J_8（N40°～50°W/SW∠70°～80°）、J_5（N60°～80°E/NW∠70°～80°）三组陡倾角裂隙走向与厂房轴线小角度相交，对岩锚梁的形成及边墙的稳定不利，开挖后多处出现掉块等破坏现象（图 5.4-8），影响了边墙的局部稳定。

图 5.4-7　尾水调压室顶拱缓倾角　　　　图 5.4-8　顺洞向陡倾角结构面与
　　　　结构面引起掉块　　　　　　　　　　　缓裂组合引起边墙掉块

2. 变形时间特征

结合现场调查、声波测试及变形监测成果可以看出，长河坝水电站地下洞室围岩在中高地应力条件下的岩体破裂松弛具有较为明显的由表及里渐进加深的时效变形特征。

开挖初期围岩破坏主要在洞壁浅表部，破坏形式主要为片帮剥落、卸荷回弹、局部劈裂破坏及不利组合破坏等，一般在爆破开挖后数小时内开始出现，并且随时间逐步发展，并且围岩破坏程度与开挖后支护及时性和支护方式密切相关。长河坝水电站厂房洞室开挖后均进行了及时支护，对围岩变形起到了限制作用，但由于支护强度、时机、时序等原因，在支护后围岩变形仍在发展。围岩变形破坏随时间变化，表现为两个方面：①浅表部岩体破坏加剧；②变形破坏深度向深部发展。

（1）浅表部岩体破坏加剧。厂房等地下洞室刚开挖时，开挖面平整，岩体几乎没有破坏现象，但滞后一段时间后，开始出现片帮现象（图 5.4-9）；尽管开挖后都及时进行了锚喷支护，变形受到了限制，但仍有发展，甚至出现破坏，如压力管道下平段外侧拱腰部位，刚开挖后，开挖面平整，滞后一段时间，就会出现片帮剥落，随时间延迟，岩体破坏明显加剧，喷层脱落后可见岩体劈裂、压碎、强烈松弛等。

（a）开挖面较平整（2012年10月）　　　　（b）初喷之后片帮剥落

图 5.4-9　压力管道下平段拱座部位岩体破坏随时间演化情况

（2）变形在深部发展。厂房、主变室围岩深部拉裂破坏可以从母线洞、出线下平洞等与厂房轴线垂直的洞室中直接观察到。

母线洞、出线下平洞等洞室轴线方向与厂房、主变室边墙垂直，洞室内发育的裂缝可以反映厂房边墙深部开裂现象。如母线洞，2012 年 3 月开挖后地质编录时，除近厂房下游边墙段发育少量卸荷裂隙外，洞室总体完整性较好，但在 2013 年 5 月现场调查，发现母线洞内出现大量环向裂缝，发育范围距厂房或主变室边墙一般为 6～8m，最大距离约 12m，裂缝一般平直，近直立，贯通性好，总体上走向与厂房、主变室边墙近平行，张开 3～5mm，最宽约 8mm，无错动、错台现象，显现明显张性特征（图 5.4-10）。裂缝产生应是围岩在高地应力作用下随时间逐渐产生的拉裂破坏。

5.4.2　开挖后主要工程地质问题及处理

5.4.2.1　顶拱不稳定块体

1. 主厂房

主厂房尺寸为 147m×30.8m×73.35m（长×宽×高），主安装间长 60.9m、副厂房

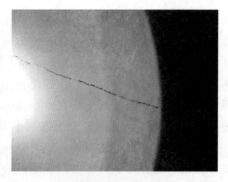

（a）刚开挖后（2012年3月）　　　　　　　　（b）衬砌混凝土环形裂缝
　　　　　　　　　　　　　　　　　　　　　　（距厂房边墙8m，2013年5月）

图 5.4－10　母线洞环向裂缝图

长 20.9m，厂房总长度 228.8m，厂房顶拱高程 1510.8m，基础高程 1437.45m，发电机层高程 1481.1m，水轮机层高程 1468.35m，尾水管底板高程 1437.45m。厂房轴线为 N82°W。顶拱跨度为 30.8m，岩性为花岗岩，岩体微新，裂隙较发育，主要发育 J_1、J_4、J_3、J_7、J_8、J_9、J_6 等组裂隙，其中 J_1、J_6、J_9 为缓倾角裂隙，受裂隙不利组合，形成"人"字形不稳定块体。（厂横）0＋195.00～0＋190.00 及（厂横）0＋205.00～0＋200.00 段，裂隙较发育，尤其是顶拱以上发育 J_9、J_6、J_1 等缓倾角结构面，延伸长大，对顶拱稳定不利；在 0＋162.50～0＋170.00 段、0＋171.00～0＋175.00 段顶拱受断层及 J_1、J_7 等结构面影响，出现掉块（高度达 1.5m）。（厂横）0＋140.00～0＋160.00，顶拱位于 f_{C-19}、f_{C-24} 两条断层的下盘，且下盘岩体厚度较大，加之在该部位岩体中 J_3、产状为 EW/N∠40°～50°的裂隙、J_9 等中缓倾角结构面较发育，受以上多组结构面影响，顶拱稳定性较差。厂房顶拱（厂横）0＋060.00～0＋228.80、（厂纵）0－004.50～0＋009.50 段，裂隙较发育，尤其是顶拱上覆岩体中 J_9、J_6、J_1 等缓倾角结构面较为发育，且延伸长大，对顶拱稳定不利，稳定性差。这些洞段除系统锚喷支护外，还针对性地增加了随机锚索支护，锚索参数为 $T＝1800kN$，$L＝20m$。

2. 主变室

主变室与厂房平行布置，轴线为 N82°W，主厂房与主变室的中心距为 68.45m，主变室与尾水调压室的中心距为 65.15m。主变室全长 150m，宽 18.8m，高 24.7m，顶拱高程为 1506.025m。主变室顶拱（厂横）0＋150.00～0＋180.00、（厂纵）0＋77.55～0＋82.20 段开挖揭示岩性为花岗岩，缓倾角裂隙发育，岩体呈次块状—镶嵌结构，局部缓倾角裂隙与陡倾角裂隙组合，形成不稳定楔形体，稳定性差。

主变室顶拱（厂横）0＋190.00～0＋207.90、（厂纵）0＋62.90～0＋67.55 及（厂纵）0＋77.55～0＋82.20 段开挖揭示岩性为花岗岩、裂隙及小断层发育，受断层影响，岩体较破碎，可见蚀变现象，呈碎裂结构，稳定性差。

主变室（厂横）0＋145.00～0＋165.00、（厂纵）0＋62.90～0＋67.55、高程 1499m 以上，开挖揭示岩性为花岗岩，裂隙较发育，该段发育一缓倾角长大的石英岩脉，岩体以镶嵌结构为主，次为次块状结构，受裂隙及石英脉影响局部形成不稳定楔形体，稳定性差。

为确保洞室稳定，对洞室进行加强支护，原支护参数为挂网＋喷混凝土，锚杆 $L=$ 4.5m 和 6m，间排距 1.5m；在原设计系统锚杆中内插 $\phi28$、$L=6m$ 的普通锚杆。

主变室Ⅰ层顶拱（厂横）0＋207.90～（厂横）0＋198.05、（厂纵）0＋067.55～0＋ 077.55 根据开挖揭露围岩条件，该段顶拱岩性为花岗岩，次块状结构，多发育缓倾角裂隙，结构面光滑，局部掉块。在原设计系统锚杆中内插 $\phi32$、$L=9m$ 的普通锚杆。

3. 尾水调压室

尾水调压室与主厂房平行布置，1 号尾水调压室长 67m，2 号尾水调压室长 62m。尾水调压室宽 21m，顶拱高程为 1516.75m，高 75.75m。尾水调压室顶拱岩性为晋宁—澄江期花岗岩（$\gamma_{02}^{(4)}$），岩体新鲜，局部受构造影响，岩体蚀变严重，洞壁潮湿滴水，裂隙发育，其中以 J_1 为代表的缓倾角结构面较为发育，且延伸长大，间距一般为 2～5m，局部可达 10 余米，面多平直、光滑、局部蚀变，结构面性状较差；此外局部洞段还发育有与 J_1 组缓倾角结构面同组的断层（如 f_{wt-1}），缓倾角裂隙及断层多与其他陡倾结构面（J_4、J_7）组合形成不稳定块体，块体厚度约 10～15m，稳定性差，易产生掉块及垮塌，对顶拱稳定不利。为确保洞室顶拱围岩稳定及施工安全，对局部存在较大不稳定块体洞段增加预应力锚索加强支护，锚索参数为 $T=1800kN$，$L=20m$。

尾水调压室顶拱（厂横）0＋110.00～0＋102.00、（厂纵）0＋132.95～0＋142.95 段、（厂横）0＋114.00～0＋133.00、（厂纵）0＋132.95～0＋142.95 段受 J_1 组缓倾角裂隙及 J_4、J_7 组陡倾角相互切割形成不稳定楔形体，稳定性差，在施工中沿 J_1 多处出现掉块现象。为确保洞室围岩稳定，对该段范围进行加强支护，在原设计系统锚杆中内插 $\phi32$、$L=9m$ 和 $\phi28$、$L=6m$ 的普通锚杆。

5.4.2.2　大跨度平交段

1. 压力管道与主厂房

压力管道直径为 11.5m，厂房上游边墙高约 73m，厂房上游边墙与压力管道垂直相交，交叉段跨度较大，该部位为高应力区，受开挖卸荷影响，开挖后应力调整，局部洞壁应力集中度高，加之裂隙较发育，易形成不稳定块体，稳定性差，对厂房上游边墙及洞室稳定不利。为保证工程安全和工程施工安全，在 4 条压力管道与厂房上游边墙交叉段，各增设两排锁口锚杆，锁口锚杆型号为 $\phi28$，$L=6m$，间距 1.0m，两排锚杆交错布置，支护范围为上半洞 180°。

2. 母线洞与主厂房

母线洞与主厂房下游边墙平交，母线洞为城门洞型，底×高为 8.7m×8.18m，底板高程为 1474m，顶拱高程为 1482.18m。交叉段跨度较大，为高应力区，裂隙较发育（J_4 走向与边墙近于平行陡倾裂隙），受开挖卸荷影响，开挖后应力调整，局部洞壁应力集中度高，1～4 号母线洞洞内距厂房下游边墙 5～7m 范围内出现不同程度环向开裂，并向上延伸至边墙和顶拱，基本环向贯通，裂缝宽 1.0～4.0cm 不等，多为沿 J_4 向厂房内卸荷拉裂张开，与其他裂隙组合易形成不稳定块体，稳定性差，对厂房下游边墙及母线洞稳定不利。

为保证母线洞及主厂房下游边墙稳定，该部位支护参数，锚杆 $L=6m$ 和 9m，间距 1m，布置两排；挂网＋喷混凝土；另外，在主厂房下游边墙各母线洞底板下部增设锚索，锚索参数 $T=1800kN$，$L=20m$，28 根；$T=1500kN$，$L=15m$，20 根。1～4 号母线洞洞

95

内采用"锚杆＋挂网＋喷混凝土"形式，并在洞内（厂纵）0＋017.15、（厂纵）0＋019.15顶拱部位增设两排ϕ32、L＝9m、T＝120kN预应力锚杆。

3. 母线洞与主变室

母线洞与主变室上游边墙平交，母线洞为城门洞型，底×高为11.9m×20.1m，底板高程为1474.4m，顶拱高程为1494.1m。交叉段跨度较大，为高应力区，裂隙较发育（J_4走向与边墙近于平行陡倾裂隙），受开挖卸荷影响，洞口段形成不稳定块体，稳定性差。

为确保洞室稳定，在主变室上游边墙（厂横）0＋115.45～0＋119.52，1490.98～1494.10m高程区域，沿2号母线洞开口线在原系统锚杆中内插增设2排ϕ32、L＝9m普通砂浆锚杆，锚杆间距1.5～2m。在2号母线洞（厂纵）0＋062.90～0＋056.53段，1487.10～1494.10m高程区域边墙上，原系统锚杆中内插增设3排ϕ32、L＝9m普通砂浆锚杆，锚杆间距1.5～2m。

4. 尾水连接洞与尾水调压室相交部位

尾水连接洞为城门洞型，宽×高为12m×17m，在厂房上游边墙高程1455m处与尾水连接洞顶拱平交，尾水调压室边墙高约74m，该部位为中高应力区，平交洞室开挖后，应力调整将产生局部应力，集中度高。该部位裂隙以J_1、J_2、J_3、J_4等4组发育为主，断层发育f_{c-3}、f_{wt-2}及其分支，受结构面不利组合、断层及其影响带、应力调整、大洞室交叉段等综合因素影响，形成不稳定块体，稳定性差，易产生掉块、垮塌等破坏，对尾水调压室边墙及尾水连接洞稳定不利。

为确保工程安全及施工安全，在3号、4号尾水连接洞内，（厂纵）0＋116.95～0＋128.20范围内各增设16榀Ⅰ20a钢支撑，间距0.75m。在1号尾水连接洞内，（厂纵）0＋123.20～0＋128.20范围内增设钢支撑Ⅰ20a。在3条洞（厂纵）0＋108.20～（厂纵）0＋128.20顶拱范围内增设ϕ32、L＝9m、T＝120kN的预应力锚杆，靠近尾水调压室侧两排锁口锚杆间排距1.0m。与尾水调压室相交段洞脸上侧开挖面，在洞口上部边墙1453.00～1459.45m高程范围内增设ϕ32、L＝12m、T＝120kN的随机预应力锚杆。

5. 2号尾水连接洞与尾水调压室

2号尾水连接洞洞口上方裂隙及断层发育，裂隙以J_1、J_2、J_3、J_4等4组发育为主，断层发育f_{c-3}、f_{wt-2}及其分支，受结构面不利组合、断层及其影响带、应力调整、大洞室交叉段等综合因素影响，该部位岩体破碎，以镶嵌—碎裂结构为主，岩体蚀变，围岩类别以Ⅳ类为主；2号尾水连接洞近尾水调压室处由于裂隙、断层等形成"人"字形不利组合，易产生坍塌，从而引起尾水调压室边墙变形加剧；此外，因两条断层均为陡倾角结构面，且倾向上游，断层下盘岩体易沿断层面产生倾倒变形破坏。

至2013年10月20日，多点位移计M_{20}^4[上游边墙（厂横）0＋109.50、高程1481.27m]孔口处最大累计位移达到164.59mm，变形主要在浅层2～8m范围内；多点位移计位于f_{c-3}断层的下盘及f_{wt-2}断层的上盘影响带内。

2013年4月21日监测资料显示，该多点位移计孔口产生了近50mm的突变（图5.4-11），由于当时1480～1468m高程段支护刚开始施工，该部位岩体在"4·20"芦山地震及下部爆破施工等因素综合影响下，局部产生倾倒变形，从而导致M_{20}^4孔口变形量较大，遂要求承包商尽快完成下部已开挖边墙的系统支护，确保工程及施工安全。支护完成后至

2013 年 7 月底进入平稳期，该时期内 M_{20}^4 变形增量较小。

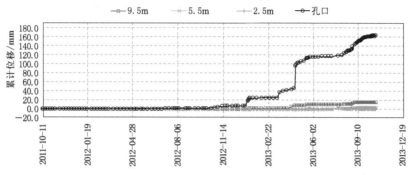

图 5.4-11　尾水调压室上游边墙 M_{20}^4 位移曲线图

（截至 2013 年 10 月 20 日）

2013 年 7 月 27 日，开始下卧开挖 1468m 高程以下边墙，并于 2013 年 8 月 12 日同 1 号尾水连接洞贯通、2013 年 8 月 20 日同 2 号尾水连接洞贯通，监测显示，M_{20}^4 孔口变形量开始增加，且 8 月月变化量达 20mm 以上。

2013 年 9 月 22 日凌晨，裂缝部位出现垮塌，方量约 200m³，最大塌落高度达 5~6m。

为确保洞室稳定，2 号尾水连接洞与尾水调压室相交部位，在尾水连接洞内（厂纵）0+116.20~0+128.20 范围内增设钢支撑 I20a，间距 0.75m，共 17 榀。洞脸垮塌部位采用 C25 混凝土喷平。在（厂纵）0+108.20~0+128.20 顶拱范围内增设 $\phi32$、$L=12$m、$T=120$kN 的预应力锚杆，靠近尾水调压室侧两排锁口锚杆间排距 1.0m，其余部位内插，共计 120 根预应力锚杆；在尾水调压室上游边墙，（厂横）0+118.90~0+101.90、1459.50~1483m 高程范围新增 $T=1800$kN，$L=20$m 锚索，共 23 根。同时在 2 号尾水连接洞口上部边墙上增设随机预应力锚杆，参数为 $\phi32$、$L=12$m、$T=120$kN，共 50 根。

5.4.2.3　岩爆及处理

地下厂房水平埋深为 200~450m，最大主应力 σ_1 方向大致为 N60°~80°W，倾角为 −20°~−54.98°，最大主应力 σ_1 量级为 16~32MPa，为中高应力区。厂房轴线走向为 N82°W，与最大主应力近于平行。在开挖过程中，顶拱及边墙局部可见片帮、葱皮和掉块等岩爆现象。其中，在上游边墙（厂横）0+140.00~0+160.00、1490~1500m 高程段，可见片帮剥离厚度为 10~20cm；（厂横）0+055.00~0+065.00、1490~1500m 高程段，可见片帮剥离厚度为 5~10cm。在下游边墙（厂横）0+060.00~0+070.00、1495~1500m 高程段，可见片帮剥离厚度为 20~30cm；（厂横）0+110.00~0+150.00、1496~1500m 高程段，可见片帮剥离厚度为 10~40cm。

通过地质巡视，主厂房岩爆级别为轻微岩爆，片帮、掉块后对岩壁及时采取"挂网＋锚喷"支护措施，支护完成后，未发现有新的较明显的变形迹象。

5.4.3　岩体变形与监测反馈分析

5.4.3.1　岩体变形监测

主厂房布置 1—1、2—2、3—3、4—4、5—5 共计 5 个监测剖面，分别位于（厂横）

0+177.10、（厂横）0+143.30、（厂横）0+109.50、（厂横）0+075.70 和（厂横）0+012.62。各剖面均在主厂房洞室顶拱高程、1495m 高程上下游边墙岩锚梁部位各布置一套四点式位移计，同时 1—1 剖面和 3—3 剖面还在下游边墙 1485m 高程和 1470m 高程各布置一套四点式位移计。在 1—1、2—2、3—3、4—4、5—5 剖面上下游边墙岩壁吊车梁部位各布置一支测缝计，用于监测岩锚梁与岩壁接触变形情况。在 1—1、2—2、3—3、4—4、5—5 剖面主机间左右拱肩及上游边墙 1474m 高程部位各布置埋设两点式锚杆应力计一套。在主厂房上游边墙 1476m 高程、1486m 高程、1491m 高程、1506m 高程共计布置埋设锚索测力计，主厂房下游边墙 1477.50m 高程、1486m 高程、1491m 高程、1497m 高程、1506m 高程共计布置埋设锚索测力计，监测洞室围岩深层应力变化情况。

在主变室顶拱、上下游边墙共安装 16 套四点式位移计、32 支锚杆应力计、6 套锚索测力计。

尾水调压室在 1—1 剖面（0+177.1m）、2—2 剖面（0+143.3m）、3—3 剖面（0+109.5m）、4—4 剖面（0+075.7m）的顶拱和左右拱脚、下游边墙 1490.40m 高程各布置一套四点式位移计，另外 1—1 剖面和 3—3 剖面上下游边墙 1467m 高程还布置一套四点式位移计，用于监测洞室不同深度位置的围岩变形。

监测成果表明，随着洞室的开挖，位移整体呈增大的趋势，随着开挖及支护结束，各部位变形逐渐趋于收敛。三大洞室多点位移计位移量在 −28.78～169.98mm 范围，多数测点的位移变化较小，大部分位移在 20mm 以内，部分位移为 50mm 以内，少量位移超过 50mm。

主厂房变形相对较大的部位主要分布在：①主厂房 2 号机组、3 号机组上下游侧岩锚梁处，4 号机组下游侧岩锚梁处，1 号机组上游侧岩锚梁处；②主厂房下游边墙 2 号、4 号母线洞附近 1470～1495m 高程区域；③主厂房上游边墙 1 号、3 号机组中心线压力管道上方 1474～1480m 高程区域。主厂房位移计最大位移发生在 4—4 剖面（1 号机组中心线），（厂横）0+075.70 上游边墙处 M_{CF-26}^{4} 的孔口部位，为 129.92mm。由于该部位于 2012 年 9 月 15 日发生塌方，该位移计在 9m 至孔口段围岩变形快速增加，随后变形速率趋缓直至趋于稳定，表明目前该部位深部围岩处于稳定状态。

主变室变形相对较大的部位主要分布在：主变室下游边墙 1495m 高程（靠近出线竖井）（厂横）0+012.62～0+177.10 的区域范围内和主变室 3 号机组中心线上下游拱肩区域和 2 号机组中心线下游拱肩区域。

尾水调压室最大位移发生在 3—3 剖面（2 号机组中心线），桩号 0+109.5 尾水调压室上游边墙 1481.27m 高程处 M_{20}^{4} 的孔口部位，为 169.98mm，该测点于 2012 年 11 月至 2013 年 10 月尾水调压室开挖期间在孔口至 5.5m 范围位移量有较大幅度增长，目前变形趋于平缓，年变化量为 0.49mm。

三大洞室运行后变化量为 −3.27～1.22mm，位移变化量较小，趋于收敛，表明围岩处于稳定状态。岩壁吊车梁部位安装的测缝计实测开度为 −0.03～0.55mm，运行后变化量为 −0.09～0.02mm，近期基本无变化，开合度整体较小，表明岩锚梁与岩壁接触良好。主厂房锚杆应力计应力为 −109.66～312.76MPa，运行后变化量为 −23.13～

16.48MPa，近期变化较小，表明目前浅层支护基本运行正常。主厂房锚索荷载为847.22～2165.19kN，运行后变化量为−118.15～106.02kN，目前测值趋于平缓，表明目前深层支护运行正常。

5.4.3.2 岩体监测反馈分析

由于地下厂房洞室群规模大，围岩地质条件比较复杂，初始地应力水平较高，不同洞段所处的地质条件、岩体结构、地应力特征和地下水状况不易掌握，给围岩稳定评价以及加固处理措施带来了一定难度，也使地下工程施工期和运行期的安全存在一定的不确定性。因此，联合上海交通大学对地下厂房洞室群开展了施工期的快速监测与反馈分析研究，根据监测与反馈分析成果，对围岩支护参数与施工过程进行动态调整、优化，达到保证洞室围岩稳定、施工安全、经济合理的目的。

1. 分析整理

对地下厂房洞室群各阶段监测资料进行综合分析，提炼和概化各施工阶段里与施工和监测相关的原因量和效应量对应数据，绘制相应变化曲线，整理相关信息表；对实测位移分布规律进行了比较分析；根据围岩变形分布特征、声波测试资料以及岩体地质和力学条件判断，综合分析，确定地下厂房围岩分区和分带，作为各阶段数值分析基础。

2. 地应力场反演

根据现场有限点实测地应力状态、前期地质资料、洞室群围岩及岩体结构面力学参数，通过建立符合工程特点的数值模型，采用三维位移不连续方法（Displacement Discontinuity Method，DDM）对工程区域三维初始地应力场进行了优化模拟，取得了可供洞室群稳定分析三维连续分布地应力状态成果。受地形地貌及地质构造影响，工程区域内岩体初始应力场为三维复杂分布式构造应力场，最大主应力近似于水平方向。其中，第一主应力近似于洞室群主轴方向。工程区域属中高应力场区域且主应力差较大，洞室开挖后容易形成两帮压剪屈服。

3. 地下厂房洞室群施工期平面应变模型反馈分析

对1～4号机组典型断面位移监测结果及其变化规律进行详细分析，在合理建立平面应变FEM模型基础上，随各开挖阶段对上述典型断面进行反演分析，获得标高1501.10～1437.45m等9个开挖标高对应的岩石及弱面的等效力学参数。根据该等效力学参数进行了后续开挖、支护方式的FEM模拟与优化。根据平面或准三维有限元分析计算结果，对洞室围岩开挖稳定性状态、支护方案的合理性进行比较系统的评价，为施工提供参考，并对锚杆、锚索受力状态及其初锚力设定提出了参考建议。

4. 地下厂房洞室群施工期三维反馈分析

结合地下厂房围岩块体分析与反馈、围岩力学特性三维数值模拟与反馈分析，研究地下厂房洞室群的安全控制预警机制，对围岩进行安全度评价，提出相应的应急措施，并贯穿于施工过程。

通过基于监测资料所进行的三维和准三维反演分析结果，调整洞室围岩力学参数，采用三维FEM数值模型，分别对1496.60m、1480.20m、1465.50m、1449.03m、1437.45m等5个不同开挖高程进行三维数值分析，计算获得地下洞室群后续开挖过程中，围岩的变形、应力和塑性区分布特征，评价洞室围岩开挖稳定性状态，对支护方案进行评价。

反演后得到的围岩力学参数见表5.4－1。

表 5.4－1　　　　　　　　　洞室各区段的围岩力学参数表

区　　段	变形模量/GPa	泊松比	抗剪断强度	
			$\varphi/(°)$	c/MPa
（厂横）0＋228.80～0＋162.30	7.21	0.25	37.16	1.63
（厂横）0＋162.30～0＋128.50	6.71	0.25	39.68	1.59
（厂横）0＋128.50～0＋094.70	9.55	0.25	41.16	1.71
（厂横）0＋094.70～0＋000.00	11.46	0.25	41.56	1.84

　　监测反馈分析时，通过上期开挖实测监测数据，预测下期开挖洞室围岩的变形、应力和塑性区分布特征，预测支护方案的适宜性，并实时指导动态调整，以支护方案最优并确保安全。长河坝厂房三大地下洞室群分期开挖顺序见图5.4－12，共分10期开挖，先进行总体评价，然后每一期开挖进行监测反馈分析。

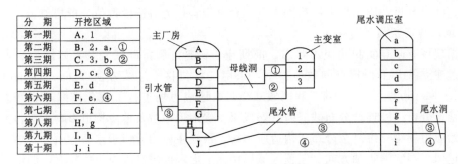

图 5.4－12　长河坝地下洞室群分期开挖顺序图

　　如在第五期开挖后，三维模型计算结果显示，最大水平位移发生在2号引水洞与主厂房上游边墙交叉部位，达到48.4mm，预测之后两期开挖完成后，其值达到65.3mm，而在主厂房下游边墙以及尾水调压室下游边墙，也发生有较大的水平位移，因此可考虑对此三处边墙的支护进行加强，尤其是洞室交叉部位。从各期开挖计算结果来看，在引水洞与主厂房上游边墙的交叉部位、母线洞与主厂房下游边墙的交叉部位，以及尾水洞与主厂房下游边墙和尾水调压室上、下游边墙的交叉部位均发生有明显的水平位移和竖向位移，而引水洞和主厂房上游边墙的交叉部位是最大水平位移的发生部位，母线洞与主变室下游边墙的交叉部位则是最大沉降的发生部位。从塑性区的分布情况来看，塑性区的发展也大多集中于洞室与洞室的交叉部位，必须进行加强支护。锚杆、锚索支护结构受力总体均匀，锚杆应力一般在300MPa以下，但在洞室边墙与断层的交界处，洞室交叉口部位，锚杆和锚索轴应力较大，部分应力甚至超过屈服应力。因此，开挖中在主厂房、主变室、尾水调压室各边墙与各断层的交界处、洞室交叉口部位要求加强支护，包括增打一些锚杆和锚索等。

　　根据反馈分析结果适当调整锚杆及锚索初锚力后，后续开挖锚杆及锚索受力区域缓和，总体处于设计强度范围内。因此，主厂房、主变室、尾水调压室后续开挖中，依据位移监测及数值模拟预测结果适度调整支护结构特性参数及支护参数可以很好地缓解支护结构应力集中、调节支护结构应力分布状态、利于洞室围岩及其支护结构的稳定。

开挖位移监测数据反演分析表明,在三大洞室主体工程全部开挖支护完成后,各洞室断面位移变化不大,变形趋于平缓。围岩塑性区总体不大,洞室开挖形成塑性区深度小于8m。总体上,除局部断面塑性区较深外,现有的锚杆支护长度一般为6～9m,系统锚杆长度基本能够满足稳定要求。大部分锚杆、锚索应力计所得结果量值不大,应力增量也不大,围岩稳定状况良好。

5.5 水工隧洞围岩稳定性研究与处理

5.5.1 引水发电系统

5.5.1.1 基本地质条件

输水系统布置于大渡河左岸,进水口边坡位于倒石沟堆积体下游沟壁约 300m 范围的边坡段,4 条引水洞平行布置。引水洞洞轴线方向(上平段)约为 S50°E,与河流流向成约 43°夹角。进水口边坡总体呈上缓下陡,上部坡体坡度为 40°～46°,下部为 60°～65°,其分界线高程约为 1680m。倒石沟为季节性小冲沟,沟内无常年流水,由于金康水电站施工弃渣较多,沟内崩坡积和人工堆积混合体较厚,结构松散。

沿压力管道轴线区域(倒石沟下游壁)的岸坡较陡峻,自然坡度约 52°,高程 1780m 以上被双槽沟和梆梆沟切割,地形上呈 W 形,两条冲沟的垂直切割深度为 50～100m。

通过开挖揭示,压力管道沿线岩性以花岗岩为主,局部夹少量石英闪长岩透镜体,岩体坚硬较完整,总体以Ⅲ类围岩为主,少量为Ⅱ类,局部为Ⅳ类。尾水洞布置于大渡河左岸,岸坡陡峻,地形坡度为 40°～70°,沿线基岩裸露,仅下游段穿过大湾沟。钻孔揭示,大湾沟内崩坡积覆盖层厚度为 15～30m,隧洞上覆基岩厚度约 150m 以上,因此大湾沟堆积体对隧洞洞室稳定无不利影响。通过开挖揭示,尾水洞沿线岩性以花岗岩为主,局部夹少量石英闪长岩透镜体,岩体坚硬较完整,洞壁干燥,局部渗滴水,总体以Ⅲ类围岩为主,少量为Ⅱ类,局部为Ⅳ类、Ⅴ类。

5.5.1.2 主要工程地质问题

1. 进水口段

4 条压力管道桩号 0+000～0+020 段为矩形至圆形断面渐变段,矩形断面转角部位应力集中对洞室稳定不利;进水口段岩体强卸荷、弱风化,裂隙较发育,其中 J_4 裂隙发育密集,裂面多锈染、张开—微张,受缓倾角 J_1、J_9 切割影响,顶拱形成不稳定块体,稳定性差,施工中产生掉块,厚度为 0.3～0.5m。围岩总体稳定性差,局部自稳能力极差,以Ⅳ类为主,易产生垮塌破坏。

为确保进水口洞段及边坡开挖的稳定,在原设计支护的基础上(锁口锚杆束 $L=12m$,间距 1.0m;$L=6m$ 和 9m 锚杆,间排距 1.5m;喷钢纤维混凝土 C25,厚 15cm),增加了长约 10m 钢支撑防护棚,环向间距 1.0m。其中,在 3 号压力管道 0+000.00～0+005.00 增加了 $3\phi28$、$L=9m$ 锚筋束。

2. 岩爆段

岩爆段主要发生在压力管道下平段，下平段洞室埋深 250～300m，地应力为高应力，2 号压力管道下平段（桩号 0＋490.00～0＋560.00 段）虽已完成支护但围岩应力仍在调整、挤压导致在缓倾裂面部位出现长条状裂缝，顶拱部位仍有岩爆及掉块现象，地应力仍在持续释放，对洞室稳定不利。

3 号压力管道下平段（桩号 0＋552.00～0＋564.00 段）虽已完成支护，但由于洞室埋深大，地应力高，右半洞沿陡倾裂隙方向出现卸荷掉块、已喷混凝土部分脱落的现象，对洞室稳定不利。

为确保洞室稳定，保证压力管道下平洞段施工安全，对 2 号压力管道 0＋490.00～0＋560.00 段，全断面喷水冲洗，然后素喷 8cm 厚钢纤维混凝土，并在原系统支护锚杆间等间距内插 $L＝6m$、$\phi28$ 的锚杆。对 3 号压力管道 0＋552.00～0＋564.00 段出现掉块的部位进行喷水冲洗，然后素喷 10cm 厚钢纤维混凝土，并在原系统支护的基础上，增设部分 $L＝9m$、$\phi32$ 的锚杆，增设锚杆方向应尽量与陡倾裂隙大角度相交。对于压力管道其他出现卸荷掉块的部位，边顶拱 240° 范围内补喷钢纤维混凝土 C25 至原设计厚度，并采用随机锚杆支护。施工中应加强压力管道下平段施工期的安全监测及安全巡查。

3. 压力管道与厂房上游边墙及 1 号施工支洞平交段

1 号施工支洞跨度约 8m，压力管道与厂房上游边墙和 1 号施工支洞垂直相交，交叉段跨度较大，局部洞壁应力集中度高，对厂房上游边墙及洞室稳定不利。

为保证工程安全和工程施工安全，在 4 条压力管道主洞与 1 号施工支洞交叉部位的上下游横断面上部 180° 范围内各增设两排锁口锚杆，锁口锚杆型号为 $\phi28$、$L＝6m$，间距 1.5m。

另外，对（管 1）0＋600.00～0＋640.00、（管 2）0＋573.00～0＋603.00、（管 3）0＋535.80～0＋565.80、（管 4）0＋498.50～0＋528.50 洞段顶拱 240° 范围内，增设间距为 80cm 的 I 20a 型工字钢钢支撑，各榀钢支撑之间采用 $\phi25$ 钢筋连接，连接筋间距 100cm。

4. 2 号尾水洞不稳定块体

（尾 2）0＋015.00～（尾 2）0＋051.85 洞段，岩性为花岗岩，裂隙较发育，2-1 号尾水支洞右边墙发育与洞轴线小角度相交中倾角断层（反倾洞内），受断层影响，岩体轻微蚀变，已沿此断层产生倾倒坍塌，形成倒悬，且发育两组倾洞内中倾角裂隙，受两组裂隙组合，加之缓倾角裂隙切割，形成不稳定楔形体，易沿两组结构面交棱线向洞内滑塌，稳定性差。

为保证洞室稳定及下层开挖施工安全，对 2 号尾水洞岔洞端头及 2 号尾水支洞局部洞段处采用以下措施进行处理：

尽快完成端头部位的预应力锚杆等系统支护措施，采用喷 C25 混凝土将空腔处回填至设计开挖断面，并根据现场实际情况随机布置部分 $\phi25$、$L＝4.5m$、外露 0.5m（入岩 4m）的加强锚杆；对（尾 2）0＋015.00～（尾 2）0＋051.85 洞段右边墙增设两排锚杆束 $3\phi25$，$L＝9m$，外露 0.5m（入岩 8.5m），交替布置，并与结构面大角度相交。

5. 断层及断层影响带

（尾1）0+721.00～（尾1）0+743.00 段为 F_{10} 断层下盘影响带，岩体蚀变严重，洞壁湿润，局部滴水，在右拱座部位发育中倾角断层 f_{w1-1-2}，倾向洞内，易产生滑塌破坏，围岩稳定性差，总体属Ⅳ类偏差；（尾1）0+743.00～（尾1）0+745.00 段发育断层 F_{10} 及 f_{w1-2-1}（Ⅳ级结构面），其中 F_{10} 为Ⅲ级结构面，受断层影响，岩体破碎、蚀变严重，洞壁湿润，顶拱多渗滴水，呈碎裂—散体状结构，围岩自稳能力极差，属Ⅴ类围岩。

为确保工程安全和施工安全，需对（尾1）0+721.00～（尾1）0+745.00 洞段增加钢支撑支护，采用Ⅰ20b型工字钢，间距80cm，各榀钢支撑之间采用 $\phi25$ 钢筋连接，联系筋间距100cm。钢支撑与岩壁之间采用 $\phi25$ 锁脚锚杆固定，锚杆长 4.5m，深入基岩 4m，每榀钢支撑锁脚锚杆18根。局部塌方处采用C20混凝土回填密实。

（尾1）0+745.00～0+785.00、（尾1）0+811.00～0+855.00、（尾2）0+725.00～0+755.00、（尾2）0+851.00～0+870.10 洞段，岩体裂隙发育，分别发育有断层 f_{42}、f_{w1-1}，断层岩体呈破碎—散体结构，蚀变严重，局部渗滴水，稳定性极差。受断层与中倾及陡倾裂隙等不利结构面的组合影响，易产生掉块、坍塌等现象。

为确保工程安全和施工安全，设计采用了Ⅰ18型工字钢钢支撑加强支护，间距80cm，各榀钢支撑之间采用 $\phi25$ 钢筋连接，连接筋间距100cm。钢支撑与岩壁之间采用 $\phi25$ 锁脚锚杆固定。

6. 2号闸门井不稳定块体

2号尾水闸门室已开挖至1490m高程以下，根据开挖揭示，f_{14-1} 断层的出露位置与之前推测一致，其产状为N10°～20°W/SW∠55°～65°（走向与上下游边墙小角度相交），带宽 20～30cm，主要由碎粉岩及碎粒岩组成，性状差，上下盘影响带宽各 3～5m，岩体破碎，呈碎裂结构（图 5.5-1），断层及影响带部位岩体属Ⅴ类围岩，对上游边墙1490m高程以上（B区）及下游边墙与尾水洞平交部位稳定不利（A区），上游边墙（B区）岩体易沿断层带及影响带产生较大滑塌破坏，下游边墙（A区）岩体易顺断层及其影响带在爆破振动及重力作用下往尾水洞方向产生垮塌（图 5.5-2）。

图 5.5-1　2号尾水闸门室上游边墙及外侧端墙 f_{14-1} 断层出露照片

为确保工程安全和施工安全，对该闸门井边墙进行加强支护，具体措施如下：

对2号尾水闸门井上游边墙高程 1502.32～1491.82m 增设 8 排预应力锚杆，间排距 1.5m，梅花形布置；对2号尾水闸门井下游边墙高程 1474.82～1485.32m 增设 8 排预应力锚杆，间排距 1.5m，梅花形布置。

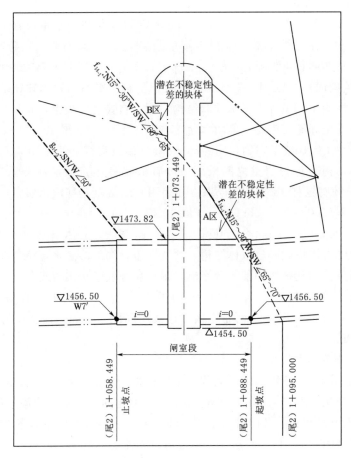

图 5.5 - 2　2 号尾水洞轴线纵剖面图（闸室段）（单位：m）

5.5.2　泄洪放空系统

三条泄洪洞和一条放空洞布置在大渡河右岸，1 号泄洪洞洞身洞身总长度 1362m，泄洪隧洞进水口底高程为 1650m，出水口底高程为 1510m，隧洞纵坡为 $i=0.10279$，洞身采用等宽不等高的圆拱直墙型，断面尺寸为 14m×（16～19）m（宽×高）。2 号、3 号泄洪洞洞身采用一坡到底的无压隧洞段形式，2 号泄洪洞隧洞洞长 1498m，3 号泄洪洞隧洞洞长 1540m，隧洞进水口底高程为 1662.50m，出水口底高程为 1500m，2 号泄洪洞隧洞纵坡为 $i=0.10848$，3 号泄洪洞隧洞纵坡为 $i=0.10552$，洞身采用等宽不等高的圆拱直墙型，断面尺寸为 14m×（15～18）m（宽×高）。放空洞全长 1686.65m，与泄洪洞大致平行，布置在 3 号泄洪洞右侧，两洞轴线间距 80～115m，放空洞为圆拱直墙型断面，过水断面尺寸为 9m×13m（宽×高），采用全断面钢筋混凝土衬砌。

5.5.2.1　基本地质条件

3 条泄洪洞和 1 条放空洞布置在大渡河右岸，垂直埋深 30～550m，水平埋深 50～130m，沿线山体雄厚，主要出露澄江—晋宁期石英闪长岩（$\delta_{02}^{(3)}$），随机发育辉长、辉绿岩脉，边坡自然坡度为 $45°\sim55°$。进出水口段岩体强—弱卸荷、弱风化，其余岩体为微新—新鲜。地质构造无区域性断裂通过，以一套节理裂隙系统为主，软弱结构面为后期侵入的辉绿岩脉、小断层、挤压带、裂隙密集带。岩体以次块状、镶嵌结构为主。洞内地下水不丰富，以裂隙水或沿断层破碎带出水为主，表现为局部段滴水或串珠状滴水，但随着开挖的进行，出水量逐渐减小、消失。两条洞室深埋段，地应力较高，属中—高地应力区，施工中局部洞段有片帮开裂等轻微岩爆现象。

岩体多呈次块状—镶嵌状为主，局部块状或碎裂结构，少量散体结构，以Ⅲ类为主，局部为Ⅱ类或Ⅳ类，少量为Ⅴ类。

5.5.2.2 主要工程地质问题及处理

开挖揭示，泄洪放空洞围岩以Ⅲ类为主、局部为Ⅱ类和Ⅳ类、少量为Ⅴ类，不存在控制围岩整体稳定的贯穿性软弱结构面，通过地质巡视和监测成果，围岩整体稳定。仅局部洞段由于结构面不利组合，构成潜在不稳定块体，未及时支护，受爆破影响，产生了小规模垮塌、掉块，但经处理后围岩稳定。Ⅳ类和Ⅴ类围岩，稳定性差，开挖中采用导洞、分层、分部施工方法，并采用喷锚、钢支撑、挂网支护后，围岩稳定。

1. 1号、2号泄洪洞进水口段 mj_5 裂隙密集带

1号、2号泄洪洞 $0+000.00\sim0+050.00$ 进水口洞段，为 mj_5 裂隙密集带及其影响段，裂隙、小挤压破碎带发育，裂面多见锈染，岩体以碎裂结构为主，该段与边坡平交，围岩总体稳定性差，局部自稳能力极差，围岩以Ⅳ类为主，易产生垮塌破坏。

为确保进水口洞段及边坡开挖的稳定，在原设计支护的基础上，增加了钢支撑支护，环向间距1.0m，开挖过程中采用超前锚杆支护以及超前固结灌浆加固，同时增加了锚筋束支护，确保了洞身段临时稳定。

2. 出水口卸荷岩体

1号、2号、3号泄洪洞出水口段裂隙、岩脉及小挤压破碎带发育，裂面多见锈染，岩体以碎裂、块裂结构为主，该段与边坡平交，局部洞室应力集中度高，围岩总体稳定性差，总体以Ⅳ类为主，受结构面不利组合，形成较大不稳定块体，对边坡及洞室稳定不利。

为确保进出水口洞段下挖及边坡开挖过程中洞室和边坡的稳定，采用 $L=9m$ 锚筋束进行加强支护。锚筋束加强支护范围为顶拱全部布设，拱座以下边墙布置两排，其布置间排距为1.5m。

3. 放空洞洞身过砂场沟段渗水及处理

放空洞洞身（放）$1+261.00\sim1+340.00$ 段位于出水口沙场沟正下方，砂场沟常年流水。该洞段岩性主要为花岗岩，属断层带及其影响带，岩体较破碎，以碎裂—镶嵌状结构为主，围岩整体裂隙发育，穿插有断层、挤压破碎带以及中缓倾角与陡倾角裂隙的相互交错发育的不利组合，受断层破碎带阻水影响，洞室渗水丰富，多处呈渗滴水、局部线状流水，围岩类别为Ⅳ类，稳定性差。为了确保混凝土衬砌施工质量及建筑物永久运行安全，排水孔施工时，将渗水较大的排水孔采用钢管引至边墙排出。

4. $1+007.00\sim1+020.00$ 断层塌方及处理

施工中 $1+007.00$ 处沿断层（挤压破碎带：$N10°E\sim N10°W/NW\sim SW\angle70°\sim75°$，

与洞轴线小角度相交，带宽大于 2m）发生较大规模塌方，塌腔高大于 5m，塌方影响范围延伸至 1+020.00m，围岩总体为 V 类。施工中采用钢支撑加强支护处理。

5.5.3　封堵段渗漏工程地质问题

长河坝水电站两岸山体挖空率高，有较多隧洞与库水相连，封堵段较多，据统计，各类堵头达 79 个。其中有相当部分为挡水堵头，最大挡水水头达 210m（初期导流洞堵头）。挡水封堵段除了常规抗滑稳定问题外，堵头渗漏问题也是突出问题。库水易沿连通水库及堵头上下游的导水构造（如断层及裂隙）产生渗漏。一般断层能通过隧洞开挖揭示、地质分析确定，堵头段尽量避开断层段。岩体内裂隙闭合时，对渗水无影响，而当裂隙张开且连通率高时，易产生渗漏。封堵段多位于山体内，埋深大，处于微新岩体内，岸坡卸荷对堵头段裂隙影响不大。反而隧洞开挖后，由于围岩洞室开挖爆破存在一定的松动圈，松动圈内围岩结构面多张开，库水易沿着松动圈内张开节理裂隙、断层等产生渗漏。对渗漏影响较大的松动圈范围一般为 2 倍洞身开挖半径（从洞壁往里计算），如中导洞堵头段开挖半径为 4.5～6.5m，钻孔 8～10m 后声波波速较大（图 5.5-3），孔深 6～12m 灌前压水值一般仍达 10～30Lu，孔深 12m 后一般为 2～4Lu。因此堵头段灌浆深度至少进入围岩深度 1 倍洞身开挖宽度，否则会产生较大渗漏。

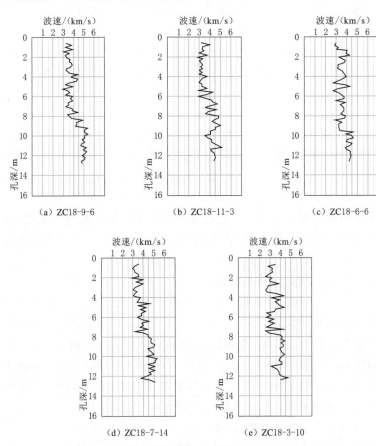

图 5.5-3　中期导流洞堵头段灌前声波波速图

下面以长河坝水电站金康隧洞封堵段为例进行说明。

金康隧洞永久堵头位于左岸山体内，地下厂房上游，其封堵水头达186.4m，其封堵质量直接影响厂房安全。根据开挖揭示，该段洞室岩体新鲜，较完整，未见渗滴水，洞室整体稳定，局部受裂隙组合形成不稳定块体，稳定性差，易产生掉块，总体为Ⅲ类偏好。封堵段洞身开挖宽度约11m，有盖重固结灌浆深度深入岩体达10m。同时堵头下游段为过梆梆沟段且存在垂直河流的裂隙密集带，其渗水情况受地表降水及梆梆沟影响明显，洞壁渗水表明该部位存在一定的渗漏通道。蓄水后走向与大渡河近于垂直陡倾裂隙密集带，易成为库水向金康隧道渗漏的通道，加之近SN走向的陡倾 J_7 等裂隙发育，相互切割形成通向堵头下游的渗漏通道，该部位存在渗水量较大的可能。为避免该段渗水对厂房存在安全隐患，对该部位进行固结灌浆处理，采用21排入岩10m、间排距约3m×3m，梅花形布置，每排周圈11孔的无盖重固结灌浆，以降低蓄水后渗水量增加的风险。

最终该永久堵头未发生明显渗漏，封堵效果良好。

第6章
300m 超高工程岩质边坡变形 稳定性研究与处理

6.1 超高岩质边坡勘察方法

长河坝工程规模大，地处川西高原、高山峡谷地区，谷坡陡峻，浅表部岩体卸荷强烈，长大裂隙和顺坡结构面发育，强卸荷岩体普遍张开，结构面锈染强烈。部分岩体浅表部卸荷松弛明显，为松动岩体。长河坝工程边坡多为高边坡、规模大，共有 6 个边坡坡高大于 300m，且多位于强卸荷带内，边坡稳定问题突出，尤其是强卸荷高陡边坡以及强卸荷、松动岩体边坡，有必要进行深化研究工作。成都院联合成都理工大学、四川大学开展 7 个专题研究。其中与成都理工大学联合开展了各工程边坡地质条件、天然边坡、工程边坡稳定性研究；与四川大学进行了电站进水口、开关站、左坝肩、右坝肩、泄洪系统进水口、泄洪系统出水口共 6 个边坡稳定性专题研究。先开展了强卸荷高陡边坡地质条件研究（包括松动岩体）；后进行边坡稳定性研究，包括极限平衡法及利用 DDA、二维及三维 FLAC 有限元等数值分析法，并对边坡进行局部块体稳定搜索，增加随机支护。通过研究解决了强卸荷及松动岩体超高边坡工程地质问题，成功地对枢纽区超高岩质边坡进行了设计优化，降低了开挖高度，保留了大量强卸荷岩体及部分松动岩体，节约了投资及工期，并确保了边坡稳定。

本项研究充分发挥成都院高陡强卸荷边坡勘察设计经验及优势，联合国内顶尖科研院所进行稳定性定性、定量分析及监测反馈分析，遵循"地质过程机制分析－量化评价"的学术思想。在充分收集地质及监测资料的前提下，采用原型调研与室内分析相结合、工程地质与岩体力学相结合、模式分析与模拟研究相结合、层次分析与系统评价相结合、几何分析与力学分析相结合、稳定性定性分析与定量计算相结合的思路，重点对坝址区工程边坡的工程地质条件、变形破坏模式和边界条件等基本问题开展深入研究；对工程边坡的整体稳定性和局部稳定性进行分析与评价，并提出处理措施建议。

1. 强卸荷高边坡地质条件研究

（1）边坡地质结构。主要研究边坡的地形地貌、物质组成和边坡岩体的赋存环境条件及其相互关系。地形地貌特征包括河流阶地、水系格式、边坡形态等；物质组成包括地层岩性、地质构造、节理裂隙体系；边坡岩体赋存环境包括地应力场、水文地质条件；边坡表生改造作用包括风化卸荷、物理地质现象分布特征；综合研究各种因素之间的相互成因关系；建立边坡地质演化模型和地质结构模型。

（2）优势结构面及边坡坡体结构。在边坡地质结构研究基础上，分析甄别边坡优势结构面，特别是那些影响边坡稳定的优势结构面，即边坡岩体中先前存在的、与边坡临空面不利组合、可能构成变形滑动的弱面，如地层层面、软弱夹层、断层、卸荷节理等；建立坡体结构模型，从而确定边坡可能变形破坏的模式和类型，为边坡稳定性分析和加固设计提供地质依据。

（3）岩体及滑移优势结构面地质参数。通过室内和现场试验、工程类比和模型反分析等方法综合研究岩体和优势结构面的物理力学参数；对于可能构成滑动面的结构面要进行细致的地质研究，产状的稳定性、延展长度、结构面物质组成等；综合研究提出地质参数建议值。重点侧重松动岩体结构、物理力学特征研究。

2. 稳定性分析方法及其控制标准研究

在坝址区河谷边坡演化模式研究基础上，通过边坡岩体变形破裂形迹及岩体结构分析，确定工程边坡稳定性评价的边界条件、可能的失稳方式、规模、范围和部位等；采用地质定性分析及定量计算，包括极限平衡法，利用 DDA、二维及三维 FLAC 有限元等数值分析法等及局部块体稳定搜索计算，分别从整体稳定性和局部稳定性两方面评价边坡在各种工况下的稳定性。

3. 边坡监测及反馈分析

边坡设计仅仅是对边坡条件和稳定状况的一种预测，不可能真实反映边坡的实际情况，诸多不确定因素影响边坡的变形行为，在开挖过程中往往会出现与预测偏离的情况，做好监测和监测分析是提高边坡认识和安全设计的重要环节；通过监测资料反馈分析、调整分析模型和岩体参数，可完善加固设计方案；通过基于监测资料的预警预报分析，可及时调整施工方式和支护措施，实现边坡工程的动态施工。

4. 工程边坡处理措施研究

在边坡稳定性工程地质研究基础上，根据边坡工程地质条件、变形破坏模式及稳定性状况等，提出相应的工程处理措施，并根据揭示地质条件动态调整，对边坡进行设计优化。

6.2 岩体及结构面工程地质特性

针对坝址区的地层岩性、风化卸荷、断裂裂隙发育程度以及岩体结构特征等，长河坝工程对枢纽区岩体物理力学特性进行统一的试验研究工作，开展了各类岩体和结构面现场原位变形试验、抗剪强度试验，岩体地应力（平洞应力解除法和钻孔水压致裂法）测试、岩体声波测试以及室内岩石物理力学试验工作。

1. 岩石物理力学特性

岩石室内物理力学试验（36 组）成果表明，微风化—新鲜的黑云花岗岩干密度为 $2.71 \sim 2.75 \text{g/cm}^3$，平均值为 2.72g/cm^3，小值平均值为 2.72g/cm^3，湿抗压强度为 $87.4 \sim 209 \text{MPa}$，平均值为 137.72MPa，小值平均值为 109.42MPa，弹性模量为 $41.5 \sim 65.5 \text{GPa}$，平均值为 56.03GPa，小值平均值为 51.66GPa；微风化—新鲜的辉长岩干密度为 $2.89 \sim 2.99 \text{g/cm}^3$，平均值为 2.94g/cm^3，湿抗压强度为 $129 \sim 163 \text{MPa}$，平均值为

145.8MPa，小值平均值为 136.33MPa，弹性模量为 $52.9 \sim 57.5$GPa，平均值为 55.55GPa，小值平均值为 54.27GPa；石英闪长岩干密度为 $2.96 \sim 2.98$g/cm^3，湿抗压强度为 $77.3 \sim 129.0$MPa，平均值为 100.81MPa，小值平均值为 91.46MPa，弹性模量为 $43.5 \sim 51.5$GPa，平均值为 47.66GPa，小值平均值为 46GPa。试验成果反映出花岗岩、石英闪长岩、辉长岩岩石致密坚硬，力学强度高，为坚硬岩。

2. 岩体物理力学特性

现场岩体变形试验（19 组）反映出，花岗岩强卸荷弱上风化带内岩体和Ⅳ类岩体包络线模量 $E_0 = 1.89 \sim 7.76$GPa，平均值为 5.63GPa，小值平均值为 1.89GPa，最大一级压力（$P = 5$MPa）变形模量 $E_0 = 7.7 \sim 8.9$GPa，弹性模量 $E = 11.2 \sim 14.6$GPa；弱卸荷弱下风化带内岩体和Ⅲ类岩体包络线模量为 $E_0 = 6.25 \sim 21.4$GPa，平均值为 11.76GPa，小值平均值为 8.72GPa，最大一级压力（$P = 5$MPa）变形模量 $E_0 = 14.3 \sim 23.5$GPa，弹性模量 $E = 18.9 \sim 35.5$GPa；微新岩体和Ⅱ类岩体包络线模量为 $E_0 = 21.33 \sim 34.9$GPa，平均值为 30.63GPa，小值平均值为 24.65GPa，最大一级压力（$P = 5$MPa）变形模量 $E_0 = 34.2 \sim 37.9$GPa，弹性模量 $E = 42.2 \sim 58.4$GPa。辉长岩弱卸荷弱风化岩体和Ⅲ类岩体包络线模量为 $E_0 = 21.1$GPa，最大一级压力（$P = 5$MPa）变形模量 $E_0 = 21.1$GPa，弹性模量 $E = 29.0$GPa；微新岩体和Ⅱ类岩体包络线模量为 $E_0 = 35.2 \sim 41.9$GPa，最大一级压力（$P = 5$MPa）变形模量 $E_0 = 40.3 \sim 44.7$GPa，弹性模量 $E = 53.6 \sim 75.4$GPa。闪长岩强卸荷弱上风化带内岩体和Ⅴ类岩体包络线模量 $E_0 = 0.68$GPa，Ⅳ类岩体包络线模量 $E_0 = 1.59$GPa；弱卸荷弱风化岩体和Ⅲ类岩体包络线模量 $E_0 = 8.67 \sim 13.8$GPa，小值平均值为 9.25GPa。

岩体强度指标总体较高，但受风化卸荷、岩体结构控制，不同岩性也存在一定差异，辉长岩高于花岗岩，花岗岩高于闪长岩。

3. 结构面和岩体抗剪的力学特性

按刚性结构面、软弱结构面（夹泥型和岩块岩屑型）和微新岩体进行 17 组现场大剪试验（5 点法），试验结果：花岗岩体中的刚性结构面抗剪断强度 $f' = 0.60 \sim 0.67$，平均值为 0.64，小值平均值为 0.60，$c' = 0.02 \sim 0.11$MPa，平均值为 0.05MPa，小值平均值为 0.025MPa；抗剪强度 $f = 0.48 \sim 0.64$，平均值为 0.57，小值平均值为 0.48，$c = 0$MPa；夹泥型软弱结构面抗剪断强度 $f' = 0.45 \sim 0.52$，平均值为 0.48，$c' = 0 \sim 0.10$MPa，平均值为 0.05MPa；抗剪强度 $f = 0.45 \sim 0.48$，平均值为 0.46，$c = 0$MPa。石英闪长岩体中的岩块岩屑型软弱结构面抗剪断强度 $f' = 0.56 \sim 0.61$，$c' = 0.23 \sim 0.42$MPa；抗剪强度 $f = 0.56 \sim 0.59$，$c = 0.19 \sim 0.28$MPa。新鲜花岗岩体（Ⅱ类）抗剪断强度 $f' = 1.62 \sim 1.71$，平均值为 1.66，$c' = 1.86 \sim 4.35$MPa，平均值为 3.105MPa；抗剪强度 $f = 0.99 \sim 1.46$，平均值为 1.225，$c = 0.97 \sim 1.31$MPa，平均值为 1.14MPa；弱风化花岗岩体（Ⅲ类）抗剪断强度 $f' = 1.04 \sim 1.79$，平均值为 1.53，小值平均值为 1.2，$c' = 2.04 \sim 2.7$MPa，平均值为 2.16MPa；抗剪强度 $f = 0.97 \sim 1.34$，平均值为 1.16，小值平均值为 0.98，$c = 1.89 \sim 2.5$MPa，平均值为 2.11MPa；弱风化闪长岩岩体（Ⅲ类）抗剪断强度 $f' = 1.58$，$c' = 3.73$MPa；抗剪强度 $f = 1.46$，$c = 2.63$MPa；新鲜辉长岩体（Ⅲ类）抗剪断强度 $f' = 1.06$，$c' = 1.05$MPa，抗剪强度 $f = 0.90$，$c = 0.3$MPa。

4. 断层带的物理力学特性

贯穿上下游的断层带在坝区右岸分布有 F_0 和 F_9 2 条，物理性质试验表明，其 P_5 含量在 50% 左右，断层带以糜棱岩和角砾岩为主，结构较紧密；现场大剪试验表明，其力学指标与岩屑夹泥型结构面相近；现场原状样渗透和管涌试验成果表明，断层带具强透水性，渗透系数为 $2.89 \times 10^{-2} \sim 3.57 \times 10^{-2}$ cm/s，临界坡降为 $1.25 \sim 1.69$，破坏坡降大于 37.5。

根据试验成果、野外勘察成果及工程地质类比，坝基岩体质量分类、坝基岩体物理力学指标及坝区结构面力学参数建议值分别见表 6.2-1、表 6.2-2、表 6.2-3。综上，坝区岩石坚硬，岩体较完整，强度和抗变形指标较高，具有良好的工程地质特性。

表 6.2-1　　　　　　　　　　　坝基岩体质量分类表

| 岩体类别 | 岩石名称 | 岩石湿抗压强度 R_b/MPa | 岩体结构 | 岩体完整性 | | | 结构面 | | | | | 嵌合程度 |
				RQD	V_p/(m/s)	K_v均值	间距/m	组数	延伸长度	张开度	充填物	
II	微新花岗岩、辉长岩、石英闪长岩体	100~140	块状结构为主，少量次块状和整体状结构	75~85	5000~5500	0.6~0.75	0.6~1.0	1~2	一般 5~10m，少量大于 30m	闭合	无	紧密
III	弱卸荷、弱风化花岗岩、辉长岩、石英闪长岩体	60~80	次块状结构为主，少量块状和镶嵌结构	50~75	3500~4500	0.3~0.5	0.4~0.6	2~3	一般 3~5m，少量大于 10m	普遍微张	钙、泥膜	较紧密
IV	强卸荷、弱上风化岩体、裂隙密集带岩体	40~50	块裂结构为主少量碎裂结构	30~50	2500~3500	0.15~0.35	0.2~0.4	3~4	一般 3~5m，部分大于 10m	普遍张开 1~5mm	泥、泥膜、岩屑	较松弛
V	断层破碎带、挤压破碎带、强风化（夹层）	5~15	碎裂散体结构	0	>2500	>0.15			大于 50m		断层泥、岩屑、角砾	松弛

表 6.2-2　　　　　　　　　　　坝基岩体物理力学参数建议值表

| 岩体类别 | 天然密度 ρ/(g/cm³) | 单轴湿抗压 R_w/MPa | 变形模量 E_0/GPa | 泊松比 μ | 抗剪（断）强度 | | 抗剪强度 | | 边坡比 |
					f'	c'/MPa	f	c/MPa	
II	2.70	100~140	15~20	0.25	1.2~1.3	1.5~1.8	0.90~1.0	0	1:0.3
III	2.65	60~80	8~10	0.30	1.0~1.2	1.0~1.5	0.8~0.9	0	1:0.5
IV	2.60	40~50	1~3	0.35	0.55~0.8	0.3~0.5	0.45~0.65	0	1:0.75
V	2.2~2.5	5~15	≤1	>0.35	0.35	0.05	0.3	0	1:1.25

表 6.2 - 3　　　　　　　　　　　坝区结构面力学参数建议值表

结构面类型		结构面抗剪断力学参数		结构面抗剪力学参数	
		f'	c'/MPa	f	c/MPa
刚性结构面	硬接触	0.55～0.65	0.10～0.15	0.50～0.55	0
软弱结构面	岩块岩屑	0.45～0.50	0.10～0.15	0.40～0.45	0
	岩屑夹泥	0.40～0.45	0.05～0.07	0.35～0.40	0

6.3　左右坝肩工程边坡稳定性分析与处理

6.3.1　坝肩边坡前期勘察研究

左岸坝肩岸坡整个坡段总长约 900m，总体为南北走向，倾向西，岸坡呈上缓下陡，以高程 1650m 为界，其上坡度一般为 45°～50°，其下坡度为 60°～65°（图 6.3 - 1）。坝肩大部分基岩裸露。

右岸坝肩岸坡总长约 900m，岸坡总体为南北走向，倾向东。右岸坝肩边坡总体呈台阶状（图 6.3 - 2），坡度整体变化不大，但在 1630m 左右和 1720m 高程有一较明显的缓坡地貌（坡度约 30°），1630m 高程以下坡度为 45°～55°，1630～1720m 高程坡度为 50°～65°。本段岸坡除笔架沟下部斜坡堆积有崩坡积体，其余地段基岩均裸露。

图 6.3 - 1　左坝肩地貌及结构特征

图 6.3 - 2　右坝肩台阶状地貌特征

1. 左坝肩边坡岩体结构特征

岸坡由元古界澄江—晋宁期花岗岩（$\gamma_{02}^{(4)}$）组成，岩性以浅灰色、灰白色块状花岗岩为主，夹少量灰色石英闪长岩和深灰色辉长岩团块。边坡中断层不发育，主要在左坝肩横 I - 1 线一带发育一条 NE 向的 f_{21} 断层，是左坝肩边坡主要的控制性结构面。边坡中裂隙较发育，主要可见如下几组（表 6.3 - 1），总体上裂隙延伸长，间距较大。

表 6.3-1   **左坝肩裂隙发育统计表**

组别	产　状	性　状　特　征	与岸坡关系
J_3	N20°～50°E/NW∠45°～65°	稍起伏、稍粗糙；延伸一般数十米，间距为 2～5m	为倾坡外偏上游的中陡倾角裂隙
J_1	N20°～40°E/SE∠25°～35°	裂面平直、稍糙；延伸一般为 50～100m，个别延伸达 200～300m，间距一般为 5～10m，局部为 1～2m	倾坡内偏下游的缓倾角裂隙
J_5	N65°～75°E/NW∠70°～75° (70°)	较平直、粗糙，单条延伸 10～20m 左右，间距为 1～5m	倾坡外偏上游的倾角裂隙
J_4	N65°～85°W/NE（SW）∠70°～85°	较平直、粗糙，常成带密集产出，单条延伸 20m 左右，断续延伸 100～150m，间距为 1～5m	与岸坡近于垂直
J_2	N25°～45°E/SE∠50°～65°	稍起伏、粗糙，延伸 30m 至上百米，间距为 2～5m	陡倾坡内裂隙发育

其中以 J_3、J_1、J_5 组最为发育，J_3 组可以小断层（f_{21}、f_{24}）或密集带的形式发育，为左坝肩最发育裂隙；J_2 组裂隙在中上部边坡部位发育密度相对较大，间距 2m 左右，下部相对稀疏，间距达 5～10m；J_4 组裂隙发育相对稀疏，但常以密集带形式产出。

上述裂隙发育特征显示，左坝肩边坡中上部位主要为受多组裂隙切割，且主要受 J_5 组裂隙控制的中陡倾坡内的似板状结构，下部边坡则主要呈块状结构。

2. **右岸坝肩边坡岩体结构特征**

右岸岸坡大致以 1660m 高程为界，以下为浅灰色、灰白色块状中粒黑云母花岗岩，以上为灰色石英闪长岩；右坝肩边坡部位断层不发育，主要可见 F_0、F_9 断层，F_0 产状为 N35°～55°E/NW∠50°～55°，主断带宽 0.4～1.2m，由糜棱岩、断层泥组成，挤压紧密，两侧影响带由压碎岩和构造透镜体等组成，影响带宽度上盘 1～2m，下盘 8～10m，影响带中派生小断层、挤压破碎带、节理较发育，岩体破碎。F_9 断层与 F_0 断层近于平行，产状为 N30°～50°E/NW∠60°～65°，主断带宽 0.4～1.0m，由糜棱岩、断层泥、构造透镜体等组成，挤压紧密，两侧影响带中派生节理较发育，岩体相对破碎，两侧影响带宽度各 3～5m。边坡中裂隙较发育，主要可见 J_2、J_1、J_9、J_5、J_3、J_4 组（表 6.3-2）。但其发育间距较大，单条裂隙延伸长是其特点。

其中以 J_2、J_5、J_1、J_9 组最为发育，J_1 组裂隙延伸长大，尤其在下部高程，对边坡的稳定性起重要控制作用；J_4 组裂隙主要发育于 F_0 断层以上高程。

上述裂隙发育特征显示，右坝肩边坡主要为受多组裂隙切割形成的块状结构。

表 6.3 - 2　　　　　　　　　　　　右坝肩裂隙发育统计表

组别	产状	性状特征	与岸坡关系
J_2	N20°～45°E/SE∠45°～65°	起伏、粗糙，延伸上百米，间距为 10～15m	顺坡陡倾裂隙
J_1	N10°～30°E/SE∠25°～35°	较平直、稍糙，延伸一般为 50～100m，间距一般为 10～20m，局部为 1～2m	顺坡微偏下游缓倾角裂隙
J_9	EW/N∠10°～20°	平直、稍糙，延伸 30m 左右，间距为 2～3m	倾坡内偏上游缓倾角裂隙
J_5	N60°～75°E/NW∠70°～75°	较平直、粗糙，单条延伸为 10～20m，间距为 1～5m	倾坡内偏上游的陡倾角裂隙
J_3	20°～40°E/NW∠45°～65°	较平直、稍糙，延伸一般为 30～50m，个别以密集带产出，延伸大于 50m，间距约为 60m，带内间距 1～3m	陡倾上游偏坡内裂隙
J_4	N60°～85°W/NE（SW）∠70°～85°	较平直、粗糙，延伸为 100～150m，间距为 1～5m，局部密集	与岸坡近于垂直

6.3.1.1　坝肩边坡整体稳定性地质分析

长河坝水电站坝肩岸坡主要由花岗岩和石英闪长岩组成，岩石致密坚硬，抗风化能力强，风化作用主要沿裂隙进行，岩体风化总体较弱，浅表部位岩石总体呈弱风化，岩体卸荷较强，强卸荷底线左岸为 24～46m，右岸为 14～36m，弱卸荷底线左岸为 35～96m，右岸为 36～69.5m。

1. 左坝肩边坡稳定性地质分析

左岸斜坡的变形破坏迹象显示，除高高程的 XPD06 平洞具有相对较强的倾倒拉裂变形外，中低高程的 XPD04、XPD02、XPD10 平洞均变形较弱，仅浅部有强度不大的倾倒或滑移拉裂变形；地表局部也仅可见由滑移拉裂变形和倾倒拉裂形成的规模较小的变形体。控制性结构分析表明，左岸坝肩 f_{21} 断层处于心墙部位，对斜坡的整体稳定性具有重要的控制作用，但由于 f_{21} 断层与斜坡斜交，向上游切入坡内，总体越向上游斜坡的稳定性越好；调查显示，f_{21} 断层无明显的变形迹象，其上盘岩体因下游侧侧向临空具有一定的旋转滑移拉裂变形，形成 NWW 或近 EW 向的拉裂缝，但总体上变形强度不大（表 6.3 - 3）。

上述说明左岸坝肩自然边坡的整体稳定性较好，处于基本稳定—稳定状态，且边坡的稳定性具有上游较下游好的特点，f_{21} 等 NE 向断层近断层出露部位的上盘岩体稳定性较差，一定范围内的斜坡处于潜在不稳定—基本稳定状态。

根据坝肩边坡的开挖方案，开挖坡比与自然坡比接近，仅挖除表部Ⅳ类岩体，边坡开挖对边坡的稳定性无重大的改变。此外，f_{21} 断层上盘浅沟地貌显示，当 f_{21} 断层离坡面距离小于 30m 时，斜坡有失稳的可能，据坝轴线的地质开挖剖面图，f_{21} 断层距离坡面已近 100m，说明左岸坝肩坝轴线上游工程边坡的整体稳定性较好，坝轴线下游 f_{21} 断层离开挖坡面距离小于30m部位的工程边坡有失稳的可能。

表6.3-3   坝肩边坡整体稳定性地质分析评价表

地质条件		左　岸	右　岸
坡型坡高	自然边坡	总体走向呈南北向，倾向西，1650m高程以上坡度为45°～50°，其下坡度为60°～65°；与斜坡近于垂直的浅沟较发育	总体走向呈南北向，倾向东，1630m高程以下坡度为45°～55°，1630～1720m高程坡度为50°～65°；横Ⅰ-2线下游斜坡台阶状地貌明显，该线上游受笔架沟等切割，斜坡不规则，斜坡陡峻，局部两面临空
	工程边坡	最大开挖坡高281m，1557m高程以上开挖坡比为1：0.95，1557m高程以下开挖坡比为1：0.6	最大开挖坡高295m，整体开挖坡比为1：0.664
岩性		花岗岩	以NE向F_0断层为界，下盘为花岗岩，上盘为石英闪长岩
风化卸荷		岩体呈弱风化—微新，卸荷作用较强，尤以坝轴线—带高高程—带最强。强卸荷水平深度为24～46m，弱卸荷为35～96m	岩体呈弱风化—微新，卸荷作用较强，尤以上游靠近笔架沟高高程—带最强。强卸荷水平深度为14～36m，弱卸荷为36～69.5m
岩体结构	结构类型	以次块—块状为主，局部镶嵌结构，高高程呈板裂结构	以次块—块状为主，局部镶嵌结构
	控制结构	f_{21}、f_{24}、f_{23-2}、f_{20}、f_{22}等断层	F_0、F_9、g_{13-1}、g_{13-2}、NE向小断层等
水文地质条件		地下水不丰富，多数洞段干燥，表部局部地段滴水、线状流水	大部分洞段干燥、个别地段滴水
岩体质量		以Ⅱ级、Ⅲ级岩体为主，占70.1%	以Ⅱ级、Ⅲ级岩体为主，占76.7%
变形破坏迹象及其破坏模式		受J_2、J_7组中陡倾坡内板状结构控制，斜坡总体具一定倾倒变形，以坝前卸荷拉裂岩体最为明显；上部斜坡倾倒变形相对较下部斜坡，坝轴线—带高高程变形深度可达96m左右；此外，受f_{21}、f_{24}等NE向断裂控制，断层上盘岩体具有一定的旋转滑移拉裂变形，形成NWW向拉裂缝。斜坡破坏模式主要为倾倒—滑移拉裂型及沿f_{21}、f_{24}断层的旋转滑移拉裂型	地表主要表现为沿J_1、J_2结构面组合发生滑移拉裂破坏形成的台阶状地貌，可见小规模滑移拉裂变形体；平洞揭示，斜坡内部变形总体不大，主要表现为沿顺坡陡倾角结构面拉裂变形及沿顺坡缓倾角结构面的剪胀，斜坡变形总体上具有上游较下游强、高高程较低高程强的特征；斜坡的破坏模式主要为滑移拉裂型
自然边坡稳定性		整体处于基本稳定—稳定状态；f_{21}断层上盘一定范围斜坡处于潜在不稳定状态	整体处于基本稳定—稳定状态
工程边坡稳定性		大部分坡段整体处于基本稳定—稳定状态，f_{21}断层上盘一定范围（坝轴线下游），若开挖面距断层面距离小于30m，边坡有失稳的可能	边坡整体处于基本稳定—稳定状态，坝顶一带边坡切脚部位，有块体失稳的可能，但规模较小

2. 右坝肩边坡稳定性地质分析

右岸斜坡的变形破坏迹象见表 6.3 - 3，斜坡总体上变形强度不大，除高高程的 XPD05 平洞、中高程 XPD13 平洞及低高程 XPD11 平洞浅表部具有一定的变形迹象外，XPD01 平洞、XPD03 平洞均变形轻微，地表局部也仅可见由滑移拉裂、滑移压致拉裂及滑落形成的规模较小的变形体。对右岸控制性结构分析表明，虽然右岸坝肩出露 F_0、F_9 2 条Ⅲ级结构面，性状也较差，但由于其倾向坡内，对边坡稳定性影响不大；平洞内揭露的小断层或挤压带性状一般较好，除 g_{13-1}、g_{13-2} 等 NNE 向顺坡缓倾角挤压带或小断层可构成一定规模的滑移拉裂块体外，一般不构成整体失稳的边界条件；笔架沟一带的崩坡积物现今整体较稳定，未见明显的拉裂迹象。上述表明，右岸坝肩自然边坡的整体稳定性较好，处于稳定状态。

右坝肩边坡的稳定性主要受 J_1 组倾坡外的中缓倾角长大裂隙控制，形成潜在底滑面，以 J_2 组中陡倾角顺坡裂隙为后缘切割面加之近 EW 向的 J_4、J_5 组裂隙的切割，在边坡上形成台阶状的地貌形态。边坡除上述滑移拉裂型局部块体破坏外，还可以在局部（主要在上游侧陡坡部位）形成滑落和滑移压致拉裂破坏。滑落体主要由 J_2、J_9、J_4 3 组裂隙切割构成，其中 J_9 组裂隙构成滑落体的顶部割裂面，J_2 组裂隙构成滑落滑移面，J_4 组裂隙构成侧向割裂面。滑移压致拉裂型破坏主要沿 J_4 组结构面发生，上游方向因形成侧向临空而形成。鉴于上述均为Ⅴ级结构面的组合，影响开挖边坡的表浅局部稳定，应予以重视，并采取相应的处理措施。

右坝肩工程边坡开挖量不大，根据坡比设计，边坡的开挖不会对其稳定性产生明显不利影响，工程边坡的整体稳定性较好。但在坝顶上部边坡有部分切坡，坡度相对较陡，小断层、挤压带及长大顺坡裂隙，在工程开挖揭露条件下，相互组合可构成具有一定规模的不稳定块体。

6.3.1.2　坝肩边坡稳定性刚体极限平衡计算

1. 左坝肩边坡稳定性计算

（1）自然边坡稳定性计算。

1）计算模型建立。左坝肩选取横Ⅰ-1 剖面和横Ⅰ-2 剖面作稳定性计算断面。根据前述边坡的岩体结构及变形破裂模式，左岸边坡以 f_{21} 及其同组的断层或长大裂隙为底滑面，以与 J_2 组同组的断层作后缘拉裂面进行建模。

横Ⅰ-1 左岸坝肩建模分析。主要以 f_{21} 断层、强卸荷线及平洞变形强烈的 J_3 组缓倾角裂隙作底滑面，以与 J_2 组裂隙同组的软弱结构面（f_{06-5}、f_{06-1}、f_{20}）、长大裂隙 CJ（根据高程不同分为上 CJ，下 CJ）以及各平洞变形强烈的陡倾拉裂缝作后缘拉裂面进行建模。可能的控制面及组合模式见表 6.3 - 4。

横Ⅰ-2 剖面左岸坝肩建模分析。根据前述变形破坏特征分析，左坝肩破坏是以 J_2 组裂隙作后缘拉裂倾倒面，追踪 J_3 组裂隙滑移而破坏。故模型的建立主要以与 J_2 结构面同组的各软弱结构面（f_{17}、f_{22}、f_{20}）作后缘拉裂面，以强卸荷线、f_{21} 断层、XPD10 平洞 18m 左右形成的弯曲拉裂缝 L_1 和 32m 处的拉裂缝（即强卸荷底线）变形作底滑面进行稳定性计算。左坝肩自然边坡可能的控制面及组合模式见表 6.3 - 4。

表 6.3-4 左坝肩自然边坡可能的控制面及组合模式一览表

位置	编号	产 状	性 状	组合模式	备注
横I-1剖面	f_{21}	N20°～50°E/NW∠50°～60°	延伸长度大于200m，带宽0.01～0.2m，可见碎块、糜棱岩，充填石英脉	(1) f_{21}+强卸荷底线； (2) CJ+f_{21}+强卸荷底线； (3) XPD02（D_1）+f_{21}+强卸荷岩体； (4) CJ+强卸荷岩体； (5) f_{06-1}+强卸荷岩体； (6) f_{06-5}+强卸荷岩体； (7) XPD06（D_1+H_1）	主要以J_4组裂隙作为侧向割裂面
	CJ	N30°E/SE∠55°	稍起伏、粗糙，延伸30m至上百米，间距为2～5m		
	D_1（XPD02）	N16°W/NE∠86°	中见树根（直径5cm），面上有5cm厚的次生泥，见水平、垂直期擦痕		
	f_{06-1}	SN/E∠63°	带宽为0.01～0.03m，充填碎裂岩、次生泥		
	f_{06-5}	N15°E/SE∠75°	带宽为0.1～0.5m，充填碎裂岩和糜棱岩		
	D_1（XPD06）	N15°E/NW∠73°	稍起伏、稍粗糙；延伸一般数十米，间距为2～5m		
	H_1（XPD06）	N50°E/NW∠26°	为XPD06内发育的张性裂隙，延伸5～10m		
横I-2剖面	H_1	N14°E/NW∠42°	为拉裂缝，起伏、粗糙，延伸5～10m	(1) f_{20}+强卸荷底线； (2) f_{22}+强卸荷底线； (3) f_{17}+H_1； (4) f_{20}+f_{21}+剪断各级岩体； (5) f_{20}+弱卸荷底线	
	f_{17}	N30°E/SE∠60°～70°	延伸长度大于300m，带宽为0.1～0.6m，充填碎裂岩、糜棱岩		
	f_{20}	N20°W/NE∠72°～80°	延伸长度大于100m，带宽为0.01～0.03m，充填碎裂岩、糜棱岩		
	f_{21}	N20～50°E/NW∠50～60°	延伸长度大于200m，带宽为0.01～0.2m，可见碎块、糜棱岩，充填石英脉		
	f_{22}	N15°E/SE∠65°	延伸长度大于100m，带宽为0.1m，充填碎裂岩、糜棱岩和次生泥，局部见树根		

2）稳定性计算结果分析。计算结果表明，左岸横I-1剖面天然及暴雨状况下边坡的整体稳定性较好（稳定系数为1.15～2.0），f_{21}+强卸荷底线组合、（下）CJ+f_{21}+强卸荷岩体、XPD06（D_1+H_1）组合在地震工况下处于潜在不稳定状态（稳定系数为0.95～1.05），说明f_{21}断层控制着边坡的整体稳定性，边坡的浅表部在不利工况下有局部块体失稳的可能。

左岸横I-2剖面天然及暴雨工况下边坡的整体稳定性较好（稳定系数为1.2～1.8），f_{20}+强卸荷底线组合和f_{22}+强卸荷底线组合在地震工况下处于潜在不稳定状态（稳定系数为1.0～1.02），这主要可能与该区的地震烈度较高有关，地震的影响非常敏感。

（2）工程边坡稳定性计算。按设计方案，左岸坝肩心墙开挖边坡走向 N8°E，倾向北西，底宽 125.7m，顶宽 16.0m；自大坝建基面 1457m 高程起至 1557m 高程，开挖坡比为 1：0.6，1557m 高程至坝顶 1697m 高程开挖坡比为 1：0.95，坝顶以上坡高约 41m，左岸坝肩心墙开挖边坡总高度为 281m。开挖边坡以上自然边坡坡度为 25°～45°，自然坡高 600～800m。

1）计算模型的建立。选取横Ⅰ剖面、横Ⅰ-1 左岸剖面及施工详图阶段枢纽布置比较方案一坝轴线横Ⅰ-2 剖面进行稳定性计算。此外，为了验证 f_{21} 断层对左岸坝轴线下游边坡的影响，取横Ⅰ-1 和横Ⅰ-2 之间的横Ⅰ-6 剖面进行稳定性计算，该剖面 f_{21} 断层离开挖线最近处为 25m。

计算模型主要依据前述岸坡倾倒－滑移拉裂破坏模式建立，主要以 J_3 组为底滑面，以 J_2 组同组的 f_{20}、f_{22}、f_{17} 等为后缘拉裂面，可能的控制面及组合模式见表 6.3-5。

表 6.3-5　　　　　　左坝肩工程边坡可能的控制面及组合模式一览表

位置	编号	产状	性状	组合模式	备注
横Ⅰ剖面	f_{24}	N40°～60° E/NW∠50°～66°	延伸长度大于 400m，带宽为 1.5～2.0m，片状岩、碎裂岩、糜棱岩和石英脉	（1）f_{24}，剪断强卸荷岩体（Ⅳ类）；（2）f_{24}，剪断Ⅱ类、Ⅲ类、Ⅳ类岩体	
横Ⅰ-1 剖面	f_{06-1}	SN/E∠63°	带宽为 0.01～0.03m，充填碎裂岩、次生泥	（1）f_{06-1}＋强卸荷线，剪断强卸荷岩体（1580m 高程）；（2）f_{06-5}＋强卸荷线；（3）XPD06 洞 36m（陡 L_1＋强卸荷线）；（4）f_{06-5}＋弱卸荷线，剪断岩体；（5）f_{06-1}＋弱卸荷线，剪断岩体	
	f_{06-5}	N15° E/SE∠75°	带宽为 0.1～0.5m，充填碎裂岩和糜棱岩		
	陡 L_1（XPD06）	N15° E/NW∠73°	稍起伏、稍粗糙；延伸一般数十米，间距为 2～5m		以 J_4 组裂隙为侧向割裂面
坝轴线坡剖面（横Ⅰ-2）	H_1	N14° E/NW∠42°	为拉裂缝，起伏，粗糙，延伸 5～10m		
	f_{17}	N30° E/SE∠60°～70°	延伸长度大于 300m，带宽为 0.1～0.6m，充填碎裂岩、糜棱岩	（1）f_{20}＋强卸荷底线；（2）f_{22}＋强卸荷底线；（3）f_{17}＋H_1	
	f_{20}	N20° W/NE∠72°～80°	延伸长度大于 100m，带宽为 0.01～0.03m，充填碎裂岩、糜棱岩		
	f_{22}	N15° E/SE∠65°	延伸长度大于 100m，带宽为 0.1m，充填碎裂岩、糜棱岩和次生泥，局部见树根		
横Ⅰ-6 剖面	f_{21}	N20°～50° E/NW∠50～60°	延伸长度大于 300m，带宽为 0.01～0.2m，碎块、糜棱岩，充石英脉	f_{21}，剪断强卸荷岩体（Ⅳ类）	

2）计算结果分析。由计算结果可见，除横Ⅰ-6剖面外，左岸坝肩开挖边坡极限平衡计算在各工况下稳定性系数均大于1，天然工况下稳定性系数均大于1.4，表明计算剖面处工程边坡的整体稳定性较好，整体处于稳定状态。横Ⅰ-6剖面左岸计算的稳定性系数较低，多小于1，边坡处于不稳定状态，说明f_{21}断层对左岸下游边坡的控制作用很明显，这点与前述地质分析较一致，表明f_{21}断层上盘一定范围内，边坡的稳定性较差。计算结果还表明，对于同一剖面相比自然边坡，工程边坡的稳定系数还有一定程度的提高，这主要是开挖坡比基本等同于自然边坡的坡度，开挖起到了削方减载的作用。

地质分析表明，只有当主要控制性结构面f_{21}断层离开挖坡面深度小于30m时，断层的上盘岩体处于不稳定—潜在不稳定状态。

2. 右坝肩边坡稳定性计算

（1）自然边坡稳定性计算。

1）计算模型的建立。取坝肩右岸剖面横Ⅰ-1及横Ⅰ-2作右坝肩自然边坡稳定性计算。计算模型主要依据前述滑移拉裂破坏模式建立，即主要以J_1组结构面为底滑面，以J_2（J_7）为后缘拉裂面进行建模。

横Ⅰ-1右岸剖面建模分析。滑移面依据平洞浅部变形较强部位的缓倾角裂隙与地表缓倾角裂隙对应确定H_1及f_8（XPD05平洞）。其中，延伸长大的裂隙考虑相应的连通率，f_{05-8}（XPD05平洞）假定延伸至弱卸荷底线，向外为裂隙，与地表裂隙对应，为H_2。根据XPD05平洞陡倾角裂隙的拉裂或软弱结构面与地形陡坎相对应，确定后缘拉裂面为D_2、f_{05-4}（XPD05平洞）、D_1（由外至里），其可能的控制面及破坏模式见表6.3-6。

横Ⅰ-2右岸剖面建模分析。地表调查表明，在横Ⅰ-2剖面部位发育四条延伸较长大的J_1组缓倾结构面，两条沿坎发育的J_2（J_7）组陡倾结构面及根据地形推测的一条陡倾结构面。根据XPD13平洞揭露，部分J_1组缓倾结构面可与平洞内的小断层及挤压带对应。将XPD11、XPD13平洞揭露的较明显拉裂缝考虑进模型中，为方便各模型组合的叙述，将陡倾角裂隙代号为D_1、D_2、D_3…；地表缓倾角裂隙从上至下代号为H_1、H_2、H_3（因底部2条相距较近，仅计算一条），断层、挤压带等按其标号，横Ⅰ-2剖面可能的控制面及组合模式见表6.3-6。

表6.3-6　　　右坝肩自然边坡可能的控制面及组合模式一览表

位置	编号	产状	性状	组合模式	备注
横Ⅰ剖面	D_1	N15°E/SE∠65°	起伏、粗糙、延伸上百米	（1）以1700m陡倾角裂隙为后缘拉裂面，沿强卸荷底线剪断Ⅳ类岩体（2）以1700m陡倾角裂隙为后缘拉裂面，沿f_{01-2}剪断Ⅲ类岩体	
	f_{01-2}	N40°E/SE∠30°~50°	带宽为0.01~0.03m，岩屑、糜棱岩		
横Ⅰ-1剖面	D_1	N3°E/SE∠71°	延伸长大、锈染、微张	（1）D_1+强卸荷底线；（2）f_{05-4}+强卸荷底线；（3）D_2+H_1	主要以J_1组裂隙作为侧向割裂面
	D_2	N25°E/SE∠82°	起伏、粗糙、延伸上百米，间距为10~15m		

119

续表

位置	编号	产状	性状	组合模式	备注
横I-1剖面	H_1	N20°E/SE∠45°	较平直、稍糙,延伸一般为50~100m,间距一般为10~20m	(4) D_2+H_2; (5) $f_{05-4}+H_1$; (6) $f_{05-4}+f_{05-8}+H_2$; (7) D_1+H_1	
	H_2	N38°E/SE∠44°	较平直、稍糙,延伸一般为50~100m,间距一般为10~20m		
	f_{05-4}	N15°E/SE∠85°	裂密带组成,局部充填碎裂岩		
	f_{05-8}	N80°E/SE∠40°	带宽为2~5cm,充填糜棱岩、碎屑岩及石英,局部张开5cm		
横I-2剖面	D_1	N50°E/SE∠85°	起伏、粗糙,延伸上百米,间距为10~15m	(1) D_1+H_1; (2) D_1+H_2; (3) D_2+H_1(未考虑连通率); (4) D_2+H_1(80%连通率); (5) D_3+H_2; (6) $g_{13-1}+g_{13-2}$(原始参数); (7) $g_{13-1}+g_{13-2}$(综合参数); (8) $g_{13-1}+f_{13-5}+H_2$; (9) D_1+g_{13-2}; (10) D_2+g_{13-2}(综合参数); (11) $g_{13-1}+H_1$	主要以J_4组裂隙作为侧向割裂面
	D_2	N25°E/SE∠65°	起伏、粗糙,延伸上百米,间距为10~16m		
	D_3	N5°E/直立	延伸长大、锈染,微张		
	H_1	N25°E/SE∠33°	较平直、稍糙,延伸一般为50~100m,间距一般为10~20m,局部为1~2m		
	H_2	N25°E/SE∠33°	较平直、稍糙,延伸一般为50~100m,间距一般为10~20m,局部为1~2m		
	g_{13-1}	N20°E/SE∠72°	带宽为0.05~0.30m,可见有碎裂岩、糜棱岩、片状岩、石英条带		
	g_{13-2}	N50°E/SE∠30°	带宽为0.05~0.30m,可见有碎裂岩、糜棱岩、片状岩、石英条带		
	f_{13-5}	N50°E/SE∠28°	带宽为0.05~0.20m,由糜棱岩、碎裂岩组成		

2）自然边坡稳定性计算结果分析。由上述计算结果可知，边坡尽管受多条小断层、挤压带或长大节理切割，岩体不利结构面组合较多，但通过计算可得，边坡的整体稳定性较好。

右岸横Ⅰ-2剖面只有 g_{13-1} ＋ g_{13-2} 组合，在结构面完全贯通的情况下稳定性较差，在天然状态下稳定性系数仅为1左右，处于潜在不稳定状态，这与斜坡的变形破裂状况不相吻合，估计该两条挤压带未完全贯通，局部应以裂隙形式产出，因此对其取综合参数进行计算，斜坡处于稳定状态。

浅表部不利结构组合（如 g_{13-1} ＋ H_1 、 D_2 ＋ g_{13-2} ）在不考虑连通率的情况下，在地震工况下，存在块体失稳的可能。在考虑不同连通率（80%、90%）的条件下，浅部块体处于基本稳定状况。

（2）工程边坡稳定性计算。按设计方案，右岸坝肩心墙开挖边坡走向 N8°E，倾向NW，底宽125.7m，顶宽16.0m；自大坝建基面1457m高程起至1528m高程，开挖坡比为1∶0.9，1528m高程至坝顶1697m高程开挖坡比按1∶0.6，坝顶以上开挖坡高约14m，右岸坝肩心墙开挖边坡总高度为254m，开挖边坡以上自然边坡坡度为25°～40°，自然坡高为500～700m。

1）计算模型的建立。选取坝轴线横Ⅰ-1右岸剖面及施工详图阶段枢纽布置比较方案一坝轴线（近同于横Ⅰ-2剖面）进行稳定性计算。计算模型主要依据前述滑移拉裂破坏模式建立，陡倾角裂隙编号为 D_1 、 D_2 ，缓倾角裂隙编号为 H_1 、 H_2 、 H_3 等（表6.3-7）。

表6.3-7　　　　　右坝肩工程边坡可能的控制面及组合模式一览表

位置	编号	产状	性状	组合模式	备注
横Ⅰ剖面	D_1	N15°E/SE∠65°	起伏、粗糙，延伸上百米	（1）以1700m陡倾角裂隙为后缘拉裂面，沿强卸荷底线剪断Ⅳ类岩体；（2）以1700m陡倾角裂隙为后缘拉裂面，沿 f_{01-2} 剪断Ⅲ类岩体	
	f_{01-2}	N40°E/SE∠30°～50°	带宽为0.01～0.03，岩屑、糜棱岩		
横Ⅰ-1工程边坡剖面	陡 L_1	N3°E/SE∠71°	延伸长大，锈染，微张	（1）陡 L_1 ＋强卸荷底线，剪断强卸荷岩体；（2） f_{05-4} （拉裂面）＋强卸荷底线，剪断强卸荷岩体；（3）陡 L_1 ＋缓 L_2 ；（4）陡 L_1 ＋弱卸荷岩体＋ f_{05-1} ；（5） f_{05-4} （拉裂面）＋ f_{05-1} （底滑面）；（6） f_{05-4} （拉裂面）＋弱卸荷底线	主要以 J_4 组裂隙作为侧向割裂面
	缓 L_2	N38°E/SE∠44°	较平直、稍糙，延伸一般为50～100m，间距一般为10～20m		
	f_{05-4}	N15°E/SE∠85°	由裂密带组成，局部充填碎裂岩、糜棱岩		
	f_{05-1}	N70°W/NE∠45°	带宽为0.3～0.5m，充填碎裂岩、糜棱岩和片状岩		

位置	编号	产状	性状	组合模式	备注
横 I-2 工程边坡剖面	D_1	N50°E/SE∠85°	起伏、粗糙，延伸上百米，间距为 10～15m	(1) $D_1＋H_2$（未考虑连通率）； (2) $D_2＋H_1$（未考虑连通率）； (3) $D_2＋H_1$（80%连通率）； (4) $D_3＋H_2$； (5) $g_{13-1}＋g_{13-2}$（综合参数）； (6) $g_{13-1}＋f_{13-5}＋H_2$； (7) $D_1＋g_{13-2}$； (8) $D_2＋g_{13-2}$（综合参数）； (9) $g_{13-1}＋H_1$	主要以 J_4 组裂隙作为侧向割裂面
	D_2	N25°E/SE∠65°	起伏、粗糙，延伸上百米，间距为 10～16m		
	D_3	N5°E/直立	延伸长大，锈染，微张		
	H_1	N25°E/SE∠33°	较平直、稍糙，延伸一般为 50～100m，间距一般为 10～20m，局部为 1～2m		
	H_2	N25°E/SE∠33°	较平直、稍糙，延伸一般为 50～100m，间距一般为 10～20m，局部为 1～2m		
	g_{13-1}	N20°E/SE∠72°	带宽为 0.05～0.30m，可见碎裂岩、糜棱岩、片状岩、石英条带		
	g_{13-2}	N50°E/SE∠30°	带宽为 0.05～0.30m，可见碎裂岩、糜棱岩、片状岩、石英条带		
	f_{13-5}	N50°E/SE∠28°	带宽为 0.05～0.20m，由糜棱岩、碎裂岩组成		

2）计算成果分析。计算成果表明，右坝肩开挖边坡横 I-1 剖面部位，除 $f_{05-4}＋f_{05-1}$ 组合模式外，其余组合模式各工况下稳定性系数均大于 1，而 f_{05-4} 和 f_{05-1} 组合模式在考虑两断层完全交切贯通情况下的计算结果，即便如此，边坡在天然或暴雨情况下均处于稳定—基本稳定状态，仅在地震工况下处于失稳状态。右坝肩开挖边坡坝轴线（同横 I-2）剖面部位，各种组合在天然或暴雨工况下，其稳定性系数均大于 1；一些组合，在地震工况下稳定性系数较小，处于潜在不稳定—极限平衡状态，有失稳的可能，但大多是在平洞揭示的断层、挤压带贯通情况下，综合考虑参数计算而得。边坡可能滑移拉裂块体在天然和暴雨情况下，均处于安全状态；在地震工况下，一些块体处于不安全状态。

总体而言，坝肩工程边坡的整体稳定性较好，处于稳定—基本稳定状态。相比自然边坡的稳定性计算结果，由于上部开挖边坡的坡比比天然坡度略陡，其整体稳定性应比自然边坡略差，但边坡整体也处于基本稳定状态，局部可能会发生滑移拉裂型块体破坏；下部（坝顶以下高程）开挖边坡坡比基本与自然边坡相当，且内部岩体质量较表部好，边坡整体失稳的可能性不大，整体处于稳定状态，仅在地震工况下一些块体处于不安全状态。

6.3.1.3　工程边坡整体稳定性有限元分析

本工程前期勘察还对边坡进行了二维及三维有限元稳定性分析。二维、三维有限元计算所用软件分别为 2D−σ、3D−σ。

1. 二维有限元分析

为了研究工程边坡在开挖中的应力场、位移特征及开挖边坡的稳定性，计算中模拟了边坡逐渐开挖的过程，分析开挖后的边坡的稳定性。

（1）应力场特征。计算结果表明，整个坝肩边坡坡体内的最大主应力以压应力为主，左坝肩最大主应力值为 17.19MPa，其值向临空面不断减小，坡面处量值为 0.72～2.5MPa；右坝肩最大主应力值为 19MPa，坡面处量值也为 0.72～2.5MPa，右坝肩缓倾裂隙与陡倾裂隙相交区域主应力集中，最大值为 15.35MPa。

开挖后，最大主应力在开挖面下降到 0～2.09MPa，在陡缓裂隙相交区域，最大值上升到了 16.7MPa；但由于开挖量相对较小，剪应力在坡体内的变化不大，最大值为 12.8MPa。坡体内的陡缓裂隙都有不同程度的破坏，对于左坝肩边坡，缓倾裂隙基本倾向坡内，对边坡的稳定性影响不大；右坝肩的缓倾裂隙在坡面出露，且裂隙已有不同程度的破坏，对右坝肩的稳定性影响较大。

（2）应变场特征。开挖后，左坝肩边坡的变形位移量较小，坡面 X 方向位移最大值仅为 4mm，Y 方向最大位移值为 12mm；两条缓倾裂隙有轻微的张裂，量值为 2mm；f_{20}、f_{22}、f_{17}、f_{21} 断层上下盘间未发生错动。由位移矢量分析可以得出，开挖后边坡的左坝肩的位移较右坝肩的要小。

开挖后，右坝肩边坡的位移较左坝肩边坡大，坡面 X 方向位移最大值为 4.7cm，Y 方向最大位移值为 2.4cm 左右，靠近坡面的陡倾角裂隙（N35°E/SE∠80°）在斜坡上部两侧的位移差约 5mm，裂隙已张裂，向坡体内裂隙的张裂程度不断减小，故其只对坡口位置的岩体的稳定性产生影响。F_9、F_0 断层上下盘产生了轻微的错动，其值仅为 1mm。由以上位移矢量分析可以得出，开挖后右坝肩边坡受断层以及裂隙的影响，坡体的变形位移量相对较大，该坡面附近边坡的稳定性较左坝肩要差。

（3）潜在破坏区域。由于工程边坡高度较大，计算中未考虑围压效应而调整岩体参数，故坡体端部有较大的屈服区域，但这与实际情况不符，在分析边坡稳定性中未予考虑。

边坡开挖后，左坝肩边坡的破坏区域较小，坡面的破坏接近度 $\eta<0.75$，坡体内 4 条断层的破坏区域都已贯通，但在坡面揭露的 f_{20}、f_{22}、f_{17} 断层都陡倾坡内，f_{21} 断层未在临空面出露，故边坡的稳定性受断层影响较小。该剖面处左侧坝肩边坡的稳定性较高，断层及缓倾裂隙未造成坡体的失稳，边坡保持基本稳定状态。

边坡开挖后，右坝肩边坡的坡体较破碎，尤其是在陡缓裂隙交界处，有较大的破坏区域，但破坏区域并未完全贯通形成滑面；F_9、F_0 断层在坡面出露部位以及坡体深部有破坏区域产生，但未贯通。故该计算剖面部位，右坝肩边坡的稳定性相对较差，尤其是在坡体表部破坏区域产生部位，尽管破坏区域并未贯通，但边坡的安全裕度不大，该部位坡体处于潜在不稳定状态。

由以上二维有限元分析可见，该计算剖面部位，左坝肩边坡的稳定性较高，边坡受裂隙、断层影响较小，边坡的安全系数较高；右坝肩边坡破坏区域较多，故边坡的稳定性相对略差，浅表部局部边坡处于潜在不稳定状态。

2. 三维有限元计算

采用 3D－σ 对整个坝肩边坡开挖进行模拟分析。

(1) 初始应力场特征。在距坡面数十米范围内，最大主应力几乎与坡面平行，在 F_0 部位应力方向有一定的转折和集中，谷底应力也有不同程度的集中。

(2) 工程边坡的应力场、位移场特征。重点对坝轴线（开挖量最大）心墙部位的应力、应变场进行分析。分析认为，最大主应力量值变化不大，最小主应力在坡面附近有所减小，在右岸心墙开挖较多的永久性边坡部位有应力集中现象，其中剪应力集中最为明显，剪应力方向近平行于岸坡，量值达 4.6MPa。

从开挖后的位移场可以看出，边坡开挖后，主要表现为向临空方向的卸荷回弹。左坝肩因开挖面近平行于自然坡面，且开挖量较小，水平位移值在 1550m 高程以上只有 1mm 左右，下部斜坡约 4mm，在坡脚部位，因挖除覆盖层，其位移可达 7mm。右坝肩边坡的水平位移相对较大，主要在心墙之上的永久边坡段，水平位移最大量值达 9mm，下部坡段水平位移 3～6mm。

竖向位移也表现为向临空方向的回弹，左、右岸临时边坡段的差别不大，左岸最大量值为 10mm，右岸最大量值达 7mm；但心墙之上的永久边坡底板回弹较大，最大值达 22mm。此外，永久边坡还出现向下的位移，最大量值为 4mm，说明边坡有向下滑动或压致拉裂的变形趋势，安全率等值线图也说明边坡表部存在局部安全率较低区域。

6.3.1.4　工程边坡局部稳定性分析

1. 局部稳定性赤平投影分析

(1) 左岸坝肩边坡。由前述坡体结构可知，岸坡主要发育 J_1、J_2、J_3、J_4、J_5 等组裂隙，此外坝肩中上部发育产状为 N30°E/NW∠30° 的裂隙。通过岸坡变形破裂模式的分析，其主要的控制结构面为 J_2、J_4、J_3、J_5 组裂隙，开挖边坡的产状取坝轴线一带的产状，为 N20°E/NW∠55°。根据赤平投影分析可知，左坝肩主要有如下随机块体破坏模式。

1) 开挖面与 J_3 组裂隙小角度相交，倾向坡外，且倾角相近，存在顺坡滑移块体失稳的可能。即以 J_3 组裂隙作底滑面，J_2 组或 J_1 组裂隙作后缘割裂面，J_4 组裂隙作侧向割裂面的块体破坏模式。

2) 在坝肩上部，产状为 N20°～40°E/NW∠25°～35°（J_{zb} 组）顺坡裂隙发育部位，可沿该组裂隙发生滑移拉裂破坏，但稳定性要好于以 J_3 组裂隙为底滑面的滑移块体。

(2) 右岸坝肩边坡。右岸坝肩岸坡主要发育 J_2、J_1、J_9、J_4、J_5 等组裂隙。开挖面总体走向近南北，倾向东；倾角约 58°。根据赤平投影图分析，斜坡局部块体破坏有如下方式。

1) 沿 J_1 组中缓倾角顺坡裂隙（倾角 30°左右）发生滑移拉裂失稳，J_4 组裂隙作侧向割裂面，J_2 组裂隙作后缘拉裂面或同时存在 J_9 组裂隙作顶部割裂面的破坏模式。

2) J_5、J_2 两组陡倾角结构面组合的滑移交线倾伏向为 N33°E，倾伏角为 52°，向坡外倾伏，易形成楔形体从开挖面滑出。

3）J_5、J_1 两组结构面组合的滑移交线倾伏向为 N49°E，倾伏角为 17°，与边坡斜交，且倾角较缓，不易形成楔形体从开挖面滑出。

由上述分析可知，右坝肩在边坡开挖过程中，因结构面间的相互组合构成局部块体，易形成楔形体或平面滑移拉裂块体破坏。

2. 确定性（半确定性）块体稳定性计算

（1）块体边界的确定。

1）滑移控制面。

根据前述块体边界的确定方法，确定左、右岸可能构成块体的滑移控制面。其中左岸主要以 J_3 组、局部 J_{zb} 组中缓倾角断裂裂隙为滑移控制面，右岸主要以 J_1 组中缓倾角长大裂隙为滑移控制面。

2）开挖临空面、上坡面。

3）切割面。块体的切割面主要为滑移控制面附近的优势裂隙、长大裂隙、卸荷裂隙、断层等，通过现场调研和裂隙信息库的统计分析获得各种半确定性块体的切割面（部分为次级滑动面）；通过作图法获得确定性块体的分割面。分析计算中各种确定性结构面的迹长按实际迹长，半确定性块体中优势裂隙的长度取 20m，长大裂隙、小断层的长度按 50m 考虑，拉张裂隙（拉裂缝）按 30m 考虑。

（2）块体稳定性计算结果。采用 SASW 边坡块体稳定性分析软件，计算块体在天然、地震工况下的稳定性。地震效应采用等效静力法计算，地震烈度按Ⅷ度考虑。

坝肩边坡左、右岸各搜索到两个确定性块体和两个半确定性块体。其中左岸 2 号块体为稳定块体，3 号块体在天然状况下稳定性系数为 1.23，地震工况下为 0.58，基本属不稳定块体，1 号、4 号块体为不稳定块体；右岸 4 号块体为稳定块体，2 号块体为不稳定块体，1 号、3 号块体在天然状况下稳定性系数为 1.12，地震工况下为 0.72（0.73），属不稳定块体或潜在不稳定块体。

3. 随机块体稳定性计算

除确定性（半确定性）块体稳定性计算，还进行了随机块体搜索及计算，结果见表6.3－8。

表 6.3－8　　　　　　　坝肩工程边坡随机块体稳定性计算结果

岸别	边坡类型	组合序号	裂隙组合	块 体 特 征					滑动方式	稳定系数	
				形态	体积/m^3	重量/kN	最大高度/m	最大宽度/m		天然	地震
左岸	开挖边坡	（1）	J_2、J_3、J_4	五面体	12.75	330	31.32	4.33	双面滑动	0.77	0.50
右岸		（1）	J_1、J_2、J_4	五面体	11.75	305	3.56	4.33	单面滑动	0.96	0.68
		（2）	J_2、J_4	四面体	116.3	3020	48.59	16.46	双面滑动	0.51	0.3

计算结果与赤平投影分析结果基本一致，即左坝肩边坡块体的破坏方式主要受控于 J_2、J_3 结构面，其中 J_3 组结构面为底滑面，J_2 组结构面作为后缘拉裂面，J_4 组结构面构成块体的侧向割裂面，此种块体组合，在工程边坡切露临空条件下容易失稳。

右岸随机不稳定块体主要以 J_1 组顺坡缓倾角裂隙为底滑面，J_2 组陡倾角顺坡裂隙为后缘拉裂面，J_4 组陡倾角裂隙为侧向割裂面，构成滑移拉裂破坏块体；此外，J_2、J_4 两组陡倾角裂隙交切形成的楔形体也易发生滑移拉裂破坏。

6.3.1.5 坝肩边坡稳定性综合评价及措施建议

1. 坝肩边坡稳定性综合评价

（1）左坝肩边坡稳定性综合评价。地质分析结合稳定性计算及有限元分析表明，左岸坝肩工程边坡整体处于基本稳定状态，其整体稳定性主要受控于 f_{21}、f_{24} 或与其同组的长大裂隙，当开挖揭露到 f_{21}、f_{24} 断层时，会产生规模相对较大的旋转滑移拉裂块体破坏，破坏块体的深度可达 30m 左右，因此，左坝肩工程边坡稳定性具有分区的特点，工程边坡一旦揭露到 J_3 组顺坡结构面，边坡就有局部失稳的可能。

赤平投影分析结合块体稳定性计算表明，左坝肩存在不利的结构面组合，工程边坡会出现一些不稳定块体，其破坏方式主要为沿 J_3 组结构面及产状为 N20°～40°E/NW∠25°～35°（J_{zb}）顺坡裂隙发生滑移拉裂破坏，尤其是坝肩中上部一带，边坡的局部稳定性较差。工程边坡一旦揭露到 J_3 组及 J_{zb} 组顺坡结构面时，就有构成失稳块体的很大可能，在一定部位（断层切露位置）失稳块体的规模相对较大。

（2）右坝肩边坡稳定性评价。地质分析结合稳定性计算及有限元分析表明，右岸坝肩工程边坡整体处于稳定—基本稳定状态。工程边坡的整体稳定性主要受控于 J_1、J_2 组小断层及长大裂隙，其稳定性取决于此两组结构面的连通情况及性状特征，当边坡揭露到 g_{13-2}（N50°E/SE∠30°）等小断层时，斜坡的稳定性相对较差，处于基本稳定—潜在不稳定状态。

赤平投影分析结合随机块体稳定性计算表明，右坝肩边坡存在不利的结构组合，工程边坡易形成平面滑移拉裂或楔形滑移拉裂破坏块体。其中平面滑移拉裂破坏主要沿 J_1 组顺坡缓倾角发生，楔形滑移拉裂破坏主要沿 J_2、J_5 两组陡倾角裂隙发生。工程开挖一旦揭露到 J_1 组顺坡结构面及 J_2、J_5 两组陡倾角裂隙组合，边坡就会有失稳的可能。

2. 措施建议

鉴于上述稳定性评价结果，工程边坡在开挖过程，须采取针对性的支护措施。

（1）左岸 f_{21} 对边坡的控制意义较大，建议坝肩开挖过程中将坝轴线下游的 f_{21} 断层上盘不稳定块体整体挖除，或采用灌浆处理并用预应力锚索加强支护，对于同组断层（如 f_{24} 等断层）及长大节理，也应采用预应力锚索加强支护；对右坝肩边坡，当揭露到 J_1、J_2 组长大结构面，尤其是当揭露到顺坡小断层部位（如 g_{13-2} 等），应进行灌浆处理并施以预应力锚索加强支护。

（2）对于搜索到的 8 个确定性或半确定性块体，视其规模及稳定状况，相应采取加强锚固或清除的措施，支护措施视不稳定体规模不同，分布采用预应力锚索或锚杆进行锚固。

（3）由于在开挖面处存在随机不稳定块体组合，建议采取系统锚杆进行加固，以防止表层块体的失稳和掉块。在此基础上，对不稳定块体进行加强锚固，尤其是延伸长度较大、有一定变形的左岸 J_3 组裂隙及右岸 J_1 组裂隙揭露部位，边坡的块体稳定性应引起注意，应视裂隙的延伸长度加强锚固。

（4）建议在设计过程，尽量减少开挖，以免对边坡有较大的扰动。

6.3.2 开挖后稳定性与支护设计复核研究

左右坝肩边坡开挖坡比为 1:0.5～1:0.95。由于坡顶强卸荷松动岩体清除，实际开挖坡高略有增加，右岸实际开挖高度为 343m，左岸开挖实际高度为 301m，最大水平开挖深度约 40m。坝肩边坡稳定有以下特点：

(1) 均为弱至强卸荷岩体边坡，部分浅表部分为松动岩体。

(2) 坡高达 300 多米，其中 240m 坝体范围内为临时边坡。支护按临时稳定状态进行设计，但稳定时间需要 4～6 年，实际又接近永久边坡，施工期安全问题突出，任何一个小掉块都会造成下方出现较大的安全事故。

在前期勘察过程中，进行了坝肩边坡稳定专题研究，通过地质测绘、钻探、洞探等手段查明了边坡工程地质条件，并对边坡变形破坏模式及稳定性进行了分析评价。坝肩无规模较大的顺坡控制性软弱结构面分布，边坡整体稳定，但节理裂隙的不利组合、局部松动岩体控制了边坡的局部稳定性，遂对其进行了有针对性地支护设计。施工过程中加强了施工地质工作，及时发现了不稳定块体并随机加强支护，包括锚索及锚筋束支护，多次成功地抑制了岩体变形，特别是右坝肩顶部卸荷岩体变形。同时，每隔 30～50m 坡高设置深层锚索支护，以确保边坡在较长时间内的临时稳定。松动岩体因卸荷松弛产生了松动变形，稳定性极差，为Ⅴ类岩体，易产生滑塌破坏，施工中予以挖除处理。如此高的卸荷岩体开挖支护，开挖过程未出现大的垮塌及掉块事故，未影响边坡开挖支护工期。开挖支护后大坝边坡整体稳定，支护后工程效果很好。

1. 左坝肩

(1) 地质条件及支护。左坝肩工程边坡开口高程 1732m，桩号（坝）0－38.00～0＋40.00。边坡走向 N8°E，倾向 NW，开挖坡比与设计方案一致。

开挖揭示地质条件与前期勘察基本一致。左坝肩工程边坡地层岩性为花岗岩（$\gamma_{02}^{(4)}$），夹少量灰色石英闪长岩和深灰色辉长岩团块及条带。岩体以弱风化、强卸荷为主，山脊表部岩体为松动岩体。裂隙发育，主要发育 3 组裂隙：J_1［N10°～35°E/SE∠20°～35°，面平直（局部微起伏）、光滑，闭合—微张，无充填，锈染，延伸长大，间距 0.2～2m，干燥］；J_3［N20°～50°E/NW∠30°～65°，裂面多平直、光滑，轻锈—锈染，延伸长大，间距 0.3～1.5m，闭合—微张，无充填，干燥］；J_4［N65°～85°W/NE∠70°～80°，面普遍平直、光滑，轻锈，闭合—微张，无充填，延伸长一般 5～10m，间距 1～2.5m］。此外还发育有 J_2、J_5、J_6、J_7、J_8、J_9 等裂隙及数条小断层和挤压破碎带。岩体裂隙发育及小断层发育，以块裂结构为主，局部呈次块状、镶嵌结构，总体以Ⅳ类岩体为主，次为Ⅲ类，结论与前期一致。

左坝肩坝顶以下工程边坡开挖过程中，由于坡面裂隙、小断层及挤压破碎带的相互组合切割，局部形成不稳定块体，稳定性差，为了保障施工期安全，已及时采取了系统锚喷支护、随机锚筋束、随机锚索等支护措施，边坡稳定。

坝顶高程以上边坡岩体以Ⅳ类为主。局部岩体松动（高程 1750～1761m，桩号坝 0－22.00～0－45.00，见图 6.3－3，为Ⅴ类，已进行了清除处理。左坝肩心墙下游侧坡岩体突出，浅表岩体卸荷松弛明显，为松动岩体，Ⅳ～Ⅴ类。由于边坡高陡，且其下部心墙区施工人员众多,对松动岩体进行了清除,对强卸荷岩体进行了系统锚杆＋随机预应力锚索处理,确保了边坡稳定及安全。

图 6.3-3　左坝肩顶部松动岩体

在坝体范围之上发育一断层 (f_3),N25°～70°E/SE∠25°～40°(倾山里及下游),延伸大于 100m,带宽为 30～50cm,局部厚度 100cm,由碎粉岩及碎砾岩组成,较紧密,上盘影响带较宽,发育有次级断层,局部达 10m。该断层带及其影响带内岩体为Ⅴ类,设计采用喷锚及系统锚索处理,监测资料证明边坡处于稳定状态。

(2)开挖过程中稳定性复核研究。

1)局部稳定性关键块体搜索。采用石根华博士的关键块体搜索程序 SRM 搜寻高高程边坡的关键块体,并计算各关键块体的滑动力系数和安全系数。左岸高高程边坡(坡角为 63°、47°即 1597m 以上边坡)所能形成的最大关键块体最大近 47m³,但块体在坡面的出露面积很大,块体条件很好,平均深度为 3.4～4.3m,小于锚杆的设计长度 6～8m,边坡施工时按设计及时进行锚杆加固能够满足稳定要求。

左岸低高程边坡(坡角为 55°,1597m 以下边坡)所能形成的最大关键块体最大近 68m³,但块体在坡面的出露面积很大,块体条件很好,平均深度为 3.8m,小于锚杆的设计长度 6～8m,边坡施工时按设计及时进行锚杆加固能够满足稳定要求。

从分析结果来看,边坡稳定性总体情况较好,关键块体主要的滑动面是 J_3、J_4 结构面。从实际地质调查和 XPD06 平洞揭示的信息来看,坝顶高程以上边坡的强卸荷带水平深度达 64.5m,强卸荷区的岩体性状会随坝肩边坡的开挖扰动(如爆破)进一步恶化,进行锚索加固是必要的。

2)边坡 DDA 计算复核。对开挖后边坡进行了 DDA 计算复核,计算所得的锚杆最大轴力约为 8.2t,换算成应力为 41.76MPa。锚杆应力计所测的当前锚杆应力最大值为43.78MPa(为 Rr3)。锚索吨位约为 5.5t,和监测值较为接近。

从以上分析结果来看,DDA 方法和上节块体理论的分析结果基本一致,左岸边坡在高高程按施工设计方案能达到稳定要求的,方案基本可行,锚杆(索)最大轴力约为8.2t。在边坡施工中,按设计要求及时打设锚杆是完全能满足稳定要求的。

3)边坡三维 FLAC 计算复核。为了便于分析,选取计算中离监测点最为接近的关键点进行对比。表 6.3-9 对比了坝轴线剖面上不同高程总位移的监测值与计算值,其中监测值是由外部观测墩测得的,最后观测时间为 2012 年 12 月 18 日。由于监测仪器安装晚于开挖时间,总体上监测值小于计算值,用最小二乘法原理拟合后可知在 1595m 高程以下测点的计算值和监测值较为接近。在 1732m 高程监测值比计算值明显偏大,是由于该段边坡岩体破碎,断层 f_{z-15}(产状 SN/E∠30°,缓倾山内偏下游,延伸长,贯穿左坝肩,断带宽 1.5～2m,上盘影响带宽为 15～20m,断带物质主要由碎粒岩、碎斑岩组成,带内物质普遍锈染，强风化，结构松散，呈散体结构）穿过边坡，并在施工过程中下游侧边坡（桩号为 0＋055.00～0＋085.00）产生了 9 条裂缝，而计算中不能考虑以上影响。在 1675m 和 1635m 高程计算值偏小，是由该段边坡节理裂隙非常发育，而 FLAC3D 采用连续介质，无法考虑所导致。

表 6.3 - 9　　　　　　　　总位移的监测值与计算值对比表

高程/m	监测值/mm	三维计算值/mm	开挖时间	安装时间
1732	48.81	7.35	2009 年 11 月	2010 - 03 - 10
1675	14.55	4.43	2010 年 6 月	2011 - 04 - 08
1635	18.32	6.05	2010 年 11 月	2011 - 04 - 08
1595	4.07	8.18	2011 年 8 月	2012 - 09 - 05
1555	4.81	17.34	2011 年 11 月	2012 - 09 - 05
1515	11.20	30.83	2012 年 3 月	2012 - 04 - 08

坝轴线剖面上的水平向位移的监测值和二维、三维计算值对比见表 6.3 - 10，同理由于多点位移计安装迟于开挖，故总体上监测值小于计算值。二维位移计算值大于三维位移计算值是因为模型的"三维效应"。

表 6.3 - 10　　　　　　水平位移的监测值与二维、三维计算值对比表

高程/m	监测值/mm	二维计算值/mm	三维计算值/mm	开挖时间	安装时间
1712	3.19	15.12	6.53	2009 年 12 月	2010 - 06 - 30
1675	5.92	12.28	4.3	2010 年 6 月	2010 - 11 - 02
1635	-0.57	17.05	5.85	2010 年 11 月	2010 - 11 - 05
1595	1.16	14.85	6.47	2011 年 8 月	2012 - 04 - 24
1555	2.67	19.99	9.09	2011 年 11 月	2012 - 04 - 24
1515	20.19	32.15	17.68	2012 年 3 月	2012 - 04 - 24

1697～1484m 高程处打设的锚杆中，最大轴力约为 22.4MPa，在设计范围之内，发生在坡脚附近区域（1485～1536.25m），监测值最大为 43.78MPa。经锚固支护后，坝顶高程以上锚索均受拉，最大吨位约为 999.9kN，在锚索的设计吨位之内，这和监测结果极为接近。

（3）小结。左坝肩边坡心墙开挖边坡总高度约为 301m，均为强卸荷边坡，开挖坡比为 1∶0.5～1∶0.95，无马道。

1）通过强卸荷边坡地质条件研究、自然边坡稳定性分析、工程边坡工程地质稳定性分析研究、二维及三维稳定性数值分析研究、局部块体稳定性研究及开挖后稳定性复核研究（随机块体搜索、DDA、二维和三维 FLAC 计算），指导了 300m 级强卸荷边坡支护设计及施工。

2）针对 1697m 高程以下边坡，即坝体填筑面以下边坡（240m 高），虽名为临时边坡，但由于其暴露时间较长，达 4～6 年，其稳定性要求必然高于临时边坡，同时又不能进行太多支护，通过研究仅随机增加一些深层支护，既确保了边坡稳定及施工安全，又节约了支护工程量。

3）针对部分浅表部松动岩体经稳定性研究，为确保安全，采取了清除处理措施。

2. 右坝肩

（1）地质条件及支护。右坝肩工程边坡开口高程 1795m，右坝肩开挖边坡整体走向 N8°E，倾向 NW，开挖坡比与设计方案一致。按设计方案，右岸坝肩心墙开挖边坡走向 N8°E，倾向 NW；右岸自底部 1485～1520m 开挖坡比为 1∶0.95，1520～1640m 开挖坡比为 1∶0.7，1640m 至坝顶的开挖坡比为 1∶0.5，最大水平开挖深度约 40m。右岸心墙部位坝顶以上开挖边坡比为 1∶0.6，开挖坡高约 35m。

开挖揭示。右坝肩工程边坡岩体岩性以花岗岩（$\gamma_{02}^{(4)}$）为主，夹少量灰色石英闪长岩和深灰色辉长岩团块及条带。弱风化、强卸荷为主。岩体裂隙发育，主要发育三组裂隙：J_9 ［近 EW/N（S）∠10°～30°，大多裂面平直光滑，延伸长大，锈染，微张，无充填，局部有岩屑充填，间距为 0.5～1.5m］；J_2 ［N20°～40°E/SE∠45°～70° 延伸长大，平直光滑，间距一般 1～2m，局部 0.4～0.6m，锈染，微张无充填］；J_4 ［N70°～90°W/NE∠80°～85°，断续延伸，少量延伸长大，面平直、光滑、微张、无充填］。此外还发育 J_1、J_3、J_5、J_6、J_7、J_8 等裂隙，F_0 等数条小断层和挤压破碎带，其中断层 F_0 规模较大，为Ⅲ级结构面。F_9 断层在初期导流洞、灌浆平洞有出露，但坝肩边坡开挖未出露。右坝肩岩体以块裂结构为主，次为镶嵌结构、次块状结构，以Ⅳ类岩体为主。

图 6.3-4　右坝肩 F_0 断层

出露于右坝肩 1625～1675m 高程间的断层 F_0（图 6.3-4）：N20°E/NW∠42°，主带宽 50～80cm，由碎粒岩、碎粉岩等组成，带内物质锈染、干燥，下盘影响带宽约 2m，上盘影响带宽为 1～2m，影响带岩体破碎，普遍蚀变，岩体呈碎裂状结构。施工中，对该断层按相关规范及设计要求进行了刻槽、换填等专门性处理。

右坝肩边坡坝顶 1697m 高程以上边坡陡峻，坡度为 60°～70°，岩体强卸荷，可行性研究阶段原设计按 1∶0.5 坡比进行开挖，开挖坡高要增加较多。该边坡在天然状态下总体基本稳定，设计优化为大部分不开挖，在自然边坡上进行系统锚索支护，支护后稳定性符合要求，减少了 100m 边坡开挖高度，节约了工期及投资。

另外，右坝肩坝顶以上边坡上游侧为一脊，山脊表部岩体卸荷松弛、松动，稳定性差，为确保施工安全，结合自然边坡危险源一并进行了开挖清除处理。

（2）右坝肩变形裂缝原因分析及支护研究。F_0 断层中等倾角倾山里，F_0 断层以上边坡还发育 J_1、J_2 组顺坡裂隙，还发育一顺坡小断层 f_{y-3}：N60°E/SE∠30°，带宽为 20～50cm，由碎粒岩、碎粉岩局部碎块岩组成，带内物质锈染风化严重，顺坡向发育；倾向上游的 J_3 组裂隙发育，其上游侧为笔架沟，形成三面临空，加之施工爆破的影响，2010 年在开挖过程中出现边坡变形，见图 6.3-5。变形高程为 1640～1725m，最大向临空面变形值超 100mm。变形原因为岩体沿顺坡 J_2 裂隙及顺坡小断层 f_{y-3} 产生滑移拉裂破坏，部分沿 J_4 裂隙产生倾倒变形。其变形破裂模式为"滑移—拉裂—倾倒"复合型。边坡裂缝为坡体局部变形的一个宏观表现，不影响边坡整体稳定。实际施工如稳定性研究一样，虽边坡整体稳定性满足要求，但由于强卸荷区的岩体性状会随坝肩边坡的开挖扰动（如爆破）进一步恶化，局部稳定性会变差，研究认为进行随机锚索加固是必要的。在边坡未出现变形之前，根据稳定性研究及开挖地质条件，提前进行了锚索施工（但锚索未张拉，未形成有效的支护），至刚出现变形时，立即对锚索进行张拉，控制了变形，确保了边坡稳定和边坡安全，并确保了工期。否则，除了会产生安全事故外，还会影响工期近一年时间。为了保障施工期边坡的稳

图 6.3-5 右坝肩局部变形全貌图

定，在 1625m 高程以上增加了锚索及框格梁等支护措施，支护后变形趋于收敛。边坡内、外观监测成果也表明，边坡的位移和应力变化过程线趋于平稳，边坡处于稳定状态。

（3）开挖过程中稳定性复核研究。在开挖期间实时进行了边坡稳定性复核研究，包括局部块体稳定性研究、DDA、二维和三维 FLAC 计算分析等，对边坡设计进行了动态调整及优化，既确保了边坡稳定，又节约了支护工程量。

1）局部块体稳定性关键块体搜索。采用块体随机搜索法进行关键块体搜索，最终根据开挖揭示后地质条件对支护方案进行优化调整。

边坡高高程区域能形成的最大关键块体体积为 93.7m³。边坡低高程部位所能形成的最大关键块体最大体积为 115.1m³，块体在坡面的出露面积较大，小于锚杆的设计长度，边坡施工时按设计及时进行锚杆加固已能够满足稳定要求。高高程边坡 J_2 结构面发育程度将决定该部位岩坡稳定性，若贯通程度较好，则极易形成不稳定块体。

虽然块体分析坝顶高程以上边坡不需锚索加固，但从实际地质调查和 XPD05 平洞揭示的信息来看，由于其强卸荷带水平深度达 14～27m，强卸荷区的岩体性状会随坝肩边坡的开挖扰动（如爆破）进一步恶化，同时该段边坡为永久边坡，所以锚索加固措施还是有必要的。故对该部位天然边坡进行了系统锚索支护。

2）边坡 DDA 计算复核。右岸坝肩边坡在开挖过程中，未支护情况下，在坡脚和开口线边坡表部附近有明显块体开裂滑动趋势，另外，由于断层弱面的存在，在断层附近，坡面表部也存在少量块体的开裂滑动，但这些不稳定块体仅限于边坡表层一定范围内，未迁移至深部岩体，对边坡的整体稳定不会造成太大的威胁。

按设计方案进行锚杆（索）支护，1697m 以上施加预应力 100t 的锚索支护（计算中未施加预应力），锚索布置方式 5m×5m，长度 30m；1697m 以下为锚杆支护，间距 2.5m×2.5m，长度 6m 和 8m 间隔布置。可以看出，支护后边坡表层的局部不稳定块体滑动迹象消失，锚固效果显著。锚索最大吨位约为 18t（吨位位于设计吨位范围内），出现在开口线附近；锚杆最大轴力约为 6t（锚杆受力位于容许值范围内），出现在坡脚附近，系统锚杆设计参数合理。现有支护措施能够满足边坡稳定要求。

计算成果说明，右坝肩边坡坝顶 1697m 高程以上边坡设计优化为大部分不开挖，在自然边坡上进行系统支护稳定性符合要求，优化设计合理，减少了 100m 边坡开挖高度，节约了工期及投资。

3）边坡二维、三维 FLAC 计算复核。采用二维有限差分法、三维快速拉格朗日分析法，对右岸坝肩边坡在支护和不支护条件下的变形和整体稳定性进行了评价，并采用拟静力法，对右岸坝肩边坡设计方案在偶然设计工况下的变形和整体稳定性进行研究。研究结果如下：

A. 坡体的最大、最小主应力分布特征和量值受开挖影响较小，即开挖仅仅引起开挖面附近局部范围的应力调整。

B. 坡体内存在一定范围的拉应力区，但是量值较小，小于 0.4MPa。拉应力区存在于坡面附近，且受局部结构面控制。

C. 开挖过程中，仅在河床基岩部分和坡脚局部范围内存在塑性区，坡体整体处于弹性状态，即边坡整体上处于稳定状态。现有支护措施可以满足稳定性要求。

D. 边坡变形的总体趋势是水平向坡外位移，开挖完毕后开挖坡面最大水平位移约 60mm，上部自然边坡的最大水平位移约 12mm。开挖到边坡下部时（高程 1514～1457m），边坡整体变形加速，这是坡体底部初始应力较大，应力释放较为剧烈的结果。相应地坡底局部塑性区有所发展，但未对整体边坡安全形成影响。

E. 坡体的最大、最小主应力分布特征和量值受地震影响较小，即地震仅仅引起开挖面附近局部范围的应力调整。边坡在地震前后拉应力分布和塑性区范围变化不大，即坡体处于弹性状态。遭遇地震后锚杆受力有一定幅度的增加，开挖后少量轻微受压的锚杆受力状态转变为受拉。

F. 采取支护措施后，坡面关键点位移有所减小，及时支护对边坡安全非常重要。

（4）小结。右坝肩边坡心墙开挖边坡总高度约 340m，均为强卸荷边坡，开挖坡比为 1∶0.5～1∶0.95，无马道。

1）通过强卸荷边坡地质条件研究、自然边坡稳定性分析、工程边坡工程地质稳定性分析研究、二维及三维稳定性数值分析研究、局部块体稳定性研究及开挖后稳定性复核研究（随机块体搜索、DDA、二维和三维 FLAC 计算），指导右坝肩 300m 级强卸荷边坡支护设计及施工。

2）针对 1697m 高程以下边坡，即坝体填筑面以下边坡（240m 高），虽名为临时边坡，但由于其暴露时间较长，达 4～6 年，其稳定性要求必然高于临时边坡，同时又不能进行太多支护，通过研究仅随机增加一些深层支护，既确保了边坡稳定及施工安全，又节约了支护工程量。

3）针对右坝肩上游侧山脊浅表部松动岩体经稳定性研究，为确保安全，采取了清除处理措施。

4）通过稳定性研究右坝肩边坡坝顶 1697m 高程以上边坡设计优化为大部分不开挖，在自然边坡上进行系统支护稳定性符合要求，优化设计合理，减少了 100m 边坡开挖高度，节约了工期及投资。

5）通过稳定性研究认为虽开挖后右坝肩边坡整体稳定性满足要求，但由于强卸荷区的岩体性状会随坝肩边坡的开挖扰动（如爆破）进一步恶化，局部稳定性会变差，认为进行随机锚索加固是必要的。边坡实施后，提前进行了锚索施工，至刚出现变形时，立即对锚索进行张拉，成功控制了变形，确保了边坡稳定，确保了边坡安全，并确保了工期。

6.4　电站进水口边坡稳定性分析与处理

6.4.1　前期勘察研究

6.4.1.1　基本地质条件及稳定性定性分析

（1）自然边坡及人工边坡的坡型特点。引水洞进水口边坡总体为上缓下陡，1680m高程上部斜坡坡度为 $40°\sim46°$，下部斜坡坡度为 $60°\sim65°$（图6.4-1）。

根据引水洞纵向轴线布置，其进水口开挖边坡在平面上呈簸箕形，将形成洞脸边坡、上游侧边坡和下游侧边坡，引水洞底板高程 1626m，工程开挖后将形成坡高约 $100\sim200m$ 高边坡，开挖坡比为 $1:0.5$。

（2）边坡的岩体结构特征。左岸进水口部位，除倒石沟中堆积有洪积、崩积及金康水电站引水隧道施工堆渣外，其余部位基岩裸露，岩性为晋宁—澄江期花岗岩（$\gamma_{02}^{(4)}$），由于上部卸荷松弛拉裂岩体和次级小断层的影响及双槽沟和棒棒沟的切割，该段边坡上部岩体较破碎，以镶嵌结构—碎裂结构为主，下部岩体相对完整，以次块状结构为主。

图6.4-1　左岸引水洞进水口远景

据地表地质调查和平洞揭示，引水洞进水口部位地质构造以次级小断层、节理密集带、节理裂隙为特征。地表推测发育有 6 条小断层，为Ⅳ级结构面，另发育有 mj_4、mj_5、mj_7 三条裂隙密集带；此外，进水口边坡上部 XPD08 平洞揭露 5 条小断层（f_{08-1}、f_{08-2}、f_{08-3}、$f_{08支-1}$、$f_{08支-2}$）。

边坡岩体中主要发育 J_4、J_3、J_7、J_1、J_9 等 5 组裂隙，以 J_4、J_3、J_7 组裂隙最为发育，其性状特征见表6.4-1。其中 J_4 组结构面多以密集带形式产出，较发育；J_3 组裂隙常以裂隙密集带形式产出（表6.4-1），发育程度较高，是引水洞进水口边坡稳定性的主要控制性结构面；J_7 组裂隙较发育，尤其在中、高高程一带尤为发育；J_1 组裂隙在低高程一带较发育，高高程一带发育程度相对降低；J_9 组裂隙发育程度较弱；此外，在边坡局部地段可见产状为 $N50°E/NW\angle14°$、$N25°E/NW\angle34°$ 的裂隙及 J_2 组裂隙。

表 6.4-1　　　　　　　　　左岸引水洞进水口边坡裂隙发育统计表

组别	产　状	性　状　特　征
J_4	$N60°\sim65°W/NE$（SW）$\angle70°\sim85°$	较平直、粗糙，常成裂隙密集带产出，单条延伸20m左右，断续延伸 $100\sim150m$，间距为 $1\sim5m$

组别	产　状	性　状　特　征
J_3	N30°～50°E/NW∠50°～65°	稍起伏、稍粗糙，延伸一般数十米，间距为2～5m，多以裂隙密集带形式产出
J_7	N10°～20°E/SE∠70°～80°	稍起伏、粗糙，延伸30m至上百米，间距为2～5m
J_1	N10°～30°E/SE∠30°～40°	裂面平直、稍糙，延伸一般为50～100m，个别延伸达100m以上，间距一般为5～10m，局部为1～2m
J_9	N65°～80°W/NE∠15°～25°	平直、稍糙，延伸为5～20m，间距为4～8m。零星发育

图6.4-2　斜坡上部卸荷—倾倒拉裂岩体特征

（3）边坡变形破坏特征及天然边坡的稳定性。受上述三面临空的地貌特征及斜坡岩体结构的控制，引水洞进水口段边坡岩体风化卸荷较强。上部斜坡尤其是XPD08平洞一带，由于J_7组长大裂隙较密集发育，构成了陡倾坡内的板状结构岩体，岩体具有明显的倾倒拉裂变形，形成了左坝肩卸荷松弛破碎岩体。据XPD08支洞揭露，斜坡上部倾倒拉裂岩体的水平深度为30～40m，最大涉及深度可达50～60m，卸荷—倾倒拉裂岩体最低高程可达1660m左右，其变形主要受控于J_7组长大裂隙（图6.4-2）。

在倒石沟下游壁斜坡表部可见多个由J_3组顺坡裂隙为底滑面、J_7组或J_2组裂隙为后缘拉裂面、J_4组裂隙为侧向控制面的小规模滑移拉裂变形体和空腔地貌。

上述斜坡的变形特征表明，引水洞进水口上部斜坡，尤其是脊状山体部位斜坡变形较强，受由J_7（J_2）组裂隙构成的（中）陡倾内板状结构的控制，斜坡整体表现为沿J_7（J_2）组长大裂隙发生倾倒弯曲拉裂变形，称之为左坝肩卸荷松弛破碎岩体。脊状山体部位，倾倒变形水平深度一般可达30～40m，上部（XPD08平洞一带）可达50～60m，岩体拉裂变形强度较大，岩体破碎，卸荷松弛显著，天然状态下有小规模坍塌现象。

进水口中下部斜坡（1660m以下）的变形相对较弱，地表仅局部见由滑移拉裂和倾倒拉裂变形形成的规模较小的变形体，平洞中也仅在斜坡浅表部可见沿J_7、J_2组裂隙的拉裂变形，及沿J_3组裂隙滑移剪胀和沿NW向中缓倾角裂隙（N51°E/NW∠14°；N25°E/NW∠34°）的滑移压致拉裂变形。总体上，下部斜坡的变形程度较低，尤其是倒石沟近沟底处岩体较为完整。

上述斜坡的变形破裂特征显示，该段斜坡自然状态下整体处于稳定—基本稳定状态，上部脊状山体部位斜坡自然状态下整体处于基本稳定状态。自然斜坡浅表部局部可沿J_3组裂隙发生滑移拉裂破坏，其中以J_7（J_2）组长大裂隙为后缘拉裂面，J_4组裂隙为侧向控制面，但破坏块体规模相对较小，往往为小规模坍塌、崩塌。

6.4.1.2　左岸进水口边坡稳定性地质分析

1. 工程边坡稳定性极限平衡法计算

据引水洞进水口设计图纸，选择1号和4号纵剖面及开挖量较大的横剖面进行稳定性计算。纵剖面建模思路：对引水洞洞脸边坡稳定性起控制作用的主要为 J_3 组中陡倾角顺坡长大裂隙或断层及 J_2（J_7）组陡倾角长大裂隙，模型的建立主要依据上述两组长大结构面组合。

横剖面建模思路：地质分析表明，上游侧工程边坡无不利控制性结构面，其稳定性计算主要考虑下游侧工程边坡形成的确定性块体，模型的建立主要根据 J_2（J_7）组中倾角长大结构面和 J_1 组缓倾角长大裂隙，其中陡倾角长大裂隙用 D_1、D_2、D_3…编号，缓倾角长大裂隙用 H_1、H_2、H_3…编号（下同）。引水洞进水口边坡控制面及其组合模式见表 6.4-2。

表 6.4-2 引水洞进水口边坡控制面及其组合模式一览表

剖面	编号	产 状	性 状	组合模式	备注
1号纵剖面	D_1	N10°～20°E/SE∠70°～80°	稍起伏、粗糙，延伸30m至上百米，间距为2～5m	（1）H_1+弱卸荷底线；（2）D_1+H_1 剪断弱卸荷岩体；（3）H_1+强卸荷底线	
	H_1	N50°E/NW∠55°	稍起伏、稍粗糙，延伸一般数十米，间距为2～5m		
4号纵剖面	D_1	N50°E/NW∠55°	稍起伏、稍粗糙，延伸数十米，间距为2～5m	（1）D_1+D_2；（2）f_{41}+强卸荷底线；（3）f_{15}+强卸荷底线；（4）f_{15} 剪断弱卸荷岩体；（5）mj_4+强卸荷底线	以 J_4 为侧向割裂面
	D_2	N10°～20°E/SE∠70°～80°	稍起伏、粗糙，延伸30m至上百米，间距为2～5m		
	f_{41}	N30°～55°E/SE∠65°	延伸长度大于500m，充填糜棱岩、碎裂岩		
	f_{15}	N64°E/NW∠64°	延伸长度大于200m，破碎带宽为0.6～0.9m，充填糜棱岩、碎裂岩		
	mj_4	N60°～88°W/NE∠88°	NWW向长大裂隙间距1～3m，裂面常见压碎现象，局部倾倒张开		
横0+00	H_1	N10°E/SE∠35°	延伸一般为50～100m，个别达100m以上，间距一般为5～10m，局部为1～2m	H_1+强卸荷底线	

计算结果表明，引水洞进水口洞脸边坡在 J_3 组中倾角长大裂隙开挖出露的情况下处于欠稳定状态，在 f_{15} 延伸至近开挖面的情况下整体处于基本稳定状态，其余组合整体较稳定，这与地质分析结果一致。故边坡开挖过程中浅部揭露到顺坡的 J_3 组结构面时，将会有块体失稳的很大可能。

2. 工程边坡稳定性有限元计算

前期进行了二维有限元计算，以4号引水洞剖面二维有限元计算为例。

（1）计算模型的建立。该坡面主要受 f_{15}、f_{17}、f_{22}、f_{41} 4条断层以及2条陡倾角裂隙（N20°～50°E/SE∠55°～85°）与顺坡裂隙（N50°E/NW∠55°）组合控制，故将断层作为

一种介质，裂隙作为接触面模型进行建模。考虑裂密带对边坡的影响，在计算中将裂密带内的岩体作为Ⅳ类岩体，模型宽为 369.78m，高为 419.52m。

（2）计算结果分析。

1）应力场特征分析。计算结果表明，坡体内最大主应力最大值为 8.9MPa，且向临空面不断减小，坡面处量值为 0.1～0.8MPa，断层处应力矢量迹线发生偏转；剪应力在坡体内断层处集中，量值为 1.93MPa。边坡开挖后，最大主应力在开挖面处下降为 0.07～0.8MPa，且在坡脚处集中，量值为 1.5MPa；剪应力在坡脚集中，量值为 1.8MPa。坡体内，陡、缓倾角裂隙相交处剪应力也有集中，量值为 1.8MPa。分析坡体内裂隙轴力图可得，近坡顶的 2 条陡倾角裂隙及顺坡裂隙已张裂。

2）应变场特征。开挖边坡变形较小，X 方向上位移量值为 1～10mm，Y 方向位移量值为 4～9mm；2 条陡倾角裂隙都有不同程度的张裂，约 2mm。顺坡裂隙两侧水平位移差约 9mm。可见，陡倾角裂隙与顺坡裂隙控制区的岩体处于极限平衡状态，失稳的概率较大。f_{15} 断层上下盘有轻微错动，但量值仅为 1mm。

3）潜在破坏区域。经计算得，边坡坡面破坏接近度 $\eta < 0.5$。坡体内两条陡倾裂隙已张裂破坏，f_{17}、f_{41}、f_{22} 3 条断层虽然破坏区域较大，但断层陡倾坡内，对边坡的稳定性影响较小。f_{15} 断层破坏接近度 $\eta > 1$，破坏区域较大，但未向临空面贯通，较难形成滑移面而对坡体的稳定造成影响。陡倾角裂隙与顺坡裂隙相交区域破坏接近度较大，由于裂隙已张裂破坏，故其控制区域可能沿缓倾角裂隙滑移失稳，边坡的稳定性较低。

3. 工程边坡块体稳定性赤平投影分析

根据引水洞设计方案，洞脸边坡产状为 N40°E/NW∠63°，上游侧开挖边坡产状为 N50°W/SW∠63°，下游侧开挖边坡产状为 N50°W/NE∠63°。对引水洞进水口工程边坡的裂隙组合与开挖坡面的关系做了赤平投影分析。

（1）引水洞进水口洞脸边坡块体稳定性分析。由洞脸边坡赤平投影分析得出：

1）洞脸边坡的主要破坏方式为沿 J_3 组裂隙发生滑移拉裂破坏，一旦 J_3 组裂隙倾角缓于洞脸边坡，在坡面切露时，易构成滑移拉裂块体失稳，J_7 组裂隙为后缘拉裂面，J_4 组裂隙构成侧向割裂面。

2）局部 J_{zb}（N25°E/NW∠34°）中缓倾角长大裂隙切露部位，其可与 J_4、J_7 组裂隙组合构成滑移拉裂块体破坏。

3）在上部边坡 J_7 组陡倾角裂隙发育密集部位，其陡倾坡内板状结构岩体易产生倾倒—拉裂变形，有利于浅表部岩体沿 J_3 组裂隙发生滑移拉裂破坏的发生。

（2）引水洞进水口上游侧边坡块体稳定性分析。上游侧边坡赤平投影分析得出，裂隙组合未构成不利于边坡稳定的块体，故上游侧边坡不易形成滑移拉裂破坏块体；但在 J_4 组裂隙密集成带部位，由于其陡倾坡内发育，易产生倾倒拉裂破坏。因此，引水洞进水口上游侧边坡的破坏方式主要为沿 J_4 组裂隙密集带发生倾倒拉裂破坏。

（3）引水洞进水口下游侧边坡块体稳定性分析。由下游侧边坡赤平投影分析得出：

1）J_7、J_3 两组裂隙交线倾伏向为 N20°E，倾向坡外，倾伏角为 26°，其形成的楔形体有发生滑移破坏的可能。

2）在 J_4 组裂隙密集发育的陡倾板状结构部位，在开挖条件下，可能产生倾倒拉裂破坏；当 J_4 组裂隙倾角小于开挖坡角，切露于开挖坡面时，易形成下坐式滑落。分析表明，引水洞进水口下游侧边坡存在：①J_7、J_3 两组裂隙构成楔形滑移拉裂破坏；②沿 J_4 组陡倾顺坡裂隙发生倾倒拉裂破坏或滑落。

4. 随机块体稳定性计算

块体计算结果见表 6.4 - 3。可以看出，洞脸边坡由于受 J_3 组顺坡裂隙控制，其与 J_4、J_7 组裂隙构成的块体稳定性较差，而下游侧边坡由 J_7、J_4、J_3 或 J_7、J_4、J_6 组裂隙组合形成的块体稳定性较好。

表 6.4 - 3　　　　　　　引水洞进水口工程边坡随机块体稳定性计算结果

边坡部位	组合序号	裂隙组合	块 体 特 征				滑动方式	稳定系数	
			形态	体积/m³	重量/kN	最大高度/m	最大宽度/m		天然	地震
洞脸边坡	(1)	J_7、J_4、J_3	五面体	1.5	40	12.17	3.27	单面滑动	0.50	0.32
下游侧边坡	(2)	J_7、J_4、J_3	四面体	165.67	4310	17.52	3.76	双面滑动	2.46	1.51
	(3)	J_7、J_4、J_6	四面体	68.88	1791	11.21	18.34	双面滑动	2.48	1.53

5. 引水洞进水口边坡稳定性综合分析

（1）工程边坡整体稳定性分析。地质分析结合稳定性计算及有限元分析表明，本段自然斜坡尽管上部脊状山体部位已具有较明显的倾倒（弯曲）拉裂变形，岩体破碎，卸荷松弛较显著，天然状态下斜坡表面有小规模坍塌现象，说明上部脊状山体部位斜坡的稳定性较差，但其在不扰动的情况下，斜坡整体处于基本稳定状态，仅表部存在小规模坍塌、崩塌失稳的可能。

洞脸边坡的整体稳定性主要受控于 f_{15} 或其同组的长大顺坡结构面。根据当前的坡比设计，引水洞进水口工程边坡整体处于基本稳定状态。

（2）工程边坡局部块体稳定性分析。赤平投影及随机块体稳定性计算表明，工程边坡尤其是洞脸边坡和下游侧边坡均存在一些不稳定块体组合。

洞脸边坡的块体失稳主要为沿 J_3 组裂隙和产状为 N25°E/NW∠34° 的中缓倾角裂隙（局部）发生滑移拉裂破坏，一旦顺坡裂隙切露于坡面，边坡易构成滑移拉裂块体而失稳，其中 J_2 组裂隙为后缘拉裂面，J_4 组裂隙构成侧向割裂面。

下游侧边坡的破坏方式主要为由 J_7、J_3 两组裂隙构成楔形滑移拉裂破坏，但计算表明，楔形块体稳定性相对较好；此外，当 J_4 组顺坡裂隙切露坡面时易引起滑落。

上游侧边坡总体块体稳定性较好，裂隙组合未构成不利于边坡稳定的块体，仅当坡面附近产出 J_4 组裂隙密集带时，可产生沿裂密带发生倾倒拉裂破坏。

6. 措施建议

（1）分析计算结果表明，在现在的设计开挖坡比下，工程边坡整体稳定性较好，表明开挖坡比（开挖坡面倾角小于 J_3 组结构面的倾角）设计较合理，切忌开挖坡比大于 J_3 组结构面的倾角。

（2）由于本段边坡风化、卸荷较强烈，在开挖面处存在随机不稳定块体组合，建议采取系统锚杆进行加固，以防止表层块体的失稳和掉块。对不稳定块体进行加强锚固，尤其是当洞脸边坡揭露到延伸长大的顺坡中陡倾角裂隙（J_3 组裂隙），或当上、下游侧工程边

坡涉及 J_4 组密集带的情形下，应视裂隙的延伸长度、产出及稳定状况，采用一定的预应力锚索加强锚固。

（3）对上部左坝肩松弛破碎岩体建议予以清除，以确保工程安全。

（4）在工程施工过程中，应加强施工地质的力度，尤其是注意对 J_3 组顺坡结构面的调研，查明其出露位置、规模、性状特征、稳定状况等，进行有针对性的加强支护。

6.4.2　开挖复核及监测成果分析

1. 工程地质条件

进水口部位除倒石沟堆积体以及施工堆渣外，其余部位基岩裸露，岩性为晋宁—澄江期花岗岩（$\gamma_{02}^{(4)}$），由于上部卸荷松弛破碎岩体和次级小断层的影响以及双槽沟和棒棒沟的切割，该段边坡上部岩体较破碎，以块裂结构—碎裂结构为主，下部岩体相对完整，以次块状结构为主。

据地表调查和开挖揭示，进水口部位无区域性断裂通过，地质构造以次级小断层、节理密集带、节理裂隙为特征。Ⅳ级结构面在左岸进水口坡段地表揭露 12 条小断层和 6 条挤压破碎带，3 条裂隙密集带（mj_4、mj_5、mj_7）

边坡岩体中主要发育 J_4、J_3、J_7、J_1、J_9 5 组裂隙，以 J_4、J_3、J_7 组裂隙最为发育。其中 J_4 组结构面多以密集带形式产出，较发育；J_3 组裂隙发育程度较高，是进水口边坡稳定性的主要控制性结构面；J_7 组裂隙较发育，尤其在中、高高程一带发育；J_1 组裂隙在低高程一带较发育，高高程一带发育程度相对较低；J_9 组裂隙发育程度较弱；此外，在边坡局部地段可见产状为 N50°E/NW∠14° 的裂隙及 J_2 组裂隙。开挖揭示稳定性评价：根据边坡开挖揭示岩体结构面发育情况、岩体结构类型、边坡稳定性及可能变形破坏形式将进水口边坡主要分为 A、B 两个区（见图 6.4-3）。

边坡工程地质条件与前期基本一致。

A 区主要分布于边坡上部，为卸荷松弛破碎岩体，见图 6.4-4，最大开口线高程约为 1825m，最低高程约为 1660m。该区受地形地貌及地质构造影响，岩体卸荷强烈、弱风化、松弛、局部松动、破碎，局部具有架空结构，裂隙发育，岩体呈块裂—碎裂结构，局部散体结构，坡面干燥，岩体质量以Ⅴ类为主，局部为Ⅳ类。

B 区主要分布于边坡下部，岩体强卸荷、弱风化，裂隙发育，主要发育 J_4、J_3、J_7、J_1、J_9 5 组裂隙，断层、挤压带发育，岩体呈块裂结构为主，局部为次块状结构，坡面干燥，岩体质量以Ⅳ类为主，局部为Ⅲ类。

通过开挖揭示，边坡未发现有贯穿性软弱结构面，边坡在自然状况下整体稳定。上部卸荷松弛破碎岩体开挖后残余水平厚度为 10～15m，稳定性差，易产生塌滑和垮塌；局部坡段受结构面不利组合影响，形成不稳定块体，稳定性差，产生滑塌破坏。

2. 主要工程地质问题及处理

（1）卸荷松弛破碎岩体。进水口 1799～1815m 高程、桩号 0-18.53～0+014.22 边坡，主要发育 J_3、J_4、J_8 和顺坡向的中陡倾角裂隙，断层挤压破碎带发育，岩体破碎，卸荷强烈，多处见架空现象，松弛松动现象较为明显，易产生滑塌破坏。

为保证工程施工和永久运行安全，对该段边坡以清除松弛破碎岩体为主，再进行"锚

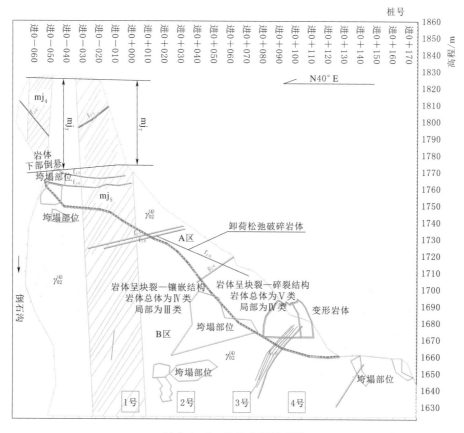

图 6.4-3 边坡分区示意图

图 6.4-4 卸荷松弛破碎岩体

索＋框格梁＋系统锚杆＋钢筋网＋喷混凝土"支护，并设置排水孔。锚索参数 $T=$ 1500kN，倾角为15°，$L＝45m$ 和50m，间距为4m。锚杆参数按 $L＝4.5m$ 和6m、间排距1.5m布设。

（2）拉裂变形体。高程1699～1670m、桩号0＋080.00～0＋120.00 段，受开挖卸荷和结构面组合影响，在坡面形成 3 道拉裂缝（沿倾坡内陡倾角 J_7 产生倾倒拉裂，加之顺

坡中倾角 J_3 切割形成不稳定楔形体沿 J_3 产生滑移、错动），其中在 1692m 高程处的拉裂缝最大宽度达 40～50cm、局部达 80～100cm，深度大于 2m，岩体错落达 14cm，局部岩体内部形成空腔，宽 1～2m，深 2～3m，最深达 5m，见图 6.4 - 5。该段边坡处于临界稳定状态，稳定性极差，随时可能产生较大垮塌，对上部侧坡及进水口洞脸边坡稳定不利，危及进水口及 3 号压力管道施工安全。

为确保施工及工程安全，施工中采取先清除表部松动岩体，然后采取"锚索＋框格梁＋系统锚杆＋钢筋网＋喷混凝土"的支护措施，1690m 以上设置排水孔。锚索参数 $P=1500\text{kN}$，倾角为 15°，$L=45\text{m}$ 和 50m，间距为 5m。锚杆参数按 $L=6\text{m}$ 和 9m、间排距 1.5m 布设。

（a）正坡破碎岩体图　　　　　　　　　（b）侧坡破碎岩体图

图 6.4 - 5　松弛拉裂岩体

3. 边坡整体稳定性评价

通过开挖揭示，边坡未发现有贯穿性软弱结构面，边坡在自然状况下整体稳定。由于岩体卸荷强烈，局部发育长大顺坡 J_3 裂隙，局部坡段形成滑移拉裂块体（以 J_7 组裂隙作为后缘拉裂面、J_4 组裂隙作为侧向割裂面、J_3 组裂隙作为底滑面）。上部卸荷松弛破碎岩体开挖后有少量残余，局部易产生塌滑和垮塌。为此设计针对性采取锚索＋框格梁处理，处理后边坡整体稳定。电站进水口塔体混凝土浇筑后对边坡稳定性有利。

二维临界滑动场法对进水口边坡设计方案在两种设计工况下的整体稳定性分析表明：各纵剖面在开挖前后以及三种设计工况下的整体稳定性均能满足规范要求，稳定性较好。

FLAC3D 和 FLAC2D 分析计算表明：进水口边坡开挖后变形的量级在 50mm 以内，塑性区范围较小，增加锚筋束控制了直立边坡坡顶部位的局部稳定性，调整了系统锚杆间距，对边坡的变形控制有一定作用，边坡处于整体稳定状态。

关键块体分析表明，进水口边坡稳定性总体情况较好，内外侧边坡均不存在关键块体，洞脸边坡能形成的最大关键块体体积最大接近 436.75m^3，但块体在坡面的出露面积很大，施工时按设计要求及时进行系统锚杆加固能够满足稳定要求。对边坡局部稳定控制性结构面为 J_3 的判断是合理的，由于 J_3 顺坡向结构面的存在，与其他结构面组合导致边坡在开挖过程中出现了多次滑塌，此施工现象与计算所反映的结果是一致的。

DDA 计算表明，左岸进水口边坡的主要问题是受结构面切割，直立边坡段局部块体稳定性欠佳,按设计要求进行支护后,锚杆最大轴力约为 27t,进水口塔体混凝土完成后,稳定性满足要求。其他部位系统锚杆设计参数合理,可满足边坡稳定要求。

据监测成果可知,进水口边坡多点位移计各测点实测累计位移量较小。通过现场巡视和监测情况,进水口边坡支护后未发现有变形迹象,1699m 和 1824m 处多点位移计变形曲线趋于收敛状态,边坡整体稳定。

4. 小结

引水隧洞进水口边坡岩体上部卸荷松弛强烈,受山脊及陡倾坡内 J_7 组裂隙影响产生倾倒拉裂变形,形成松弛破碎岩体,即松动岩体(边坡纵向长度为 250～280m,厚为 30～50m,体积为 40 万～50 万 m^3),以碎裂结构为主,局部散体结构,为 V 类岩体,稳定性差,易产生滑塌破坏。其物理力学参数类同于稍密块碎石层。绝大多数采用挖除方式进行处理。

挖除松动岩体后,二维临界滑动场法对进水口边坡设计方案在两种设计工况下的整体稳定性分析表明:各纵剖面在开挖前后以及三种设计工况下的整体稳定性均能满足规范要求,稳定性较好;FLAC3D 和 FLAC2D 分析计算表明:进水口边坡开挖后变形的量级在 50mm 以内,塑性区范围较小,增加锚筋束控制了直立边坡坡顶部位的局部稳定性,调整了系统锚杆间距,对边坡的变形控制有一定作用,边坡处于整体稳定状态。关键块体分析表明,进水口边坡稳定性总体情况较好,内外侧边坡均不存在关键块体,洞脸边坡能形成的最大关键块体体积最大接近 436.75m^3,但块体在坡面的出露面积很大,施工时按设计要求及时进行系统锚杆加固能够满足稳定要求。对边坡局部稳定控制性结构面为 J_3 的判断是合理的,由于 J_3 顺坡向结构面的存在,与其他结构面组合导致边坡在开挖过程中出现了多次滑塌,此施工现象与计算所反映的结果是一致的。左岸进水口直立边坡段受结构面切割,局部块体稳定性欠佳,按设计要求进行支护和进水口塔体混凝土完成后,稳定性满足要求。其他部位系统锚杆设计参数合理,可满足边坡稳定要求。

监测资料综合分析表明,边坡位移量级较小,最大监测位移量为 10.23mm,为边坡浅表层变形,变形深度小于 10.00m,边坡仅表现出一定的卸荷回弹而未出现较大变形,变形基本趋于平缓,边坡整体稳定。说明强卸荷边坡稳定性研究成果经受了实践检验。

6.5 泄洪放空系统进水口边坡稳定性分析与处理

6.5.1 前期勘察研究

1. 边坡地质条件及稳定性定性研究

(1) 天然边坡及人工边坡的坡型特点。泄洪洞进水口位于双叉沟对岸下游至象鼻沟坡段,全长约 250m,由一条深孔泄洪洞和 1 号、2 号两条开敞式泄洪洞平行布置。根据设计,深孔泄洪洞进水口高程为 1645m,开敞式泄洪洞进水口高程为 1663.5m。此段岸坡沿公路均为陡坎,坡度为 80°左右,其上泄洪洞进水口段自然斜坡平均坡度为 48°～54°(约 1800m 高程以下),深孔泄洪洞纵向坡自然坡度为 63°左右,开敞式泄洪洞纵向坡自然坡度为 55°～65°。深孔泄洪洞进水口开挖边坡坡高为 100～150m，开敞式泄洪洞进水口边坡开挖坡高为 114～336m，开挖设计坡比纵向为 1:0.5，横向为 1:0.35。

（2）边坡的岩体结构特征。泄洪洞进水口边坡坡体内主要出露澄江—晋宁期石英闪长岩（$\delta_{02}^{(3)}$）和中粗粒花岗岩（$\gamma_{02}^{(4)}$），其下部公路边侵入少量细晶花岗岩脉（γ_1）。泄洪洞进水口部位无区域性断裂通过，地质构造以次级小断层、节理裂隙为特征。次级断层发育有 f_9、f_{10}、f_{38} 等（表 6.5-1），坡体中主要发育 J_4、J_7、J_2、J_6、J_3、J_1 等长大裂隙结构面（表 6.5-2），以 J_4、J_7、J_2、J_6 等 4 组结构面较为发育。此外，mj_5 裂隙密集带从泄洪洞进水口穿过。天然边坡岩体结构总体以块裂结构为主，局部为镶嵌结构，岩体总体为 IV 类。

表 6.5-1　　　　　　　　泄洪洞进水口小断层、密集带发育统计表

编号	产状	延伸长度/m	破碎带宽度/m	构造岩特征	结构面级别
f_9	N35°E/SE∠40°	＞200	0.1～1	角砾、糜棱岩、碎裂岩充填破碎石英脉	IV
f_{10}	N20°E/SE∠45°	＞200	0.1～0.2	角砾、糜棱岩、碎裂岩	IV
f_{38} (f_{19-3})	N20°E/SE∠52°	＞100	0.05～0.3	碎裂块、糜棱岩	IV
mj_5	N64°～90°W/NE∠78°～84°	＞300	30～40	由北西西向陡倾角长大裂隙平行密集发育组成，裂隙间距一般为 1～3m，长大裂隙裂面常见压碎现象，局部倾倒张开	V_1

前期研究表明进水口边坡整体稳定。局部块体的稳定性主要受控于 J_4、J_7 两组陡倾角裂隙及 J_6、J_2 两组中缓倾角裂隙。其主要的变形破坏方式如下：

1）沿 J_4、J_7 两组陡倾角裂隙的卸荷拉裂变形，形成明显的拉裂缝，构成板裂状的结构，易发生倾倒拉裂破坏。

2）内侧及洞脸边坡中以 J_6 组中倾角裂隙为底滑面，发生局部的滑移拉裂破坏，其中 J_4 组裂隙构成后缘拉裂面，J_7 组裂隙为侧向切割面。

表 6.5-2　　　　　　　　　泄洪洞进水口段裂隙发育统计表

组别	产　　状	性　状　特　征
J_4	N65°～85°W/NE∠75°～82°	发育程度高，延伸长大，常以裂密带形式产出
J_7	N20°～35°E/SE∠75°～85°	较发育，延伸长大
J_2	N15°～30°E/SE∠45°～55°	较发育，延伸长大，常充填石英脉，地貌显示常构成边坡的滑移控制面
J_6	N20°～35°W/NE∠30°～40°	较发育，平直、粗糙，单条延伸一般为 40～60m，个别可达 100m 以上，常构成边坡的滑移控制面
J_3	N35°～50°E/NW∠50°～65°	较发育，延伸相对较短，一般为 2～3m
J_1	N10°～25°E/SE∠20°～38°	发育程度较低，延伸较短

3）内侧坡中，J_2 组或 J_1 组裂隙走向与开挖面近于平行，且倾向坡外，由于其倾角小于开挖坡脚，易发生滑移拉裂破坏，其中 J_4 组裂隙作为侧向割裂面，J_7 组裂隙作为后缘拉裂面。

　　4）外侧坡中，局部沿 J_3 组裂隙易发生滑移拉裂破坏。

　　放空洞进水口边坡坡体内主要出露澄江—晋宁期花岗闪长岩（$\delta_{02}^{(3)}$）和中粗粒花岗岩（$\gamma_{02}^{(4)}$），其下部公路边侵入少量细晶花岗岩脉（γ_1），洞口一带基岩直接裸露。地表调查和勘探平洞揭示，放空洞进水口部位无区域性断裂通过，地质构造以次级小断层、节理密集带、节理裂隙为特征。次级断层发育有 f_7、f_8、f_9、f_{10}、f_{37}、f_{21-1}、f_{21-2}、f_{21-3}、f_{21-4}、g_{21-1}、g_{21-2} 等。此外，密集带 mj_1、mj_2 在该坡段出露。坡体中主要结构面有 J_4、J_7、J_2、J_6 4 组，此外，还零星发育延伸较短小的 J_9 组裂隙及 J_3 组裂隙。岩体结构总体为块状结构，局部为次块状。据进水口部位 XPD21 勘探平洞和地质调查资料，强卸荷水平深度为 12m，弱风化弱卸荷水平深度为 64m，64m 以里为微新岩体；边坡岩体中无规模较大的断层分布，小断层和挤压破碎带较发育，其产状对内侧（上游侧）边坡稳定不利。洞脸边坡和外侧（下游侧）边坡岩体中不存在控制边坡稳定的软弱结构面，边坡整体稳定。局部块体的稳定性主要沿 J_4 组长大裂隙的卸荷拉裂或与 J_7 组裂隙组合的楔形滑移拉裂，其破坏形式主要以 J_2 组裂隙作为底滑面、J_4 组长大裂隙作为后缘拉裂面、J_7 组裂隙作为侧向切割面。此外，在 J_9 组缓倾角裂隙发育部位，也形成压致拉裂变形及局部掉块的现象。

　　2. 泄洪洞进水口边坡稳定性分析

　　（1）泄洪洞进水口工程边坡稳定性极限平衡法计算。该次计算模型选取深孔式泄洪洞纵剖面以及开敞式泄洪洞纵 1 号、纵 2 号剖面以及横剖面进行稳定性计算。

　　1）计算方案。据前述地质分析，泄洪洞洞脸边坡主要以 J_4 组裂隙作为后缘拉裂面，以 J_6 组缓倾角裂隙及强、弱卸荷底线作为底滑面进行建模；对于横剖面，无论上、下游，现阶段均未见不利的确定性顺坡结构面发育，计算中以强、弱卸荷底线作为底滑面，以 J_7 组裂隙作为后缘拉裂面进行建模。陡倾角裂隙代号用 D_1、D_2、D_3…表示，缓倾角裂隙代号用 H_1、H_2、H_3…表示（下同）。各剖面可能的控制面及组合模式见表 6.5-3。

　　2）计算结果分析。由计算结果可知，泄洪洞进水口纵剖面开挖边坡极限平衡计算所得稳定性系数较大，各工况下稳定性系数均大于 1，表明洞脸边坡整体稳定性较好，处于稳定状态；下游侧工程边坡的整体稳定性较好，整体处于稳定状态；在无确定的断层作为滑移面的情况下，上游侧开挖边坡整体也处于稳定状态。

表 6.5-3　　　　泄洪洞进水口边坡可能的控制面及组合模式工况一览表

位置	编号	产状	性　　状	组合模式	备注
深孔泄洪洞纵剖面	H_1	N20°W/NE∠35°	较发育，起伏，粗糙，单条延伸 5～6m，断续延伸 20～30m，常构成斜坡的滑移控制面	以 H_1 为滑面	J_7 组裂隙为侧向割裂面
1 号开敞式泄洪洞纵剖面	D_1	N70°W/SW∠85°	发育程度高，延伸长大，常以裂密带产出	（1）D_1+H_1；（2）D_1+强、弱卸荷界线	主要以 J_7 或 J_2 组裂隙作为侧向割裂面
	H_1	N20°W/NE∠35°	较发育，起伏，粗糙，单条延伸 5～6m，断续延伸 20～30m，常构成斜坡的滑移控制面		

续表

位置	编号	产状	性　　状	组合模式	备注
2号开敞式泄洪洞纵剖面	D_1	N70°W/SW∠85°	发育程度高，延伸长大，常以裂密带形式产出	(1) D_1+H_1； (2) D_1+H_2 自然边坡（原始参数）； (3) D_1+H_2 自然边坡（综合参数）； (4) D_1+H_2 工程边坡； (5) D_1+强卸荷底线； (6) D_1+弱卸荷底线	以 J_7 或 J_2 组裂隙为侧向割裂面
	H_1	N20°W/NE∠35°	较发育，起伏，粗糙，单条延伸一般为5～6m，断续延伸可达20～30m，常构成斜坡的滑移控制面		
	H_2	N20°W/NE∠35°	较发育，起伏，粗糙，单条延伸一般为5～6m，断续延伸可达20～30m，常构成斜坡的滑移控制面		
泄洪洞进水口横剖面	D_1	N27°E/SE∠75°	较发育，延伸长大	(1) D_1+强、弱卸荷界线； (2) D_2+强、弱卸荷界线	以 J_4 组裂隙为侧向割裂面
	D_2	N10°E/NW∠75°～90°	陡倾，平直，粗糙；延伸40～110m，个别单条延伸达200m		

（2）泄洪洞进水口边坡稳定性有限元分析。以1号开敞式泄洪洞洞脸边坡为例进行二维有限元计算。

1）计算模型的建立。由于与边坡近于平行的 mj_5 裂隙密集带内岩体破碎，边坡设计时将其挖除。开挖后该边坡主要受 J_4 组（N60°～80°W/NE∠70°～85°）与 J_6 组裂隙（N20°W/NE∠40°）组合的控制，故在计算中将该两组裂隙作为接触面模型考虑。模型宽为430.55m，高为537.75m。

2）计算结果分析。

A. 应力场特征分析。计算结果表明，坡体内最大主应力为压应力，最大值为10.9MPa，向临空面不断减小，坡面处量值为0.47～1.35MPa。边坡开挖后，最大主应力在开挖坡面处下降0.3～1.16MPa，并在坡脚处集中，量值为8.96MPa；剪应力在坡脚处集中，量值为3.05MPa。坡体内裂隙轴力图显示，坡顶处缓倾角裂隙（N20°W/NE∠40°）所受剪应力小于其抗剪强度，裂隙未破坏，边坡整体处于稳定状态。

B. 应变场特征。开挖边坡的变形较小，且以 Y 方向变形为主。坡面处 X 方向位移量仅为1～5mm，Y 方向位移量为7～11mm。缓倾角裂隙（N20°W/NE∠40°）上下两侧水平位移相同，表明岩体并未沿裂隙发生错动。

C. 潜在破坏区域。由计算可得，开挖边坡破坏接近度一般 $\eta<0.75$，仅在陡、缓倾角裂隙相交区域，破坏接近度 $\eta>1$，说明边坡沿缓倾裂隙有一定滑移。

（3）泄洪洞进水口边坡局部稳定性赤平投影分析。根据设计方案，泄洪洞纵剖面与地形线大角度相交，按垂直纵向剖面（轴线）作洞脸边坡的走向线，按1：0.5设计开挖坡比，则洞脸边坡产状为 N77°W/NE∠63°，上游侧边坡产状为 N13°E/SE∠70°，下游侧边坡产状为 N13°E/NW∠70°。根据裂隙组合特征，采用赤平投影的方法对泄洪洞进水口开挖边坡的块体稳定性做了分析。

A. 洞脸边坡稳定性赤平投影分析。

a. J_6 组中缓倾角裂隙与 J_7 组裂隙组合构成楔形滑移体，其中，J_6 组裂隙主要构成底滑面，J_7 组裂隙起侧滑面的作用，J_4 组裂隙可以后缘拉裂面参与组合。楔形体滑移交线倾伏向 N22°E，倾伏角为 30°，倾向坡外且倾角较大，故其稳定性较差。

b. J_4 组裂隙与开挖面小角度相交，且倾向坡外，由于其倾角大于开挖面倾角，且其延伸长度较大，在裂密带部位，易发生倾倒拉裂破坏。

B. 上游侧开挖边坡稳定性赤平投影分析。

a. 由上游侧边坡赤平投影分析得出：J_2 组或 J_1 组裂隙与开挖面近于平行，且倾向坡外，由于其倾角小于开挖坡脚，易发生滑移拉裂破坏，其中 J_4 组裂隙构成侧向割裂面，J_7 组裂隙作为后缘拉裂面。

b. J_6 组中缓倾角裂隙与开挖面成 30° 斜交，有沿该组裂隙发生滑移拉裂破坏的可能，J_4 组裂隙构成侧向割裂面，J_7 组裂隙作为后缘拉裂面。

c. J_6 组裂隙与 J_2 组裂隙构成楔形体滑移交线倾伏向 N60°E，倾伏角为 39°，较易发生楔形滑移拉裂破坏。

C. 下游侧开挖边坡稳定性赤平投影分析。由下游侧边坡赤平投影图分析可得：开挖边坡局部不稳定组合块体少。仅局部 J_3 组裂隙发育部位，可沿该组裂隙发生滑移拉裂破坏，J_7 组裂隙为后缘拉裂面，J_4 组裂隙为侧向割裂面。此外，表部揭露 J_7 组陡倾裂隙时，有发生倾倒拉裂破坏的可能。

（4）随机块体稳定性计算。局部稳定性计算结果见表 6.5-4。结果表明，上游侧边坡由 J_7、J_2、J_4 裂隙组合形成的块体稳定性较差。

表 6.5-4　　　　　　泄洪洞进水口工程边坡随机块体稳定性计算结果

边坡类型	组合序号	裂隙组合	块体特征				滑动方式	稳定系数	
			形态	体积/m³	重量/kN	最大高度/m	最大宽度/m		天然	地震
洞脸边坡	(1)	J_7、J_4、J_9	四面体	6.01	160	1.86	1.99	双面滑动	2.62	1.35
上游侧边坡	(2)	J_7、J_2、J_4	四面体	3.77	100	1.17	1.09	双面滑动	1.01	0.66

（5）工程边坡稳定性综合评价。

1）工程边坡整体稳定性综合评价。地质分析结合稳定性计算及有限元分析表明，泄洪洞洞脸边坡整体处于稳定—基本稳定状态；下游侧工程边坡的整体稳定性较好，处于稳定状态；上游侧开挖边坡在无确定的断层（J_2 组）作为滑移面的情况下，整体也处于稳定状态，但一旦存在该组中等倾角断层的情况，则稳定性较差。

2）工程边坡局部稳定性评价。根据上述分析和计算，泄洪洞进水口工程边坡存在不利的结构面组合。

泄洪洞进水口洞脸边坡局部的最可能破坏方式为：以 J_6 组裂隙作为底滑面，J_7 组裂隙作为侧滑面的楔形滑移拉裂破坏，J_4 组裂隙可作为拉裂面参与其中；J_4 组裂密带部位易发生倾倒拉裂破坏；在局部地段存在 J_6 组与 J_3 组两组结构面构成楔形滑移拉裂破坏，还可能发生沿局部发育的 J_9 组缓倾角裂隙作为底滑面，J_4 组裂隙作为拉裂面的滑移压致拉裂破坏。

上游侧边坡易沿 J_2 组或 J_1 组两组中缓倾角裂隙发生滑移拉裂破坏，J_4 组裂隙构成侧向割裂面，J_7 组裂隙作为后缘拉裂面；易以 J_6 组裂隙与 J_2 组裂隙构成楔形体方式发生滑移拉裂破坏，也有可能沿 J_6 组裂隙发生滑移拉裂破坏。

下游侧边坡的块体稳定性相对较好，局部可沿 J_3 组裂隙发生滑移拉裂破坏。

（6）措施建议。上述稳定性分析表明，尽管泄洪洞进水口工程边坡整体处于稳定—基本稳定状态，但由于不利的结构面组合的存在，各边坡均存在滑移拉裂或滑移压致拉裂块体破坏的可能。因此，在边坡开挖过程中，必须采取针对性的支护措施，加强支护处理。

1）当洞脸边坡发育 J_4 组陡倾角裂密带时，边坡可产生倾倒拉裂变形。对有确定性的该组长大结构面，尤其是已有一定的拉裂变形部位，建议对工程边坡采取一定的预应力锚索进行加固，并改变其板状结构，制约边坡的倾倒拉裂变形的发生。

2）当洞脸边坡揭露到 J_6 组中缓倾角长大结构面时，尤其是在局部开挖面方向有转折的情况下，应注意对其作针对性的加强支护。

3）由于在开挖面处存在随机不稳定块体组合，建议采取系统锚杆进行加固，以防止表层块体的失稳和掉块。在此基础上，对不稳定块体进行加强锚固，尤其是当工程边坡揭露有延伸较长大的顺坡缓倾角裂隙时，边坡的块体稳定性应引起注意，应视裂隙的延伸长度及性状特征加强锚固。

4）当上游侧边坡揭露到 J_2 组断层时，由于该断层对上游侧边坡的稳定性影响较大，应注意对其作针对性的加强支护。

5）在工程施工过程中，应加强施工地质的力度，尤其是查明洞脸边坡的 J_4、J_6 组结构面、上游侧边坡的 J_2 或 J_1 组结构面的发育状况，然后进行优化设计。

6.5.2　边坡设计优化研究

可行性研究及招标设计阶段，泄洪洞、放空洞边坡均按 1∶0.3～1∶0.5 的大开挖坡比方案设计，由于 mj_5 裂隙密集带岩体较破碎，力学性能差，拟将其挖除，导致边坡最大坡高达 336m，在高山峡谷地段，施工难度大，工期长，为此进行了泄洪洞边坡优化设计研究。

2011 年成都院联合四川大学，进行泄洪洞和放空洞布置优化及进水口边坡开挖方案优化和调整，将进水口塔体外移，边坡开挖坡度增大，工程边坡开挖坡高降低，对其稳定性和支护措施进行重新评价和研究。采用二维和三维 FLAC 软件，模拟了泄洪洞和放空洞进水口高边坡的初始地应力场，并对设计方案在不同工况下的变形和整体稳定性进行了评价；采用块体理论，评估了泄洪洞和放空洞进水口高边坡设计方案的局部块体稳定性；采用 DDA 程序，评估了泄洪洞和放空洞进水口高边坡设计方案在考虑不同结构面切割时的整体稳定性和变形特征。

岩体结构研究认为，泄洪洞及放空洞进水口边坡的稳定性主要受缓倾坡外的长大裂隙 J_6 控制，其中泄洪洞进水口边坡后缘存在沿 J_4 裂隙的裂缝，因此裂隙的连通率及参数对边坡的稳定性具有重大影响。结合长河坝坝址所在区域历史地震活动情况及进水口边坡稳定性现状，以边坡在地震条件下的稳定性为 1.0～1.05，对结构面的连通率进行反演，据此采用加权平均法确定了结构面的抗剪强度参数。

采用反演参数，对长河坝泄洪洞及放空洞进水口边坡开挖前后的稳定性进行了分析。通过方案比选，提出了以预应力锚索为主，辅以系统喷锚及截排水措施的边坡支护方案，并提出了预应力锚索的支护范围、分区及不同分区的支护参数建议，该方案被设计及施工所采纳。

根据边坡的实际开挖及支护情况，对进水口边坡各剖面进行加固前后的安全系数计算。计算典型剖面见图6.5-1。由不同工况加固前、后的安全系数计算结果可见，如不考虑加固，开挖之后部分块体稳定性较开挖前有所降低，安全系数不能满足规范要求。考虑加固措施后，安全系数总体能满足规范要求。

根据边坡实际的开挖及支护情况，结合边坡监测与地质资料分析所反映出来的潜在破坏模式，采用二维极限平衡分析法对泄洪洞及放空洞进水口边坡进行了稳定性复核。稳定性计算成果表明，对边坡进行预应力锚索加固后，边坡整体稳定性满足规范要求。

对进水口边坡进行三维FLAC计算，在不同的计算条件及工况中，除地震工况外，

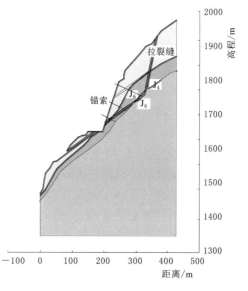

图6.5-1 进水口边坡6—1剖面计算
模型（开挖后）

边坡拉应力分布范围及量值、塑性区的分布范围均很小，坡体变形范围及变形量都不大，说明边坡在不同情况下的整体稳定性较好。地震工况下，2号及3号泄洪洞剖面塑性区范围较大，但没有出现塑性区贯通的情况，边坡仍保持整体稳定状态。

从监测成果来看，边坡的整体变形量级适中或偏小，锚索荷载适度，松弛为主，且应力与变形已趋于收敛，边坡现状稳定。监测剖面3—3和监测剖面4—4位移量相对较大，其部位潜在变形破坏模式以J_6作为底滑面、J_4作为后缘拉裂面，与地质分析结果一致。该部位位移变化速率在后期逐渐减缓，在现状条件下处于稳定状态。

该优化研究对于泄洪洞进水口边坡开挖及支护方案的优化提供了重要的理论支撑。边坡实际实施方案相对可行性研究阶段方案进行了较大优化，达到了保证边坡工程安全稳定、经济合理的目的，主要体现在以下方面：①泄洪洞边坡最大开挖高度由约336m降低至约105m，大幅减少了土石方开挖方量，降低了工程成本，节约了工期；②由于自然边坡高陡，机械设备难以到达原设计开挖边坡上部，需要修建临时施工道路，施工难度极大，边坡开挖高度降低后，降低了工程施工难度；③由于缩小了边坡开挖范围，减轻了边坡开挖对于自然山体植被的破坏以及弃渣堆放对于环境的影响，减少了边坡工程对于环境的影响。

6.5.3 开挖复核及监测成果分析

施工阶段边坡开挖设计采用统一协调联合开挖方式，临时边坡开挖坡比为1：0~1：0.1，

永久边坡开挖坡比 1∶0.25。1 号泄洪洞进水口的塔基最低开挖高程为 1645m，最高边坡开挖至 1750m 高程，临时边坡（塔顶 1697m 高程以下）52m，永久边坡（塔顶 1697m 高程以上）53m，最大边坡总高 105m。2 号、3 号泄洪洞进水口的塔基最低开挖高程为 1658.50m，最高边坡开挖至 1750m 高程，临时边坡（塔顶 1697m 高程以下）38m，永久边坡（塔顶 1697m 高程以上）53m，最大边坡总高 91m，2 号泄洪洞最大坡高 61m。边坡处理采取喷锚＋排水孔等支护方式，并根据不同高程和位置，设置系统锚索和随机锚索。

1. 开挖揭示工程地质条件

开挖揭示主要出露澄江—晋宁期石英闪长岩（$\delta_{02}^{(3)}$）和中粗粒花岗岩（$\gamma_{02}^{(4)}$），岩体强—弱卸荷、弱风化，裂隙较发育，泄洪洞进水口边坡部位无区域性断裂通过，地质构造以次级小断层、节理密集带、节理裂隙为特征。Ⅳ级结构面在该段地表揭露 8 条小断层和 3 条挤压破碎带及 mj5 裂隙密集带，裂隙发育情况边坡工程地质条件与前期基本一致。

通过开挖揭示，边坡未发现有贯穿性软弱结构面，岩体裂隙发育有 J4、J1、J9、J3、J2、J7、J6，其中 J4、J1、J9、J6 等组最发育，J4 发育程度较高、局部以 mj5 密集带形式产出。J6 为顺坡裂隙，常构成块体滑移面，控制边坡稳定。断层和挤压带较发育，上部边坡岩体破碎，多呈碎裂—散体结构，为Ⅴ类，中下部岩体多呈块裂结构，以Ⅳ类为主，局部为Ⅲ类。边坡在自然状况下整体稳定。上部边坡受 mj5 和断层以及裂隙组合影响，岩体破碎，稳定性极差，易产生垮塌；局部坡段受结构面不利组合，形成不稳定块体，稳定性差，易产生滑塌破坏。

2. 边坡整体稳定

泄洪洞进水口边坡优化后，边坡高度下降较多。其边坡稳定分析同可行性研究阶段基本一致。总体来说，边坡优化方案实施后，弱风化、强卸荷岩体和 mj5 裂隙密集带大部分予以保留，虽节省了大量的开挖工程量，确保了施工工期，但边坡稳定性略变差些。

按调整后开挖方案，洞脸边坡的稳定分析如下：

（1）J4 组裂隙与开挖面小角度相交，且倾向坡外，由于其倾角较大，大于开挖面倾角，加之该组裂隙延伸长度大，间距较小，易发生倾倒拉裂及崩塌破坏。边坡优化后坡高降低，与 J4 同产状的 mj5 将保留在边坡内，其对边坡的稳定起控制作用。mj5 带宽 30～40m，出露于近地表处，裂隙普遍张开，并发育数条挤压破碎带，其走向与洞轴线近于垂直，倾角大于开挖面倾角，开挖过程中边坡易发生倾倒拉裂及崩塌破坏。

（2）J6 与洞脸边坡走向夹角为 40°～45°，与 J4 及 mj5 组合，局部易发生滑移拉裂破坏，其中 J6 组裂隙作为底滑面，J4 组裂隙构成后缘拉裂面，J7 组裂隙作为侧向切割面。

泄洪洞边坡开挖线以上岩体卸荷严重，沿陡倾角 J4 裂隙形成一条特定的拉裂缝见图 6.5-2 和图 6.5-3，顶部张开宽度为 10～30cm（高程约 1940m）。J6 裂隙与洞脸边坡及内侧边坡均斜交，常构成自然坡面的控制面，局部坡面延伸大于 100m，自然状态下，沿 J6 裂隙面局部产生滑移破坏，其中 J4 作为后缘切割面。因此，进水口边坡受长大 J6 裂隙面控制，易沿 J6 裂隙面产生滑移拉裂破坏，见图 6.5-4，其最大滑移方向位于内侧坡和正坡之间。陡倾角 J4 裂隙形成一条特定的拉裂缝与 J6 裂隙形成不利组合，在地震、爆破、强降雨等外力作用下可能产生滑移拉裂破坏（拉裂缝作为后缘切割面，J₆裂面作为滑移面），危及导流洞运行和泄洪洞施工及永久运行安全。

图 6.5-2　泄洪洞进水口边坡全貌　　　　图 6.5-3　泄洪洞进水口近景

稳定性分析表明，天然状态下边坡整体稳定，短暂工况及偶然工况下不满足设计要求，见表 6.5-5。设计采用在一定范围内天然边坡上布置系统锚索，锚索深度穿过该拉裂缝。经设计边坡稳定性计算（表 6.5-6），支护后，边坡稳定满足规范要求。实施后，边坡内观和外观监测成果显示，该边坡变形已趋于收敛，边坡未出现异常，整体处于稳定状态。

表 6.5-5　　泄洪进水口开挖边坡稳定安全系数计算成果表（未支护情况）

计算剖面	模 型 组 合	工　况		
		持久	短暂	偶然
1号洞纵1剖面	①J₆（倾角23°、长50m）＋J₄（倾角80°、长59m）	2.199	1.937	1.451
	②J₆（倾角23°、长80m）＋J₄（倾角80°、长47m）	1.972	1.765	1.202
1号洞斜1剖面	①J₆（倾角40°、长80m）＋J₄（倾角80°、长152m）	1.039	0.635	0.790
2号洞纵2剖面	①J₆（倾角23°、长50m）＋J₄（倾角80°、长147m）	1.358	1.121	1.016
	②J₆（倾角23°、长80m）＋J₄（倾角80°、长122m）	1.402	0.843	0.984
3号洞纵3剖面上部	①J₆（倾角23°、长50m）＋J₄（倾角80°、长112m）	1.544	1.300	1.137
	②J₆（倾角23°、长80m）＋J₄（倾角80°、长108m）	1.458	1.254	1.018
3号洞纵3剖面下部	①J₆（倾角23°、长50m）＋J₄（倾角80°、长167m）	1.658	1.408	1.232
	②J₆（倾角23°、长80m）＋J₄（倾角80°、长210m）	1.301	0.838	0.987
边坡稳定目标安全系数		1.25～1.30	1.15～1.20	1.05～1.10

表 6.5-6　　进水口开挖边坡稳定安全系数计算成果表（已支护情况）

计算剖面	组合	支 护 措 施	工　况		
			持久	短暂	偶然
1号洞纵1剖面	①	无须支护			
	②	无须支护			

续表

计算剖面	组合	支护措施	工况		
			持久	短暂	偶然
1号洞斜1剖面	①	开挖线范围内4m×4m间排距，200t锚索	1.450	1.189	1.097
2号洞纵2剖面	①	开挖线范围内4m×4m间排距，200t锚索	1.457	1.206	1.086
	②	1697m高程以上布置16排200t锚索，4m×4m间排距	1.519	1.297	1.057
3号洞纵3剖面上部	①	无须支护			
	②	布置8排200t锚索，4m×4m间排距	1.531	1.317	1.063
3号洞纵3剖面下部	①	无须支护			
	②	1697m高程以上布置24排200t锚索，4m×4m间排距	1.401	1.181	1.056
边坡稳定目标安全系数			1.25~1.30	1.15~1.20	1.05~1.10

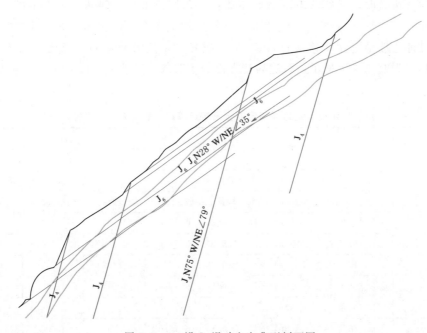

图6.5-4 沿J_6滑动方向典型剖面图

3. mj_5裂隙密集带垮塌

2号泄洪洞高程1715~1720m段，设计开挖坡比为1:0.22，坡面发育一条缓倾角断层破碎（N50°~70°E/SE∠15°~40°）与mj_5裂隙密集带，岩体以散体—碎裂结构为主，岩体弱风化，强卸荷，边坡以V类为主，边坡总体稳定性极差。受断层和mj_5及裂隙不利组合，形成不稳定体，开挖中距2号泄洪洞轴线0-05.00~0+25.00沿断层下盘发生倾倒、滑移垮塌，导致边坡形成倒悬，见图6.5-5，边坡稳定性极差。受开挖卸荷及爆破等不利影响，边坡倒悬范围可能会继续扩大，从而导致边坡整体变形以至于发生失稳破坏。

为确保边坡结构及后续边坡施工安全，对 mj_5 破碎带采用"锚索＋框格梁＋挂网＋混凝土＋锚杆束"支护型式，锚索 $P=2500kN$，$L=55m$ 和 $60m$，间排距 $5m$，长短交错布置；锚杆束 $L=9m$ 和 $12m$ 交错布置，部分形成倒悬坡采用混凝土贴坡处理。

图 6.5-5　2 号泄洪洞进水口边坡

4. 进水口塔基稳定性分析

泄洪洞进水口优化后，塔基基础外移 $20\sim30m$，大部分位于强卸荷及弱卸荷岩体中，岩体多呈块裂结构、局部次块状—碎裂结构，mj_5 发育，岩体较破碎，总体为Ⅳ类，局部为Ⅲ类，靠山外侧段岩体稍松弛为Ⅳ类偏差。塔基基础岩石坚硬，可满足基础承载及变形要求。1 号、2 号、3 号闸室基础前沿边线距坡面距离分别约为 $17m$、$11m$、$37m$，1 号、2 号闸室基础前沿边线距离坡面线较近，岩体单薄，加之岩体顺坡裂隙发育，受裂隙组合切割，形成较大的不稳定块体，稳定性差，蓄水后弱化结构面力学指标，对塔基稳定不利。3 号泄洪洞塔基前沿岩体较厚，基础大部分置于弱风化、弱卸荷岩体上，塔基基础未见长大顺坡结构面，少量断续延伸顺坡裂隙坡度陡于地形坡度，对塔基边坡稳定无影响，可满足边坡稳定要求。

因此 1 号、2 号塔基基础离边坡坡面距离近，仅 $11\sim17m$，大部分处于强卸荷岩体内，需要对塔基基础边坡稳定性进行分析及计算。

1 号泄洪洞进水口塔基靠河侧段，岩体卸荷强烈、弱风化，裂隙、断层较发育，裂面锈染，多张开，局部充填岩屑，呈块裂—碎裂结构，坡面干燥，总体为Ⅳ类偏差。底板岩体破碎、稍松弛，受 J_6（顺坡）、J_2、J_4 裂隙及断层 f_{xj-1-6} 和挤压带 g_{xj-1-3} 相互组合影响，且 J_6 以间距 $1\sim2m$ 发育，在底板形成较大不稳定块体，稳定性差，在开挖卸荷、爆破震动及其库水浸润等不利因素影响下，易产生沿 J_6 裂隙向大渡河方向滑塌破坏和沿 J_4 裂隙向大渡河方向倾倒破坏，对闸室基础稳定不利，建议采取处理措施。

2 号泄洪洞进水口底板靠河侧段，岩体卸荷强烈、弱风化，裂隙、断层较发育，裂面锈染，多张开，局部充填岩屑，呈块裂—碎裂结构，总体为Ⅳ类偏差。受顺坡 J_6、J_4 裂隙及断层 f_{xj-2-4} 相互组合影响，形成较大不稳定块体，稳定性差，在开挖卸荷、爆破震动及其库水浸润等不利因素影响下，易产生沿 J_6 裂隙向大渡河方向滑塌破坏和沿 J_4 裂隙向大渡河方向倾倒破坏，对闸室基础稳定不利，为确保施工及工程安全，建议对底板以下坡面松动岩体清除后采取适宜的加强处理措施。

为了确保泄洪进水口塔体永久运行的稳定，根据边坡稳定计算分析成果，在 1 号塔体基础外侧下部 $1646.50m$ 高程布置一排锚筋束，$L=9m$，间距为 $2.0m$；在 $1643.40m$、$1639.40m$、$1635.40m$ 高程各布置一排预应力锚索，锚索参数 $P=2000kN$，$L=55m$ 和 $60m$，间距为 $5m$。在 2 号塔基下部 $1661.70m$、$1660.20m$ 高程各布置一排锚筋束，锚筋束参数 $L=12m$ 和 $9m$，间距为 $2.0m$，排距为 $1.5m$，长、短间隔布置。在 $1660.20m$、$1657.20m$、$1655.20m$、$1652.20m$、$1650.20m$、$1647.20m$ 高程各布置一排预应力锚索，

锚索参数 $P=2000$kN、$L=50$m 和 55m，间距与排距均为 5m，长、短间隔布置。

塔基基础下部边坡处理后，如今已经历 5 年多蓄水检验，巡视及监测成果表明，塔基基础无大的变形且稳定，说明处理是成功的。

5. 泄洪洞系统进水口边坡研究小结

进水口边坡优化研究对于泄洪洞进水口边坡开挖及支护方案的优化提供了重要的理论支撑。西部高山峡谷地区山高坡陡，尽量少开挖边坡，做到"高清坡、强支护、低开口、早进洞"。这样能大幅降低开挖坡高，降低施工难度，减少工期及节约投资。边坡实际实施方案相对可行性研究阶段方案进行了较大优化，达到了保证边坡工程安全稳定、经济合理的目的，主要体现在以下方面：①泄洪洞边坡最大开挖高度由约 336m降低至约 105m，大幅减少了土石方开挖方量降低了工程成本，节约了工期；②由于自然边坡高陡，机械设备难以到达原设计开挖边坡上部，需要修建临时施工道路，施工难度极大，边坡开挖高度降低后，降低了工程施工难度；③由于缩小了边坡开挖范围，减轻了边坡开挖对于自然山体植被的破坏以及弃渣堆放对于环境的影响，减少了边坡工程对于环境的影响。

泄洪洞进水口边坡优化后，塔基基础外移，离坡面近，需注意岩体卸荷及结构面不利组合对塔基基础边坡稳定性的不利影响，进行稳定性分析与计算，必要时进行支护工程处理措施。

6.6　泄洪放空系统出水口边坡稳定性分析与处理

6.6.1　前期勘察研究

1. 边坡地质条件及稳定性定性研究

（1）自然边坡及人工边坡的坡型特点。泄洪洞平行布置有一条深孔式泄洪洞和两条开敞式泄洪洞，其中开敞式泄洪洞 1 号出水口位于大渡河右岸砂场沟上游侧约 65m 处，砂场沟垂直大渡河呈 NW 向发育，沟口发育一洪积堆积扇。该段谷坡地形较缓，坡度为 $41°\sim46°$。

可行性研究阶段深孔泄洪洞出水口边坡单独开挖，1 号、2 号开敞式泄洪洞出水口边坡联合开挖。深孔泄洪洞出水口挑坎开挖高程为 1505m，洞脸坡开挖坡比为 1：0.5，侧边坡开挖坡比为 1：0.35，每 20m 设一道 3m 宽的马道。

（2）边坡的岩体结构特征。泄洪洞出水口工程部位岩性主要为晋宁—澄江期灰色中粒花岗岩（$\gamma_{02}^{(4)}$），局部穿插辉绿岩脉（β_μ）。

深孔式泄洪洞出水口所在部位断层不发育，只是在边坡后缘出露有 F_0 断层。在开敞式泄洪洞 1 号出水口上游侧与花瓶沟之间的边坡岩体中密集发育有 $F_1\sim F_6$ 断层及 f_{14}（EW/N$\angle$20°）、f_{13-1}（N80°W/NE$\angle$45°）、f_{13-2}（N10°$\sim$30°W/SW$\angle$50°$\sim$70°）等小断层。

该部位主要发育 J_7、J_1、J_5、J_6、J_8 等组裂隙，其性状特征及发育程度见表 6.6-1。其中深孔式泄洪洞出水口部位 J_7、J_1、J_5、J_6、J_8 等均有发育，开敞式泄洪洞出水口以 J_1、J_5、J_6、J_8 等组裂隙发育为主，J_7 组裂隙发育程度相对较差。

表 6.6-1 泄洪洞出水口段裂隙发育统计表

组别	产状	性状特征	发育分布特征
J₁	N10°~20°E，SE∠35°~40°	缓倾下游，偏坡外，延伸一般为50~100m，个别延伸达200~300m，间距一般为5~10m，局部为1~2m	泄洪洞出水口段均较发育
J₇	N10°~15°E/NW∠70°~85°	陡倾，平直，粗糙，延伸40~110m，个别单条延伸达200m	开敞式泄洪洞出水口段较发育，深孔式泄洪洞出水口段相对较差
J₈	N10°~35°W/NE(SW)∠80°~85°	平直、较粗糙；延伸长大，少数达100m以上，间距为30~50m，局部2m左右。个别以岩脉产出	泄洪洞出水口段均较发育
J₅	N60°~80°E/SE(NW)∠80°~85°	较平直，稍糙；延伸30~50m，间距为10~20m与河流走向近一致，陡倾坡外的大光面	泄洪洞出水口段均较发育
J₆	N40°~50°W/NE∠10°~20°	平直，稍糙；断续延伸达30~80m，间距为4~8m，缓倾上游，偏坡内	泄洪洞出水口段均较发育

受 J₇、J₁、J₅、J₆、J₈组结构面的组合控制，工程区岩体结构以块状、次块状结构为主，次为镶嵌结构。在开敞式泄洪洞出水口所在部位，边坡岩体以块状结构为主；在深孔式泄洪洞出水口上游侧断层较发育部位岩体结构以镶嵌—次块状结构为主。

（3）边坡变形破坏特征及自然边坡稳定性。受该区岩体结构控制，边坡的变形破坏主要有如下特征。

1）台阶状滑移拉裂破坏。在开敞式泄洪洞出水口上游侧可见两级较明显的缓坡，反映出以J₁组（N10°~20°E/SE∠35°~40°）长大裂隙作为底滑面，以J₇组裂隙作为后缘拉裂面，J₅组裂隙为侧向割裂面的滑移拉裂破坏，其空腔往往在斜坡上形成台阶状地貌，见图6.6-1。

2）滑移压致拉裂变形。在该区公路内侧岩体中发育有非常明显的压致拉裂缝，主要受J₆（N40°~50°W/NE∠10°~20°）缓倾角裂隙控制，一旦该拉裂缝贯通，斜坡岩体将以其作为底滑面发生滑移压致拉裂破坏。

此外，斜坡表面局部可见块体脱落破坏。脱落体主要由J₇、J₆、J₅ 3组裂隙切割而成，其中以J₇组裂隙作为侧向割裂面，以J₆组裂隙作为顶部割裂面，以J₅组裂隙作为滑落面。脱落空腔大小不等，取决于此3组裂隙发育的密集程度。

图6.6-1 泄洪放空系统出水口全貌

上述变形迹象，结合边坡未有顺坡长大结构面切露，故该段自然边坡整体稳定。

2. 泄洪洞出水口工程边坡稳定性分析与评价

（1）泄洪洞出水口边坡稳定性极限平衡计算与评价。为了定量评价泄洪洞出水口工程边坡的整体稳定性，选取各出水口的纵剖面和具有代表性的横剖面进行稳定性计算。根据工程区结构面的空间发育特征，对每个剖面上每种可能的组合模型进行稳定性评价，计算工况及计算方法同上。各剖面可能的控制面及破坏模式见表 6.6-2。

表 6.6-2　　　泄洪洞出水口边坡可能的控制面及组合模式工况一览表

位置	编号	产状	性状	组合模式	备注
深孔泄洪洞纵剖面	D_1	N70°E/SE∠85°	较平直，稍糙；延伸 30～50m，间距为 10～20m	(1) D_1＋强、弱卸荷带界线； (2) D_2＋强、弱卸荷带界线； (3) F_4＋强、弱卸荷带界线； (4) F_5＋强、弱卸荷带界线； (5) F_6＋强、弱卸荷带界线	以 J_7 或 J_8 组裂隙作为侧向割裂面
	D_2	N70°E/SE∠85°	较平直，稍糙；延伸 30～50m，间距为 10～20m		
	F_4	N28°W/NE∠78°	延伸大于 300m，破碎带块度为 0.1～0.3cm		
	F_5	N50°W/SW∠65°	延伸大于 300m，破碎带块度为 0.1～0.2cm		
	F_6	N35°W/SW∠80°	延伸大于 300m，破碎带块度为 0.2～0.3cm，可见片状岩，构造透镜体		
1号开敞式泄洪洞纵剖面	D_1	N70°E/NW∠85°	较平直，稍糙；延伸 30～50m，间距为 10～20m	(1) D_1＋强、弱卸荷界线； (2) D_2＋强、弱卸荷界线； (3) D_3＋强、弱卸荷界线； (4) F_1＋强、弱卸荷界线； (5) F_2＋强、弱卸荷界线； (6) F_4＋强、弱卸荷界线	
	D_2	N70°E/SE∠85°	较平直，稍糙；延伸 30～50m，间距为 10～20m		
	D_3	N70°E/SE∠85°	较平直，稍糙；延伸 30～50m，间距为 10～20m		
	F_1	N28°W/NE∠79°～82°	延伸大于 300m，破碎带宽 1～1.2cm，充填片状岩，碎裂岩		
	F_2	N35°W/NE∠70°	延伸大于 300m，破碎带宽 0.5～1.1cm，充填片状岩，碎裂岩		
	F_4	N28°W/NE∠78°	延伸大于 300m，破碎带宽 0.1～0.3cm，可见构造透镜体		主要以 J_7 或 J_8 组裂隙作为侧向割裂面
2号开敞式泄洪洞纵剖面	D_1	N60°～80°E/NW∠85°	较平直，稍糙；延伸 30～50m，间距为 10～20m	(1) D_1＋强、弱卸荷界线； (2) D_2＋强、弱卸荷界线； (3) F_0＋强、弱卸荷界线； (4) F_1＋强、弱卸荷界线； (5) F_2＋强、弱卸荷界线； (6) F_4＋强、弱卸荷界线	
	D_2	N70°E/SE∠85°	较平直，稍糙；延伸 30～50m，间距为 10～20m		
	F_0	N40°～45°E/NW∠50°～65°	发育在整个工程区右岸边坡上部，延伸长大，破碎带宽 0.4～1.2cm		
	F_1	N28°W/NE∠79°～82°	延伸大于 300m，破碎带宽 1～1.2cm，充填片状岩，碎裂岩		
	F_2	N35°W/NE∠70°	延伸大于 300m，破碎带宽 0.5～1.1cm，充填片状岩，碎裂岩		
	F_4	N28°W/NE∠78°	延伸大于 300m，破碎带宽 0.1～0.3cm，可见构造透镜体		

续表

位置	编号	产状	性状	组合模式	备注
开敞式泄洪洞出水口10号横剖面	D_1	N70°E/SE∠85°	较平直, 稍糙; 延伸30~50m, 间距为10~20m	(1) D_1+强、弱卸荷界线; (2) D_2+强、弱卸荷界线; (3) F_0+强、弱卸荷界线; (4) F_0+H_1	
	D_2	N15°E/NW∠70°	陡倾, 平直, 粗糙; 延伸40~110m, 个别单条延伸达200m		
	F_0	N40°~45°E/NW∠50°~65°	发育在整个工程区右岸边坡上部, 延伸长大, 破碎带宽0.4~1.2cm		
	H_1	N20°E/SE∠35°	缓倾下游偏坡外, 延伸一般为50~100m, 个别延伸200~300m, 间距一般为5~10m, 局部为1~2m		
开敞式泄洪洞出水口12号横剖面	D_1	N15°E/NW∠65°	较平直, 稍糙; 延伸30~50m, 间距为10~20m	(1) D_1+强、弱卸荷界线; (2) D_2+强、弱卸荷界线; (3) D_3+强、弱卸荷界线; (4) D_4+强、弱卸荷界线; (5) D_5+强、弱卸荷界线; (6) D_6+强、弱卸荷界线	主要以J_5组裂隙作为侧向割裂面
	D_2	N15°E/NW∠65°	较平直, 稍糙; 延伸30~50m, 间距为10~20m		
	D_3	N15°E/NW∠65°	较平直, 稍糙; 延伸30~50m, 间距为10~20m		
	D_4	N15°W/NE∠65°	平直、较粗糙; 延伸长大, 少数达100m以上, 间距30~50m		
	D_5	N12°E/NW∠48°	延伸长大, 以岩脉形式产出		
	D_6	N15°W/NE∠65°	较平直, 稍糙; 延伸30~50m, 间距为10~20m		

计算结果及安全性评价表明, 深孔式泄洪洞出水口段边坡具有比较好的安全储备, 边坡整体稳定性较好。开敞式泄洪洞所选剖面上的模型组合在各种工况下都是稳定的, 表明该段洞脸边坡和下游侧边坡整体稳定性较好, 不会发生整体破坏, 这与现场的地质调查和分析是一致的。

(2) 泄洪洞出水口边坡稳定性有限元分析。以2号开敞式泄洪洞纵剖面二维有限元计算为例。

1) 计算模型的建立。计算中主要考虑两条产状为N70°E/SE∠85°的陡倾角裂隙, 一条产状为N35°~55°E/NW∠50°~55°的中倾角裂隙及F_0、F_1、F_2、F_4 4条断层对开挖后边坡稳定性的影响。将裂隙作为接触面模型, 将断层作为一种介质。模型宽为349.34m, 高为443.76m。

2) 计算结果分析。

A. 应力场特征分析。计算结果表明, 坡体内最大主应力以压应力为主, 最大值为10.44MPa, 向临空面量值不断减小, 坡面处量值为0.67~1.49MPa。

边坡开挖后, 最大主应力在开挖面除量值为0.3~1.14MPa, 且在边坡坡脚处集中, 最大值为8.7MPa; 剪应力在边坡坡脚处集中, 最大值为3.13MPa, 坡面其他区域剪应力值较小, 量值为0.27~0.72MPa。分析坡体内裂隙轴力图可得, 对坡体稳定性影响较大的裂隙所受剪应力均小于其抗剪强度, 该裂隙控制区域的岩体稳定。

B. 应变场特征。由位移矢量分析可得，开挖边坡变形较小，坡口位置 X 方向位移仅为 3mm，坡面其他区域 X 方向位移仅为 1mm，坡面 Y 方向位移也仅为 3～5mm。陡倾角裂隙（N70°E/SE∠85°）两侧岩体存在 1mm 位移差，裂隙发生了轻微错动，但对坡体稳定性影响较小。坡体内离开挖面较远的四条断层及其他裂隙均未发生错动，边坡较稳定。

C. 潜在破坏区域。由计算可得，边坡坡面大部分区域破坏接近度 $\eta < 0.75$，在 F_1 断层处有一定的破坏区域。因断层远离开挖面，对开挖边坡稳定性影响较小，在陡倾角裂隙（N70°E/SE∠85°）端部也仅有极小范围的破坏区域，边坡整体稳定性较好。

（3）泄洪洞出水口边坡局部稳定性赤平投影分析。开敞式泄洪洞出水口边坡局部稳定性赤平投影分析。

1）洞脸边坡局部稳定性赤平投影分析。洞脸边坡开挖坡面产状为 N77°W/SW∠63°，1 号出水口开挖边坡高为 30～50m，2 号出水口开挖边坡高为 70～85m，坡比为 1∶0.5。边坡中主要发育 J_7、J_1、J_5、J_6、J_8 5 组裂隙。由坡面与裂隙组合赤平投影可得，开敞式泄洪洞洞脸边坡中影响边坡稳定性的块体组合较少，仅 J_1 组与 J_8 组裂隙切割而成的楔形体滑移有失稳破坏的可能。

2）下游侧边坡局部稳定性赤平投影分析。边坡开挖坡面产状为 N11°E/SE∠63°。其裂隙发育特征与洞脸边坡一致。由坡面与裂隙组合赤平投影可得，J_1 组裂隙易与 J_7、J_5 组合形成滑移拉裂破坏块体，其中 J_1 组裂隙为底滑面，J_7 组裂隙为后缘拉裂面，J_5 组裂隙为侧向割裂面。因 J_1 组裂隙倾角达 35°左右，故其稳定性较差。此外，当 J_7 组长大裂隙在开挖坡面处出露时，局部可沿其发生倾倒拉裂变形。

3）深孔式泄洪洞洞脸边坡地质分析与判断。深孔式泄洪洞洞脸边坡和下游侧边坡与开敞式泄洪洞边坡的地质分析与判断一致。

上游侧边坡局部稳定性赤平投影分析：开挖坡面产状为 N13°E/NW∠63°，裂隙发育特征与洞脸边坡相同。分析赤平投影可得，上游侧边坡无不利块体组合，边坡局部稳定性较好。

（4）泄洪洞出水口边坡随机块体稳定性计算。由于洞脸边坡及上游侧边坡不发育缓倾坡外的结构面，因此洞脸边坡及上游侧边坡的块体稳定性较好。根据赤平投影分析，下游侧边坡不利组合有两种。

1）J_6 组裂隙（N40°～50°W/NE∠10°～20°）倾上游，偏坡外，与 J_5（N60°～80°E/SE∠80°～85°）、J_8（N10°～35°W/NE∠80°～85°）两组陡倾角裂隙组合可能会发生滑移压致拉裂破坏。

2）在下游侧坡面上 J_1 组裂隙（N10°～20°E/SE∠35°～40°）偏向坡外，与 J_8（N10°～35°W/NE∠80°～85°）、J_5（N60°～80°E/SE∠80°～85°）两组裂隙组合可能会产生随机滑移拉裂破坏块体。

对块体组合在天然和地震两种工况下进行极限平衡计算，结果见表 6.6-3。

表 6.6-3　　　　　泄洪洞出水口下游侧边坡随机块体稳定性计算结果

模式	块 体 特 征				滑动方式	稳定系数	
	体积/m³	重量/kN	最大高度/m	最大宽度/m		天然	地震
（1）	16.02	416.54	3.32	2.4	双面滑动	2.48	1.66
（2）	7.95	206.71	6.98	2.71	双面滑动	1.24	0.86

计算结果表明，第一种组合块体稳定性较好。第二种组合中，由于 J_1 组裂隙倾向与坡面倾向近一致，因此该块体稳定性较差。

（5）泄洪洞出水口边坡稳定性综合评价。

1）工程边坡整体稳定性综合评价。地质分析结合稳定性计算及有限元分析表明，深孔式泄洪洞出水口段边坡整体处于稳定—基本稳定状态。开敞式泄洪洞洞脸边坡具有比较好的安全储备，整体处于稳定状态；下游侧边坡主要受 J_1（N10°～20°E/SE∠35°～40°）组缓倾角长大裂隙控制，在工程施工中若揭露此组裂隙，边坡的稳定性较差；上游侧工程边坡整体处于基本稳定状态。

2）工程边坡局部稳定性评价。根据上述赤平投影分析和随机块体计算，泄洪洞出水口洞脸边坡由于不发育倾坡外的缓倾角结构面，块体稳定性较好。

下游侧边坡易沿 J_1 缓倾角裂隙发生滑移拉裂破坏，以 J_8 组裂隙为侧向割裂面，J_5 或 J_7 组裂隙构成后缘面。此外，当 J_7 组长大裂隙在开挖坡面处出露时，可沿其发生倾倒拉裂变形。

3）措施建议。上述稳定性分析表明，泄洪洞出水口洞脸边坡整体处于基本稳定状态，在下游侧边坡上存在倾倒和滑移拉裂或滑移压致拉裂块体破坏的可能。因此，在工程边坡开挖过程中，必须加强支护处理，采取必要的有针对性的支护措施。

洞脸边坡整体稳定性较好，但是在局部由于受控于 J_7 组陡倾角裂隙而可能产生倾倒拉裂变形，应根据工程情况进行锚固措施。

下游侧边坡主要受 J_1、J_7 两组裂隙控制，可能沿 J_1 组裂隙发生滑移拉裂破坏或沿 J_7 组裂隙发生倾倒变形，对有确定性的该组长大结构面，尤其是已有一定拉裂变形部位，建议对其采取一定的预应力锚索进行加固，以制约边坡倾倒拉裂变形的发生。

根据随机块体分析与计算，在下游侧边坡开挖面处存在随机不稳定块体组合，建议采取系统锚杆进行加固，以防止表层块体的失稳和掉块。

6.6.2　泄洪洞出水口边坡优化研究

招标设计阶段根据地形地质条件，1号泄洪洞出水口单独开挖，2号、3号泄洪洞出水口边坡统一协调联合开挖。1号泄洪洞挑坎开挖底高程1508m，最高边坡开挖至1820m高程，最大坡高约312m；2号、3号泄洪洞挑坎开挖底高程1495m，最高边坡开挖至1870m高程，最大坡高约375m，出现在3号泄洪洞出水口斜向边坡。泄洪（放空）洞出水口边坡采用浅层喷锚、排水＋深层预应力锚索等支护方式，边坡开口线外设置主、被动柔性防护网。

高山峡谷区近400m高边坡施工难度大，工期长。为此进行了泄洪洞边坡优化设计研究。2011年联合四川大学，进行泄洪洞和放空洞布置优化及出水口边坡开挖方案优化和调整，将开挖坡度增大，工程边坡开挖高程降低，对其稳定性和支护措施进行重新评价和研究。采用二维和三维FLAC软件，模拟了泄洪洞出水口高边坡的初始地应力场，并对设计方案在不同工况下的变形和整体稳定性进行了评价；采用块体理论，评估了泄洪洞和放空洞进水口高边坡设计方案的局部块体稳定性；采用DDA程序，评估了泄洪洞和放空洞出水口高边坡设计方案在考虑不同结构面切割时的整体稳定性和变形特征。通过出水口边坡岩体结构研究，长河坝水电站泄洪洞及放空洞出水口边坡稳定性主要受缓倾坡外的长大裂隙 J_1 控制，顺坡，倾角为 35°左右，见图 6.6 - 2。结合长河坝坝址所在区域历史地震活动情况及出水口边坡稳定性现状，以边坡在地震条件下的稳定性为 1.0～1.05，对结构面的连通率进行反演，得到的出水口边坡结构面连通率为 92%。采用结构面反演参数，进行边坡在不同工况下开挖前后的稳定性分析和评价；结合三维 FLAC 分析结果，提出了泄洪洞及放空洞出水口边坡的建议支护范围和参数。

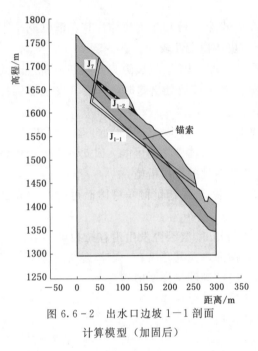

图 6.6 - 2　出水口边坡 1—1 剖面
计算模型（加固后）

不同工况加固前、后的安全系数计算成果表明，如不考虑加固，开挖之后部分块体安全系数不能满足规范要求。考虑加固措施后，安全系数总体能满足规范要求。

根据边坡实际的开挖及支护情况，采用二维极限平衡分析法对泄洪洞及放空洞出水口边坡进行了稳定性复核。稳定性计算成果表明，对边坡进行预应力锚索加固后，边坡整体稳定性满足规范要求。

优化后 2 号、3 号泄洪洞及放空洞出水口边坡开挖设计采用统一协调联合开挖方式，临时边坡开挖坡比为 1∶0～1∶0.1，永久边坡开挖坡比为 1∶0～1∶0.25（原开挖坡比为 1∶0.35～1∶0.5）。1 号泄洪洞出水口工程边坡高约 70m，出现在 1 号泄洪洞出水口右侧斜向。2 号、3 号泄洪洞出水口边坡联合开挖，仍然按照 1∶0.25 的开挖坡

比，每 25m 设置一级马道，2 号、3 号泄洪洞出水口工程边坡高约 140m，出现在 3 号泄洪洞出水口右侧。

该优化研究对于泄洪洞出水口边坡开挖及支护方案的优化提供了重要的实际支撑。边坡实际实施方案相对可行性研究阶段及招标设计阶段方案进行了较大优化，达到了保证边坡工程安全稳定、经济合理的目的，主要体现在以下几方面：①泄洪洞边坡最大开挖高度由约 375m 降低至约 140m，大幅减少了土石方开挖方量，降低了工程成本，节约了工期；②由于自然边坡高陡，机械设备难以到达原设计开挖边坡上部，需要修建临时施工道路，施工难度极大，边坡开挖高度降低后，降低了工程施工难度；③由于缩小了边坡开挖范围，减轻了边坡开挖对于自然山体植被的破坏以及弃渣堆放对环境的影响，减少了边坡工程对环境的影响。

6.6.3　开挖复核及监测成果分析

出水口工程边坡支护分两期：一期支护为在自然边坡上采取"系统锚索＋锚杆＋局部锚杆束＋喷混凝土"等措施，最大高程支护至约 1746m；二期支护为在开挖边坡上采取喷

锚＋排水孔支护方式，并根据不同高程和位置，设置系统锚索和随机锚索。工程边坡开口线外设置截水沟和柔性防护网。

1. 工程地质条件

开挖揭示边坡工程地质条件与前期基本一致。通过开挖揭示，边坡岩体裂隙发育有 J_1、J_3、J_5、J_7、J_8，其中1号泄洪洞出水口以 J_1、J_7、J_8、J_5 等组裂隙发育为主；2号、3号泄洪洞出水口以 J_1、J_5、J_3、J_8 等组裂隙发育为主，J_7 组裂隙发育程度相对较差；放空洞出水口以 J_1、J_5、J_7、J_8 等为主。J_1 为顺坡裂隙，常构成块体滑移面，控制边坡稳定。断层和挤压带较发育，坡面干燥，上部边坡岩体破碎，多呈碎裂—块裂结构，中下部岩体多呈块裂结构，以Ⅳ类为主，局部为Ⅲ类。

泄洪放空洞出水口边坡整体基本稳定，天然边坡稳定性主要受长大裂隙 J_1 控制。岩体中结构面产状对内侧（上游侧）边坡稳定不利，应加强锚固措施。洞脸边坡和外侧（下游侧）边坡岩体中不存在控制边坡稳定的软弱结构面，边坡整体稳定，局部存在不利的结构面组合。在各部位边坡中均存在倾倒和滑移拉裂或滑移压致拉裂块体破坏形式，因此，在工程边坡开挖过程中，应采取相应的支护措施。

2. 主要工程地质问题及处理

(1) 边坡整体稳定。施工图阶段，对出水口边坡进行了优化，开挖边坡降低了200余米，边坡稳定性评价同可行性研究阶段基本一致。出水口区边坡稳定性受长大 J_1 裂隙面控制。砂场沟上游泄洪出水口自然边坡 J_1 裂隙发育长大，连通率较好，延伸一般为50～100m，个别延伸达200～300m，间距一般为5～10m，局部为1～2m，受 J_1 控制形成台阶地貌。砂场沟下游（放空洞出水口边坡区）J_1 裂隙发育短小，断续延伸，连通率较差。天然边坡沿 J_1 面局部存在牵引式的滑移破坏，局部天然边坡处于临界稳定状态。泄洪洞出水口优化后有效地降低了工程开挖边坡高度，但由 J_1 长大裂隙形成的台阶面仍保留在泄洪洞上方，开挖后，部分 J_1 裂隙前缘失去支撑，天然边坡稳定性有所降低，在暴雨、泄洪雾化、地震等工况下，出水口上方天然边坡易沿 J_1 面产生滑移拉裂破坏，危及泄洪洞出水口运行安全。稳定性计算表明（表6.6-4）出水口边坡开挖后天然边坡整体稳定，在未支护短暂工况下及偶然工况下稳定性不能满足规范要求。设计在天然边坡及工程边坡进行了系统锚索支护，支护高程达到自然边坡长大 J_1 裂隙面所达高程，即1750m高程。

表 6.6-4   出水口开挖边坡稳定安全系数计算成果表（未支护情况）

剖　面	工　况			备　注
	持久	短暂	偶然	
1号洞横1剖面	1.612	1.161	1.017	持久工况、短暂工况、偶然工况目标安全系数分别为1.25～1.30、1.15～1.20、1.05～1.10
2号洞横11剖面	1.582	1.070	0.987	
3号洞横14剖面	1.480	1.021	0.934	
放空洞横19剖面	1.497	0.850	0.928	

支护后边坡整体稳定（表 6.6 - 5）。监测成果表明，边坡内观及外观变形较小，未见异常，变形已趋于收敛，整体处于稳定状态。

表 6.6 - 5　　　　　　　　出水口开挖边坡稳定计算成果表（已支护情况）

剖　面	支护措施	工　况		
		持久	短暂	偶然
1 号洞横 1 剖面	8m×8m 间排距，200t 锚索	1.762	1.263	1.096
2 号洞横 11 剖面	8m×8m 间排距，200t 锚索	1.756	1.179	1.077
3 号洞横 14 剖面	7m×7m 间排距，200t 锚索	1.703	1.166	1.053
放空洞横 19 剖面	4m×5m 间排距，200t 锚索	2.180	1.173	1.266

（2）局部不稳定块体。1 号泄洪洞出水口边坡高程 1555～1530m 段，揭示后缘边坡岩体强卸荷、弱风化，裂隙较发育，主要发育 J_1、J_7 两组裂隙，J_1 为顺坡裂隙，且倾角缓于坡角，J_7 为陡倾裂隙，受结构面不利组合，多形成不稳定块体（J_7 作为侧缘切割面，J_1 作为底滑面），稳定性差，易形成滑塌破坏。

为确保边坡安全和施工安全，对该不稳定块体采取"系统锚杆＋挂网＋喷混凝土"，另外增设了随机锚杆束支护措施。

泄洪放空系统出水口边坡，岩体顺坡裂隙 J_1 较发育，延伸长大，与 J_5、J_8 等组合形成较大的不稳定块体，稳定性差，为此在开挖坡面布置"系统锚索＋系统锚杆、局部锚杆束＋挂网＋喷混凝土"支护形式，开挖期间支护跟进，总体边坡稳定。

3. 泄洪洞出水口边坡研究小结

通过边坡岩体结构研究、边坡稳定性二维及三维分析研究，边坡实际实施方案相对可行性研究阶段及招标设计阶段方案进行了较大优化，保留了大部分强卸荷岩体，提高了开挖坡比，实行了"高清坡、强锁口、低开口、弱开挖"，大大降低了边坡高度及施工难度，节约工程造价及工期，达到了保证边坡工程安全稳定、经济合理的目的。

6.7　左岸雾化区边坡稳定性分析与处理

左岸泄水冲刷区位于泄洪洞及放空洞出水口至下游孟子坝一带。岸坡防护分为 A 区、B 区、C 区、D 区四个区，A 区为 0＋000.00～0＋140.00 段，B 区为 0＋140.00～0＋500.00 段，C 区为 0＋500.00～0＋770.00 段，D 区为 0＋770.00～1＋040.00 段。0＋000.00～0＋420.00 为基岩岸坡，开挖坡比为 1∶0.5～1∶1，最大开挖坡高约为 120m，分别在 1540m、1520m、1505m、1490m 高程设置马道，宽度为 3m；0＋420.00～1＋040.00 段为覆盖层岸坡，开挖坡比为 1∶0.75～1∶1，开挖坡高约 60m。A 区、B 区岸坡采用锚喷支护，C 区、D 区 1476m 以上采用锚喷支护，下部采用防淘墙防护。

6.7.1　工程地质条件

左岸冲刷雾化区桩号 0＋000.00～0＋420.00 边坡基岩裸露，岩性主要为晋宁—澄江期灰色中粒花岗岩（$\gamma_{02}^{(4)}$），局部穿插辉绿岩脉（β_μ），自然边坡坡度为 $30°\sim50°$。边坡走向近 SN～N30°E。开挖揭示，该段边坡未发现贯通性软弱结构面，边坡岩体强—弱卸荷、弱风化，岩体裂隙发育—较发育，小断层发育，岩体多呈块裂结构—镶嵌状结构，局部碎裂、次块状结构，坡面干燥，岩体以Ⅳ类为主，局部为Ⅲ类。$0+420.00\sim1+040.00$ 段岸坡为覆盖层，上游段为孟子坝堆积体，下游段为阶地，孟子坝堆积体顺坡展布长约 220m，沿河宽约 300m，地形自然坡度一般为 $30°\sim40°$，局部为陡坡（坡度大于 $45°$），组成物质上部主要为块碎石土，洪积与崩积堆积，厚 $13.6\sim25.35$m（钻孔 ZK138、ZK139、ZK140 揭示）；下部由含孤卵（碎）砾石土组成，冰水堆积。块碎石成分以石英闪长岩为主，少量为花岗岩和闪长岩，呈棱角状，少量呈次棱角状，块石粒径为 $20\sim32$cm，含量约占 $3\%\sim5\%$，碎石粒径为 $6\sim13$cm，少量为 15cm，含量占 $25\%\sim30\%$，砾石粒径为 $2\sim5$cm，含量占 $20\%\sim25\%$；土为灰黄色粉土—黏土，含量约占 $30\%\sim40\%$。堆积体结构密实，其组成物质中的粗颗粒咬合较好，且未发现有任何变形破坏迹象，故在天然状态下处于基本稳定状态。

下游段阶地厚度及层次与坝址区相似，钻孔揭示厚度达 $60\sim70$m，自上而下可分为③层、②层、①层。第③层漂（块）卵砾石层（alQ_4^2），分布在河床浅表，厚 $3.98\sim25.8$m；第②层含泥漂（块）卵（碎）砂砾石层（alQ_4^1），厚 $5.84\sim54.49$m，分布在河床覆盖层中部及一级阶地上，②层上部有②-c 砂层分布，砂层最大厚度达 22.02m，顶板埋深 3.98m，底板埋深 26.0m；第①层漂（块）卵（碎）砾石层（$fglQ_3$），分布在河床中下部，厚 $3.32\sim28.50$m；泄水冲刷区主要涉及第③层和②层上部的②-c 砂层。

工程地质条件与前期勘察结论基本一致。

可行性研究阶段稳定性评价：边坡大部分为岩质边坡，自然坡度较缓为 $40°\sim50°$，岩质边坡岩性主要为晋宁—澄江期灰色中粒花岗岩（$\gamma_{02}^{(4)}$），局部有辉长岩脉。基岩岸坡岩体坚硬较完整，裂隙发育稀疏，岸坡整体稳定，抗冲刷能力较强。岩体中裂隙主要发育有 J_1、J_8、J_5、J_6、J_7 5 组裂隙，岩体结构总体为次块状—镶嵌结构，局部为块裂结构。该区段边坡未见不稳岩体，整体稳定性较好，仅局部见有小规模掉块型危岩体。但泄水出水口对岸硬梁包和黄土梁坡脚发育一组顺坡向长大裂隙，随着河床覆盖层的冲刷淘蚀，将出露于地面的浅表部，在水流的作用下结构面性状将有所恶化而影响其稳定性。局部结构面的不利组合形成的楔形滑移拉裂较显著，在雾化影响时，结构面性状会变差，局部危岩体可能失稳，应有相应保护和处理措施。

孟子坝堆积体组成物质上部主要为块碎石土，洪积与崩积堆积，厚 $13.6\sim25.35$m；下部由含孤卵（碎）砾石土组成，冰水堆积，堆积体结构密实，其组成物质中的粗颗粒咬合较好，且未发现有任何变形破坏迹象，故在天然状态下处于基本稳定状态。表层结构较松散，抗冲刷性能差，坡脚易冲蚀破坏，并影响整个堆积体边坡的稳定性，应考虑护坡防冲措施。

6.7.2　主要工程地质问题及处理

1. 硬梁包松弛破碎岩体

$0+120.00\sim0+220.00$ 段，该段地形上为一山脊，三面临空，正坡走向为近 SN，上游侧坡走向 N70°E，岩体卸荷强烈，坡面上主要发育 J_1、②、J_4 及 J_3 等 4 组裂隙及断层 f_{wh-1}，受岩体卸荷、裂隙及断层影响，在高程约 1500m 以上，岩体松动、破碎、稳定性差，在开挖卸荷、爆破震动、雨水浸渗等不利因素影响下，易形成垮塌破坏，对整个山脊稳定不利；受裂隙不利组合影响，形成较大不稳定块体（以 J_4 作为侧缘切割面且 J_4 卸荷拉裂最大约 10cm，以 J_1 作为上缘切割面，以 J_3 和②组作为底滑面），在雨水浸渗等不利因素影响下，易形成沿顺坡裂隙 J_3 和②的滑塌破坏，对上部边坡稳定不利。该段边坡发育一长大顺坡裂隙，一直延伸至坡顶，张开 20～40cm，上部岩体局部溃屈，在雾化工况下易产生较大的滑塌破坏，危及大渡河、尾水、雾化区安全及电站运行安全。

为确保边坡稳定，清除了表面松动岩体，在高程 1540～1460m、桩号 0+120.00～0+220.00 段采取了"系统锚杆＋系统锚索＋挂网＋喷混凝土"等支护措施，锚索参数 $P=1500kN$，$L=45m$ 和 50m，间排距为 5～8m。目前边坡整体稳定。

2. 覆盖层坡段

孟子坝堆积体主要为冰水堆积，结构密实，其组成物质中的粗颗粒咬合较好，且未发现有任何变形破坏迹象，故在天然状态下处于基本稳定状态。但该堆积体上部及浅表部主要由较松散的洪积及崩坡积堆积组成，受雾化影响，其力学性状将变差，加上坡脚冲刷，其前缘存在失稳的可能性。

对该堆积体采取了挖除和锚固措施，在高程约 1540m 以上全部覆盖层予以挖除，高程 1540m 以下岸坡按坡比 1∶0.75～1∶1 开挖，高差 10～20m 设置一级马道，马道宽度 3m，坡面采用"框格梁＋锚索＋喷混凝土＋随机锚杆束＋防淘墙"，同时设置排水孔，锚索参数 $P=150t$，$L=45m$ 和 50m，间排距为 5m；防淘墙深 20～30m，墙厚 1.2m。

下游阶地岸坡，开挖坡比为 1∶1.25，开挖后坡面采用厚 1.0m 混凝土护坡，下部采取防淘墙，深 20～30m，墙厚 1.2m。

该覆盖层岸坡采用了减载，见图 6.7-1（b），将上部较松散的洪积及崩坡积大部分清除，确保了边坡稳定，下部边坡采用防淘墙及系统锚索＋框格梁支护，确保了边坡稳定及土体防淘刷，处理后边坡整体稳定。由于雾化工况的复杂性，不排除局部覆盖层边坡产生小型滑塌的可能性，其对整体边坡稳定无影响。

（a）处理前　　　　　　　　　　　　　（b）处理后

图 6.7-1　左岸雾化区孟子坝堆积体处理前后对比照片

6.8 开关站边坡稳定性分析与处理

6.8.1 前期勘察研究

1. 边坡地质条件及稳定性定性研究

（1）自然边坡及人工边坡的坡型特点。开关站位于左坝肩心墙下游 90～230m，处于 f_{21} 断层与 f_{24} 断层之间略显凸出的斜坡段，整个开关站坡段顺河谷全长约 140m，自然斜坡总体坡度为 45°～50°，地形略有起伏，具有一定的台阶状地貌特征，开关站纵向上（与河谷垂直）处于上部陡坡与下部缓坡之间，上部陡坡平均坡度约为 60°，下部缓坡坡度约为 40°。开关站开挖底面高程为 1685m，开挖坡高为 50～120m，后缘边坡开挖坡角为 63°。

（2）边坡的岩体结构特征。坡体基岩裸露，岩性为澄江—晋宁期中粗粒花岗岩（$\gamma_{02}^{(4)}$）。据地表地质调查，开关站部位地质构造以次级小断层、节理裂隙发育为特征。次级断层发育有 f_{20}、f_{21}、f_{23-1}、f_{23-2}，f_{24}（见表 6.8 - 1）。其中 f_{24} 断层对开关站边坡的稳定性起了重要的控制作用。

表 6.8 - 1 开关站斜坡小断层发育统计表

编号	产　　状	延伸长度/m	破碎带宽度/cm	构造岩特征	级别
f_{20}	SN/E∠63°	>300	0.01～0.03	碎裂岩、次生泥	IV
f_{21}	N20°～50°E/NW∠50°～60°	>200	0.01～0.2	碎块、糜棱岩，充填石英脉	IV
f_{23-1}	N10°E/SE∠31°	>100	0.01～0.03	糜棱岩，充填石英脉	IV
f_{23-2}	N85°E/NW∠77°	>100	0.05～0.2	糜棱岩，充填石英脉	IV
f_{24}	N64°E/NW∠66°	>300	1.5～2.0	片状岩，碎裂岩	IV

此外，边坡主要发育 J_1（N20°～40°E/SE∠15°～32°）、J_3（N30°～60°E/NW∠45°～55°）、J_4（N60°～65°W/NE∠66°～88°）、J_6（N20°W/NE∠10°～20°）等组裂隙。J_1 组裂隙主要为长大节理，J_3、J_4 组裂隙发育较密集，常以密集带形式产出，延伸相对较短；J_6 裂隙发育程度不均，局部发育程度较高；此外，斜坡中还可见 J_7、J_2 两组结构面，除局部发育程度较高外，一般发育程度相对较低。岩体结构总体为镶嵌结构，局部为次块结构。

（3）边坡的变形破坏特征。开关站边坡的变形及破坏主要受 f_{24}、f_{21} 断层及同组结构面的控制，主要表现为旋转滑移拉裂破坏形式，其中较密集发育的 J_4 组结构面构成旋转滑移拉裂的侧向切割面，其形成的浅沟沟壁宽一般为 20～33m。此外，在斜坡浅表部，可见规模相对较小的主要受 J_1、J_6 等组裂隙控制的滑移拉裂变形块体及空腔地貌。

据开关站上部 XPD06 平洞揭示，斜坡内部的变形深度可达 97m，即集中于 f_{24} 断层外侧，且斜坡的变形具有一定的分带特征，主要在洞深 32～36m、50m、59～73m、94～97m 处发育几个较为明显的变形破裂带，其变形主要表现为沿近 SN 向结构面（如 J_7：N15°～25°E/SE∠70°～73°；J_8：N5°～15°W/NE∠83°～85°等）的倾倒拉裂变形及 J_3 组结构面的滑移变形。此外，NWW 向 J_4 组裂隙也具有一定的拉裂变形，这是由于边坡下游侧侧向临空，引起沿 f_{24} 断层及其同组结构面发生旋转滑移拉裂变形造成的。

2. 开关站工程边坡整体稳定性分析

(1) 整体稳定性地质分析。该段边坡整体的破坏（规模较大的块体破坏）主要受 f_{24} 断层及同组长大结构面的控制，其变形破坏方式主要为旋转滑移拉裂型，破坏形成的浅沟深度一般为 20～33m，表明当 f_{21}、f_{24} 断层在坡面上深度不足 30～33m 时，斜坡将沿断层发生破坏。上述结构组合及变形破裂迹象显示，自然斜坡整体处于基本稳定状态。工程边坡的整体稳定性主要受 f_{24} 断层及同组长大结构面的控制，表现为（旋转）滑移拉裂破坏形式，一旦工程开挖边坡揭露到 f_{24} 断层离坡面小于 33m 时，工程边坡将有失稳的很大可能。上述表明，该段边坡的稳定性较差，较有可能会失稳破坏，由于 f_{24} 断层斜向上游延伸，故边坡的稳定性具有从下游往上游提高的趋势。

(2) 整体稳定性的极限平衡法计算。由于边坡的稳定性具有分区的特点，具有从下游往上游稳定性提高的趋势，故选取开关站不同部位的横 1～横 4 四条横剖面进行稳定性计算。

1) 计算方案。根据前述地质分析可知，开关站横向剖面（后缘边坡）主要受控于 f_{24} 断层，稳定性计算主要以该条断层建模。另外，把在 XPD06 平洞中发育的小断层 f_{06-1}（f_{20}）、f_{06-3}、f_{06-4}（f_{23-1}）也考虑进计算模型中。开关站边坡可能的控制面及组合模式见表 6.8－2。

表 6.8－2　　　　　　　　开关站边坡可能的控制面及组合模式一览表

位置	编号	产状	性状	组合模式
横 1 剖面	f_{24}	N64°E/NW∠66°	延伸长度大于 300m，破碎带宽为 1.5～2.0m，充填有片状岩，碎裂岩	f_{24}＋剪断强卸荷岩体
横 2 剖面	f_{24}	N64°E/NW∠66°	延伸长度大于 300m，破碎带宽为 1.5～2.0m，充填有片状岩，碎裂岩	f_{24}＋剪断强卸荷岩体
横 3 剖面	f_{24}	N64°E/NW∠66°	延伸长度大于 300m，破碎带宽为 1.5～2.0m，充填有片状岩，碎裂岩	f_{24}＋剪断强卸荷岩体
横 4 剖面	f_{24}	N64°E/NW∠66°	延伸长度大于 300m，破碎带宽为 1.5～2.0m，充填有片状岩，碎裂岩	(1) f_{24}＋强卸荷岩体； (2) f_{06-4}＋强卸荷底线； (3) f_{06-3}＋强卸荷底线； (4) f_{06-1}＋强卸荷底线结构面
	f_{06-4}	N10°E/SE∠30°	延伸长度大于 100m，破碎带宽为 0.05～0.2m，可见糜棱岩充填石英脉	
	f_{06-3}	N30°E/SE∠45°	带宽为 0.02～0.06m，充填糜棱岩	
	f_{20}	SN/E∠63°	延伸长度大于 300m，破碎带宽为 0.01～0.03m，可见碎裂岩，次生泥	

2) 计算结果表明，开关站后缘工程边坡稳定性较差，受 f_{24} 断层的控制，工程边坡的稳定性在上下游不同部位具有明显的差异，这与地质分析结果一致。其中上游横 4 线上游侧边坡整体处于基本稳定—稳定状态，横 4 线一带边坡在天然工况下整体处于稳定状态，在暴雨工况下处于基本稳定状态，在地震工况下处于潜在不稳定状态；横 3 线一带边坡段天然工况下处于基本稳定状态，暴雨工况下处于潜在不稳定状态，在地震工况下处于不稳定状态；横 2 线一带边坡在天然工况下处于潜在不稳定状态，在暴雨或地震工况下整体处于不稳定状态，横 2 线下游段边坡处于不稳定状态。

3）赤平投影分析。开挖边坡横向坡面产状为 N6°E/NW∠90°，纵向坡面上游侧产状为 N83°W/SW∠90°，下游侧产状为 N83°W/NE∠90°。分别对各边坡的块体稳定性作了赤平投影分析。

A. 后缘边坡块体稳定性分析。由开关站后缘边坡（横向）赤平投影可以得出：J_3 组裂隙与横向（后缘）边坡小角度相交，且倾向坡外，中等倾角，易沿该组顺坡裂隙产生滑移拉裂破坏，其中 J_4 组结构面构成滑移拉裂破坏的侧向控制面，J_7、J_2 组结构面构成后缘拉裂面，或倾向坡内的 J_1、J_6 两组缓倾角结构面构成失稳块体的顶部割裂面。

B. 上游侧边坡块体稳定性。由开关站上游侧边坡赤平投影可以得出：J_4 组陡倾角结构面与上游侧边坡小角度相交，倾角陡立，有发生倾倒变形的可能，尤其是在 J_4 组裂密带部位，发生倾倒的可能性较大。

C. 下游侧边坡块体稳定性分析。开关站下游侧边坡赤平投影显示，J_4 组结构面与开挖面小角度相交，倾向坡外，尽管其倾角较陡，但由于开关站边坡直立开挖，故易沿该组裂隙发生顺坡滑移破坏，J_3 组裂隙构成侧向滑移面，或两组裂隙构成楔形滑移拉裂块体。地质分析及稳定性计算表明，自然边坡在天然及暴雨工况下整体处于基本稳定—稳定状态，其中 f_{23-2} 断层下游侧至 f_{24} 断层部位斜坡处于基本稳定状态，往上游稳定性逐渐提高，自然斜坡处于稳定状态。开关站后缘工程边坡稳定性较差，且有从上游往下游稳定性降低的分区特征。地质分析表明，一旦工程开挖切露到 f_{24} 断层或断层离坡面距离小于 33m 时，边坡将有失稳破坏的可能，由于 f_{24} 断层斜向上游延伸，即越往上游其在斜坡中的埋深逐渐增大。因此，工程边坡的稳定性具有从上游往下游逐渐降低的趋势。稳定性计算表明，上游横4线上游侧边坡整体处于稳定状态，横4～横3线边坡段处于基本稳定状态，横3～横2线段边坡整体处于潜在不稳定—不稳定状态，横2线下游段边坡处于不稳定状态。

综合上述分析，边坡的整体稳定性主要受 f_{24} 断层控制，而具有从上游向下游稳定性降低的特征，边坡在近 EW 向 f_{23-2} 断层下游侧稳定性较差，处于潜在不稳定—不稳定状态，可形成较大规模的块体失稳；f_{23-2} 断层上游边坡整体处于基本稳定状态，横4线上游侧边坡整体处于稳定状态。

开关站后缘边坡局部稳定性较差，易沿 J_3 组裂隙发生（旋转）滑移拉裂破坏，其中 J_4 结构面构成侧向控制面，J_7、J_2 组结构面构成后缘拉裂面，或倾向坡内的 J_1、J_6 两组缓倾角结构面构成失稳块体的顶部割裂面；纵向上游侧边坡主要受 J_4 组结构面控制，局部（裂密带处）易发生倾倒拉裂破坏；下游侧边坡主要受控于 J_4 组陡倾顺坡结构面，易发生滑落破坏。

稳定性分析表明，开关站后缘工程边坡存在较大的块体破坏可能，其破坏块体在开挖坡脚处厚度可达 20～30m，宽度至少可达 f_{23-2} 断层下游至 f_{24} 断层所在浅沟，即宽度可达 70m 左右。各开挖坡面也存在一定的块体失稳问题。因此，在工程边坡开挖过程中，必须加强支护处理，采取必要的有针对性的支护措施。

6.8.2 开挖复核及监测成果分析

1. 基本地质条件

开关站边坡走向上部为 N1°E，下部为 N15°W，下游侧坡走向为 N60°E，开挖坡比为

1 : 0.5～1 : 0.9。

该边坡开挖揭示约 1850～1827m 及 1815～1820m 高程、桩号 K0＋010.00～0＋070.00 段为土质边坡，由块碎石土组成，块碎石成分单一，岩性为花岗岩，其余为黄灰色砂土，结构稍松散，干燥，岩体类别为 V 类。余为岩质边坡，岩性为花岗岩，岩体强卸荷、弱风化，裂隙发育—较发育、裂隙多张开—微张、轻锈、局部锈染，小挤压带、小断层破碎带发育，岩体总体呈碎裂—块裂结构，靠近上下游冲沟部位岩体松弛—稍松弛，坡面干燥，岩体总体为 IV 类、IV 类偏差，局部为 V 类。

据开挖揭示，开关站部位无区域性断裂通过，地质构造以次级小断层、节理裂隙为特征。裂隙发育多组、长大，以 J_1、J_4、J_3、J_8 组为主，小挤压带、小断层发育约 20 条（IV 级结构面）。裂隙发育情况如下：

（1）N10°～30°E/SE∠20°～35°（J_1），延伸大于 10m，裂面平直光滑，锈染，间距为 1～3m、局部间距为 0.5m，局部充填岩屑，微张，倾下游偏山里。

（2）N80°W（80°E）/NE（SE）∠75°～85°（J_4），延伸大于 10m，裂面平直、粗糙，锈染，微张，局部充填岩屑，间距为 1.0～2.0m、局部为 0.3～0.5m 发育，走向近垂直于边坡。

（3）N15°～20°E/NW∠50°～55°（J_3），延伸大于 10m，裂面平直光滑，锈染，间距为 1～3m、局部为 0.5m 左右，闭合—微张、局部张开，顺坡裂隙，对边坡稳定不利。

（4）N50°～70°W/SW∠75°～80°（J_8），延伸大于 10m，裂面平直光滑，锈染，局部充填钙膜，间距 0.5～2m，倾山里偏下游，微张—张开，易沿此裂隙发生倾倒拉裂。

（5）N10°～30°E/SE∠47°～60°（J_2），延伸大于 10m，裂面起伏粗糙，闭合，锈染—轻锈，局部充填岩屑、岩块，微张，倾山里偏上游。

（6）N25°～40°E/SE∠75°～85°（J_7），延伸长大，裂面平直光滑，锈染—轻锈，微张，倾坡内偏下游。

2. 主要工程地质问题及处理

（1）开口线松弛破碎岩体。开关站 1820～1850m 开挖边坡走向为 N1°15′35″E，开挖坡比一般为 1 : 0.4～1 : 0.9。上部边坡岩体部分为块碎石土；下部为基岩，岩性为晋宁—澄江期灰色中粒花岗岩（$\gamma_{02}^{(4)}$），岩体弱风化、强卸荷，裂隙发育，并发育一挤压破碎带，边坡干燥，岩体以碎裂结构为主，松弛，总体为 IV 类。受裂隙不利组合，形成不稳定块体，产生滑移拉裂破坏，边坡稳定性差。

为确保工程安全，对 1820m 高程马道以上至开口线之间的覆盖层及松散破碎岩体区域进行"混凝土框格梁＋锚索"支护，支护参数锚杆 $L＝5m$ 和 $7m$，间排距为 1.5m；锚索 $P＝1500kN$，$L＝50m$，间排距为 4m。

（2）不稳定块体。开关站高程 1785～1796m、桩号 0＋45.00～0＋60.00 段边坡岩体卸荷强烈，受上部 f_{k-2} 断层（带宽 0.1～0.3m，局部可达 0.5～0.6m，N20°～25°E/SE∠60°～70°）及 J_3、J_8、J_4 等结构面影响，岩体松动并架空、呈散体结构，稳定性差，施工产生了滑移拉裂破坏及滑塌破坏。

为确保工程安全，首先清除该段边坡松动岩体。清除后将形成倒悬体，对倒悬体上方松动岩体进行清坡，以削掉倒坡，大致平顺为准。对该部位采取锚索和框格梁支护参数加强支护措施，支护参数锚索 $P=1500\text{kN}$，$L=50\text{m}$，间排距为 4m。

开关站平台挡墙 2（K7～K3 段）基础下部边坡岩性为花岗岩，岩体强卸荷、弱风化，裂隙发育，岩体呈块裂结构，受裂隙组合切割，形成不稳定块体，稳定性差，易沿裂隙组合交棱线产生滑塌破坏，对挡墙基础稳定不利。

为确保工程安全，对挡墙基础下部进行支护，对该坡段增设三排锚筋束：$3\phi28$、$L=12\text{m}$，间排距为 $2\text{m}\times2\text{m}$。靠上游段，增设约 32 根锚索，锚索参数 $P=2000\text{kN}$，$L=50\text{m}$。

（3）上游冲沟。开关站上游侧坡，发育一条冲沟，切割较浅，沟壁陡峻，岩体卸荷强烈，裂隙发育，局部发育危岩体，在暴雨、地震等不利工况下，易产生垮塌。沟内为坡积碎石土，结构松散，厚度为 1～3m，坡比约为 1∶1.2，稳定性差，在暴雨等工况下，易产生滚石或者水石流等。

为降低工程风险，对该沟 1745m 高程马道至截水沟之间的冲沟进行表面清理，清除杂草和浮土，并采用挂 $\phi6.5@0.15\text{m}\times0.15\text{m}$ 钢筋网、喷 15cm 厚 C20 混凝土进行覆盖，并设置排水孔。

另外，在 K0+000.00 桩号附近、1751～1736m 高程范围内设置贴坡式挡墙。挡墙采用 C15 混凝土，挡墙顶宽 $a=1.0\text{m}$，底宽 $b=a+0.3h$（h 为墙高），挡墙外侧坡比不陡于 1∶0.3。挡墙基础应布置插筋，插筋为 $\phi28$，$L=5\text{m}$，原则上每平方米布置 2 根，锚杆外露 1.5m，挡墙基础位于基岩上。

3. 稳定性评价

（1）监测情况。在开关站后边坡共布置 5 个监测剖面，布设有 11 套四点式位移计、2 套五点式位移计、6 套两点式锚杆应力计、13 套锚索测力计及 20 座外部变形观测墩。

开关站各测点实测累计位移量整体较小，为 -1.35～15.74mm，各部位位移变化量较小，变形曲线趋于平缓，变形整体趋于稳定。

开关站边坡锚杆应力整体较小，为 -7.30～5.65MPa，变化量较小，表明目前浅层支护基本正常。

开关站边坡锚索锚固力实测值为 1215.59～2133.22kN，锚索测力计锁定后荷载全部呈减小状态，损失率为 3.69%～17.44%，锚索荷载目前基本趋于平缓，开关站深层支护正常。长河坝水电站开关站边坡监测成果归纳如下：

1）外部变形观测 X 向主要表现为向上游位移，最大值为 24.50mm，Y 向主要表现为向右岸临空面变形，最大值为 -8.40mm。

2）多点位移计孔口实测位移量为 0.25～5.46mm，最大位移发生在 i-i 监测断面 1746m 高程的 M_7^4 孔口处，累计位移量为 5.46mm。总体而言，位移量量级较小，位移增长速率不大（小于 0.5mm/月），处于正常范围。边坡变形主要由于开挖后，边坡内部应力状态调整导致的岩体弹性变形。

3）两台锚杆应力计实测应力值分别为 10.50MPa 和 -2.82MPa，应力值较小，且变化不大。

4）锚索测力计锚固力实测值为 1244.13～2136.62kN，在锚固力锁定值的基础上损失率为 3.57%～15.50%，锚索锚固力总体呈下降趋势。目前锚固力变化基本趋于平缓。

从监测成果来看,开关站边坡变形量不大,锚索锚固力较锁定值有所降低,目前位移及锚固力都趋于稳定,1785m 高程马道后缘裂缝没有扩展趋势,边坡处于整体稳定状态。

(2)稳定性评价。根据开挖揭示,开关站边坡未发现有控制边坡稳定的贯穿性软弱结构,边坡整体处于稳定状态。自然边坡高陡,危岩体较发育,治理后地质巡视未发现有较大变形迹象和垮塌现象。工程边坡岩体强—弱卸荷、弱风化,岩体以 IV 类为主,局部块碎石土及松弛破碎岩体为 V 类,经支护和加强支护处理后,地质巡视未发现有变形迹象,监测成果显示边坡岩体处于稳定状态。开口线附近破碎岩经工程处理后,处于稳定状态;不稳定块体经施工期加强支护后,处于稳定状态。开关站基础下部不利组合形成的不稳定块体,经过加强处理后,处于稳定状态。

开关站边坡多点位移计监测成果表明,边坡位移量级较小,最大监测位移量为 5.46mm,且位移增长速率不大;但变形深度较大,变形沿孔深分布较为均匀,边坡变形主要由于开挖后,边坡内部应力状态调整导致的岩体弹性变形。1785m 高程马道后缘在开挖过程中出现裂缝,但后期裂缝没有扩展趋势。同时,锚索锚固力较锁定值有所降低,开挖完毕后位移及锚固力都趋于稳定,表明边坡处于整体稳定状态。

在对开关站边坡水力学参数进行拟合分析的基础上,采用饱和-非饱和渗流分析方法对暴雨工况下边坡地下水位变化情况进行了分析。计算成果表明,降雨条件下,坡体内地下水位线的变化未涉及开挖区域,开挖边坡的稳定性受降雨的影响很小。

采用关键块体理论对开挖揭露出的关键块体进行了安全性评价。研究表明,后缘边坡 J_8、J_5、J_2、J_3 裂隙与坡面组成的关键块体稳定性较好;J_8、J_4、J_3 裂隙与坡面组成的关键块体以及 J_1、J_4、J_3 裂隙与坡面组成的关键块体具有潜在滑移趋势,但块体深度及滑动力均在系统锚杆长度及承载力控制范围内,系统锚杆的设置是合理的。

采用二维临界滑动场法对开关站边坡 8 个剖面的整体稳定性进行了评价,在持久设计工况下安全系数最小为 1.394,在偶然设计工况下安全系数最小为 1.127。计算成果表明,开关站各剖面在持久设计工况和偶然设计工况下的整体稳定性均能满足规范要求,稳定性较好。

根据开关站边坡实际施工及位移监测资料,考虑松动区的影响,采用 BP 网络和遗传算法对边坡岩体变形模量进行了反演。反演分析成果表明,松动区变形模量为 0.44GPa,较原岩体参数有较大降低。考虑松动区后,边坡位移反演值与实测值分布及变化规律基本一致。

采用反演参数,对边坡开挖及支护过程进行二维及三维弹塑性有限差分模拟。二维与三维计算均表明,开关站边坡开挖过程中拉应力区范围及量值均较小,无塑性区分布,同时边坡位移量值较小,无位移突变现象,且预应力锚索锚固力处于正常受力状态,表明边坡整体稳定性较好。

边坡的整体稳定性较好,主要问题仅是表层松动与局部块体失稳问题。系统锚杆和预应力锚索受力情况处于正常状态,边坡的稳定性良好,无须再增加支护措施。

第7章
枢纽区复杂渗流场与渗流控制研究

长河坝水电站进行了左岸及基坑渗流场专题研究，并基于研究成果对大坝及地下厂房防渗设计进行了优化，既节约了防渗工程量，又取得了良好的防渗效果。

7.1 枢纽区复杂渗流场勘察研究

7.1.1 研究目的及内容

研究的目标是枢纽区地下水的补给、径流和排泄条件，根据查明基坑开挖出水点的来源，分析地下水渗漏途径及渗漏量，论证基坑渗流对土层的影响，为大坝防渗处理措施提供建议，为施工期和运行期坝基渗流提供监测建议。通过调查金康水电站蓄水发电后和长河坝水电站左岸场内交通洞的开挖影响下地下水动力场的变化特征以及厂址区地下水的水环境现状，研究施工开挖期及运行期地下水动力场变化对工程安全的影响，为防渗和排水处理措施的优化提供水文地质依据。

主要研究内容包括大坝基坑和地下厂房两部分。

1. 大坝基坑

（1）复核并研究坝址区水文地质条件，包括地下水补给、排泄、径流特征，地下水流动系统分析，岩体渗透性，渗流场特征等。

（2）查明基坑出水点来源，大坝防渗体和天然地质体的水力联系，并分析地下水渗漏路径与流速、渗漏层位和渗漏量等。

（3）进行基坑渗流对大坝基础土层的影响评价。

（4）分析研究大坝基坑中防渗体与天然地质体之间的水力联系，根据研究成果提出大坝防渗处理措施建议。

（5）分析研究大坝蓄水后坝基渗流场及其可能渗漏通道，并提出大坝防渗处理措施以及施工期间和运行状态下坝基渗流监测建议。

2. 地下厂房

（1）研究厂房开挖前（交通洞贯通后）左岸水文地质条件，包括地下水补给、径流、排泄特征，进行地下水流动系统的划分，分析金康水电站引水隧洞渗水对长河坝左岸坝区地下水动力场的影响。

（2）研究左岸坝区花岗岩体介质的渗透性，构建含水岩体的结构模型。

（3）研究厂房开挖过程中地下水动力场的变化，进行厂房等引水发电系统地下洞室开挖过程中的涌水量的计算与预测分析，提出排水处理措施建议。

（4）在金康水电站引水隧洞作用下，研究长河坝水电站运行状态左岸厂坝区的水文地质条件，评价大坝左岸及厂房系统永久防渗、排水体系的可靠性及适宜性，并为防渗排水系统设计提出地质建议。

（5）在上述工作基础上，提出施工期间和运行状态下地下水长期监测网建议，确定监测技术要求。

7.1.2　研究思路及方法

1. 研究思路

该研究以地下水系统理论为指导，充分利用现有勘察资料和研究成果，并结合区域地质的研究成果，严格遵循水利水电工程地质的相关规范和技术要求，运用系统分析方法的基本原理，将野外实地调查测试和室内综合分析相结合，定性分析与定量模拟相结合，采用多种试验和测试技术，进行了基础地质、水文地质（补径排）研究、地下水系统划分、含水介质结构刻画、地下水流动系统的模拟等，查明基坑开挖出水点的来源，分析地下水渗漏途径及渗漏量，为大坝防渗处理措施提供建议，为施工期和运行期坝基渗流提供监测建议。力求对左岸厂坝区进行全方位、多视角的系统分析，进而完整、准确地把握研究区水文地质全貌，为工程设计和施工提供可靠的水文地质依据。

2. 研究方法

（1）对现有勘察资料和研究成果的收集与系统分析。

（2）在区域水文地质调查的基础上，进行重点地段的野外水文地质调查，包括各勘探平洞、钻孔、抽水井、上下游及两墙之间的基坑出水点，1 号公路交通洞及 5 号公路隧洞出水点调查。

（3）水样采集和分析，包括不同水源和不同部位地下水的水化学全分析和特殊的微量组分，以及氘氧稳定同位素的分析测试。

（4）坝址区单孔、多孔抽水试验，分别在坝址区主墙下游、副防渗墙上游、两墙之间开展抽水试验、盐水示踪试验，通过其他观测孔水位动态监测，分析两墙之间地下水与主墙下游、副墙上游地下水之间的联系。

（5）基于野外水文地质调查和水化学测试结果，分析左岸坝区地下水的补给、径流和排泄，以及金康水电站引水隧洞渗水对左岸坝区地下水动力场的影响，计算各地下出水点中金康引水隧洞渗漏水所占的混合比例，估算金康引水隧洞渗漏量。

（6）构建研究区水文地质概念模型和数学模型，进行不同工况条件下地下水渗流场的数值模拟。

7.2　左岸地下水渗流场研究及处理

随着金康水电站的蓄水发电和长河坝水电站左岸场内交通洞的开挖，左岸坝区的水文地质条件已经发生了较为明显的变化。左岸交通隧道在开挖时，出现了较大涌水，甚至出现喷射状涌水,如 5 号公路隧道及 1 号公路。为了更好地查明长河坝左岸坝区水文地质条件及其变化特征,评价其对地下厂房的影响,联合中国地质大学(武汉)进行了左岸地下水渗流场专题研究,从天然条件(即金康水电站蓄水发电前)、金康引水隧洞充水和坝区交通洞开挖影响等方面进行阐述。

7.2.1 天然条件左岸坝区水文地质条件简述

天然条件下是指金康水电站蓄水发电前(2006 年 7 月前)。坝址区地势陡峻,岩性渗透性较弱,降雨入渗补给条件差。根据上游丹巴和下游泸定气象资料,估计该区域多年平均降水量约为 620mm/a。根据该区地形地貌特征、包气带地层岩性、裂隙发育情况等综合分析,该区大气降雨的入渗条件较差,故取平均降雨入渗系数 0.15,坝址区花岗岩裂隙含水系统的补给量约为 2500m³/d。

综上所述,天然条件下,坝区地下水主要来自大气降水入渗补给;坝区地下水系统的岩石类型以花岗岩为主,其次为炭质千枚岩夹石灰岩和石膏层;坝区地势陡峻,地下水径流较强,地下水与岩石相互作用较弱,坝区花岗岩裂隙水应为低矿化度的 HCO_3-Ca 型水。

7.2.2 勘探期、交通洞施工期出水情况

大坝左岸金康水电站引水隧洞、1 号公路交通洞、5 号公路隧洞和坝区部分勘探平洞和钻孔分布见图 7.2-1。

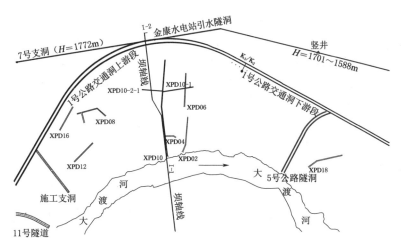

图 7.2-1 长河坝坝区交通洞和勘探平洞位置图

左岸开挖工程施工期包括:长河坝水电站勘探平洞开挖勘探期(2003—2006 年);1 号公路交通洞施工期(2006 年 7 月至 2010 年)。

1. 勘探期平洞出水点

据长河坝坝区勘探平洞揭示,平洞内出水点不均匀,洞内出水较大的点以连续滴水和线状流水为主,局部为股状流水;出水较小的点出现洞壁渗水和潮湿现象。

水量大小的差异反映了花岗岩裂隙网络发育的特点，较大出水点多在低高程的裂隙较发育或缓倾角与中高倾角交汇处。

2. 1 号公路交通洞施工过程出水点

据调查，长河坝 1 号公路交通洞施工中局部洞段出现出水情况，以密集滴水为主，局部呈线状流水或股状流涌水（F_{10} 断层处）。随洞壁支护的完成及时间的推移，出水量相对减少，由原密集滴水、线状流水及局部股状涌水变为局部渗滴水和少量线状流水。

3. 交通洞施工期左岸勘探平洞出水点

（1）坝轴线附近勘探平洞（XPD10）出水点变化。1 号公路交通洞开挖后，在该区构成了一个新的排泄点，成为坝区地下水和金康引水隧洞渗漏水的集中排泄带，截取大部分原来排往大渡河的地下水，使得 1 号公路交通洞西侧（靠河侧）地下水位整体下降，原平洞（XPD10）内地下水出水点位置和水量大小均受到影响。现场调查和量测结果表明：平洞内出水点明显减少，主洞和支洞出水点流量都有明显减少。

（2）坝轴线下游勘探平洞（XPD18）出水点变化。在金康水电站引水发电之前，坝轴线下游平洞 XPD18 位于 5 号公路隧洞下游 F_{10} 断层上游侧局部滴水和股状流水；在金康水电站引水发电之后，洞内出水点增多、水量增大。5 号公路隧洞和 1 号公路交通洞开挖后，XPD18 平洞内出水点大幅度减少，局部见滴水。

4. 5 号公路隧洞出水点

5 号公路隧洞施工前期，洞内渗水—滴水现象较为普遍，局部见涌水，钻孔内地下水呈射流状，射程为 3～4m，洞口实测 $Q = 12500\text{m}^3/\text{d}$。随着 5 号公路隧洞向山里掘进，原来的出水点流量变小直至消失。

分析结果显示，5 号公路隧洞地下水出水量较大，随着 5 号公路隧洞的贯通和下游 1 号公路交通洞向上游的掘进，5 号公路隧洞地下水出水点向山里迁移。

上述平洞和公路隧洞出水点变化特征说明：1 号公路交通洞开挖后，已经成为坝区的一个集中排水廊道，截流了大部分原来流向平洞和 5 号公路隧洞的地下水（包括花岗岩体内裂隙水和金康引水隧洞渗漏水）。

7.2.3　金康引水隧洞充水对左岸坝区地下水的影响

金康引水隧洞水流为有压水流，流经厂房区的总水头差约为 460m。2006 年 7 月金康水电站引水发电后，在高压水作用下，引水隧洞沿线（裸露基岩段）发生渗漏，尤其在原来引水隧洞施工过程中的那些涌水点，其岩石较破碎，在引水洞高压水流作用下，成为引水洞主要的渗漏部位，渗漏量大。此时，长河坝坝区交通洞中的出水除有大气降水入渗补给外，还有金康引水隧洞的渗漏补给。

1. 对左岸坝区地下水位的影响

受金康引水隧洞向坝区渗漏补给的影响，长河坝坝区地下水位整体抬升。

2. 对左岸坝区岩体地温的影响

坝区地下水来源为金康水电站引水隧洞渗漏水和坝址区花岗岩裂隙水的混合水。由于金康引水隧洞的水温较低，而长河坝坝区花岗岩裂隙水水温较高，金康引水隧洞渗漏的水对坝区岩体地温和水温都会产生较大的影响。由于 1 号公路交通洞和平洞中不同地区裂隙发育方向和规模不同，混合水的比例也不同，各出水点的洞温和水温将有所不同。如果金康引水隧洞渗漏水在混合水中所占比例较大，则水温和洞温都比较低。XPD10 下支洞洞温比上支洞低，下支 62m 出水点洞壁温度最低，说明下游支洞主要为金康引水隧洞渗漏水。

7.2.4 枢纽区左岸各部位水化学特征分析

大坝左岸出露与揭露有降水、地表（河）沟水、金康引水隧洞水（金康引水尾水）、1 号公路交通洞和 5 号公路隧洞（地下）出水，以及勘探平洞（地下）出水。本次研究共取了 49 个水样，包括：1 个雨水样，12 个地表水样，1 号公路交通洞和 5 号公路隧洞共 18 个地下水样，XPD10 平洞 15 个地下水样，3 个钻孔地下水样（ZK70 和 ZK71）。全部水样进行了水化学全分析测试，以及 D、^{18}O 同位素测试分析。通过对不同类型、不同位置水样的水化学成分进行综合分析，该区水化学具有以下特征。

7.2.4.1 左岸各类水体（点）的水化学特征比较

根据以上分析大坝左岸交通洞开挖与厂房区的地下水主要来源有：降水、地表沟水（梛梛沟）和金康引水隧洞水（尾水）渗漏。这几种地下水的补给来源具有以下几个主要特点：水温最低的是梛梛沟水（8.4℃），最高的是雨水（14.3℃）；pH 值最高的是梛梛沟水，最低的是金康引水隧洞尾水；矿化度（TDS）最高的是金康引水隧洞尾水（460.6mg/L），最低的是雨水（33mg/L）；HCO_3^- 含量最高的是梛梛沟水和金康引水隧洞尾水（164.7mg/L），最低的是雨水（15.3mg/L）；SO_4^{2-} 含量最高的是金康引水隧洞尾水（192.1mg/L），最低的是雨水（6mg/L）；Ca^{2+} 含量最高的是金康引水隧洞尾水（77.3mg/L），最低的是雨水（6mg/L）；Na^+ 含量最高的是梛梛沟水（1.43mg/L），最低的是雨水（0.49mg/L）；Ca/Na 最高的是金康引水隧洞尾水（61.5mg/L），最低的是雨水（12.7mg/L）；Sr 含量最高的是金康引水隧洞尾水（1.25mg/L），最低的是雨水（0.03mg/L）；Si 含量最高的是梛梛沟水（5.67mg/L），最低的是雨水（0.58mg/L）。

左岸 1 号公路交通洞、5 号公路隧洞和勘探平洞的地下水受到上述补给的影响不同，水化学特征也不一样，通过对比几种水体（点）的差异和空间变化规律，可以定性到半定量确定不同补给水的混合比例，推算开挖的最大涌水量。

7.2.4.2 水温与 pH 值的比较

1. 水温比较

左岸坝区中降水、沟水和金康引水隧洞尾水温度最低，坝区花岗岩裂隙水地下水温度较引水（尾水）温度高 10℃以上，1 号公路交通洞出水点温度介于两者之间。由此得出：

1）1 号公路交通洞距引水隧洞近，水温低，受金康引水隧洞渗漏影响大；勘探平洞距引水隧洞较远，水温较高，受金康引水隧洞渗漏影响小。

2）受到引水隧洞渗漏的影响，1 号公路交通洞水温产生了一定波动，总体上看上游段水温高于下游段，说明下游段受金康引水隧洞渗漏影响更大。

3）在左岸坝区花岗岩裂隙发育方向和规模的控制下，平洞出水点受到引水隧洞渗漏的影响程度（比例）也不同，表现为引水隧洞渗漏量小（花岗岩体裂隙水所占比例大），温度较高；引水隧洞渗漏水所占比例较大，则温度较低。如 XPD10 下支 62m 出水点温度最低，说明下游支洞出水中引水隧洞渗漏水量比例高。

2. pH 值比较

左岸坝区中降水、沟水 pH 值较高，偏碱性，金康引水隧洞尾水呈中性；1 号公路交通洞出水的 pH 值较高，呈弱碱性，在 K3+188、K2+800 股状出水处 pH 值明显降低，反映出受金康引水隧洞渗漏影响大。坝区平洞（XPD10）花岗岩裂隙出水的 pH 值总体较低。

7.2.4.3　坝区水体的水化学类型与矿化度（Total Dissolved Solids，TDS）对比

1. 水化学类型的对比

将坝区地下水和地表水样进行分析，得出以下认识：

（1）降水与沟水（水源区）。雨水为 $HCO_3 \cdot SO_4 - Ca$，椰椰沟水为 $HCO_3 - Ca \cdot Mg$ 型。

（2）金康引水隧洞尾水（新增水源水）。金康引水隧洞尾水为 $SO_4 \cdot HCO_3 - Ca \cdot Mg$ 型。

（3）1 号交通洞地下水。洞内出水水型较复杂，大部分主要为 $HCO_3 \cdot SO_4 - Mg \cdot Ca$；局部出水量较大的出水点为复杂水型的 $SO_4 \cdot HCO_3 - Mg \cdot Ca$ 型，如 K3+188m 开挖掌子面和集中出水段 K3+254.7m，反映出地下水受引水隧洞漏水影响较大；而有些局部出水量较小的出水点为简单水型的 $HCO_3 - Mg \cdot Ca$ 型，显示原花岗岩体裂隙水的特点，如 K3+585.9m 出水点。

（4）XPD10 平洞地下水。水型较简单，主要有两类：一类为 $HCO_3 \cdot SO_4 - Mg \cdot Ca$ 型或 $HCO_3 \cdot SO_4 - Ca \cdot Mg$ 型，反映出有一定的引水隧洞渗漏影响；另一类为简单的 $HCO_3 - Mg \cdot Ca$ 型，如 XPD10 上支 98m（洞尾）出水点，反映出原花岗岩体裂隙水的特点。

2. TDS 对比

（1）金康引水隧洞尾水 TDS 最高，坝区平洞花岗岩体裂隙水 TDS 中等。

（2）1 号交通洞出水的 TDS 有波动变化，从 1 号交通洞上游至下游段总体 TDS 在增高，在出水量较大段（如 K3+254m，K2+800~K2+730m）TDS 出现几个高值点，反映出交通洞内地下水受到引水隧洞渗漏水影响较大，而低 TDS 的出水点受到渗漏影响较小。

（3）坝区 XPD10 平洞花岗岩裂隙出水的 TDS 较低，受到引水隧洞渗漏水影响较小，而主洞由洞底往洞外（约 200m）出水段的 TDS 有明显增高现象，受引水隧洞渗漏影响较大。

7.2.4.4　主要离子成分的对比

1. 主要阴离子含量比较

（1）HCO_3^- 含量对比分析。即金康引水隧洞尾水的 HCO_3^- 含量较低，坝区平洞花岗岩体裂隙水 HCO_3^- 含量中等。分析结果显示：

1）总体上看，1 号公路交通洞 HCO_3^- 含量略低于平洞，反映出 1 号公路交通洞受金康引水隧洞渗漏影响较大。

2）在 1 号公路交通洞中的 HCO_3^- 含量有波动变化，在几个出水量较大的出水点

（段）（如 K3＋254.7，K2＋730）HCO_3^- 含量出现几个低值点，反映出水点受到引水隧洞渗漏水影响较大，而高 HCO_3^- 含量的出水点，受到渗漏影响较小（如 K3＋585.9m）；总体上看，1 号公路交通洞从上游段至下游段 HCO_3^- 含量在降低，反映出下游段受到渗漏影响大于上游段。

3）XPD10 平洞中 HCO_3^- 含量较高的出水点，受到引水隧洞渗漏水影响较小（如上支 98m）；总体上看，下支洞的 HCO_3^- 含量低于上支洞，反映出下支洞受渗漏影响大于上支洞。

（2）SO_4^{2-} 含量对比分析。坝区金康引水隧洞尾水的 SO_4^{2-} 含量最高，分析结果显示：

1）总体上，1 号公路交通洞 SO_4^{2-} 含量略高于平洞花岗岩体裂隙水 SO_4^{2-} 含量，反映出受金康引水隧洞渗漏影响较大。

2）从 1 号公路交通洞和 XPD10 平洞中的出水看，从上游至下游 SO_4^{2-} 含量表现出明显的增高特征，由此说明坝区交通洞和平洞出水受到引水隧洞渗漏水的影响，且下游段影响大于上游段。在局部出水量较大的几个出水点（段）（如，K3＋254.7～188，K2＋800～K2＋730，XPD10 下支 62m）SO_4^{2-} 含量出现几个高值点，反映出水点受引水隧洞渗漏水的影响较大，而低 SO_4^{2-} 含量的出水点，受渗漏影响较小（如 K3＋585.9m，XPD10 上支 98m）。

2. 主要阳离子和微量元素含量比较

坝区交通洞和平洞地下出水来源为金康引水隧洞的渗漏和坝区花岗岩体的裂隙水，金康引水隧洞水化学特征反映碳酸岩（石膏层）地层特征，坝区地下水的水化学特征反映花岗岩地层为主的特点，因此，Ca^{2+}、Na^+、Ca^{2+}/Na^+ 等阳离子和微量元素 Si 含量能够很好地反映出水点的水源特点。

（1）主要阳离子的比较。金康引水隧洞尾水表现为高 Ca^{2+}、低 Na^+、高 Ca^{2+}/Na^+ 含量比值的特点，而坝区平洞 XPD10 上支中为低 Ca^{2+}、高 Na^+、低 Ca^{2+}/Na^+ 含量比值的特点。

1）1 号公路交通洞上下游的两个出水量大的出水点 Ca^{2+} 含量高、Na^+ 含量低，而 Ca^{2+}/Na^+ 比值高，同样现象也在 XPD10 平洞下支 62m 出水点出现，反映出坝区开挖过程中出水量大的几个出水点明显受到金康引水隧洞渗漏的影响。

2）总体上看，1 号公路交通洞下游段相对于上游段 Ca^{2+} 含量高、Na^+ 含量少，Ca^{2+}/Na^+ 含量比值高，表明下游段受金康引水隧洞渗漏影响更大；同样的现象也表现在 XPD10 下支洞。该特点与前述阴离子 SO_4^{2-} 含量的对比结果完全一致。

（2）微量元素含量比较。碳酸岩（石膏层）地层和花岗岩体中含量差异较大的微量元素 Sr 和 Si 作为不同水源特征的示踪剂。金康引水隧洞尾水表现为高 Sr、低 Si 的特点，花岗岩体裂隙水在平洞和交通洞出水量很小的点表现为低 Sr 含量、高 Si 含量的特点。岩体裂隙水中的 Si 与引水（尾水）的含量差异尤其明显，可以很好地判断引水渗漏的影响。

从 1 号公路交通洞和 XPD10 平洞出水点的 Si 分布变化特征可以得出：①总体上看，1 号公路交通洞相对于 XPD10 平洞来说，Si 含量低；②1 号公路交通洞上游段和下游段出水量大的两段（K3＋332～K3＋254.7，K2＋800～K2＋730）Si 含量低，反映出受金康引水隧洞渗漏水的影响较大。

（3）XPD10 平洞下支洞相对于上支洞，Si 含量低，反映出下支洞受金康引水隧洞渗漏影响较大。

综上所述，坝区开挖中的地下水是原花岗岩体裂隙水和金康引水隧洞水的混合水。通过系统对比金康引水隧洞尾水和花岗岩体裂隙水（XPD10 上支混合较小）的水化学特征发现，两者在水温、pH、TDS、主要阴离子（SO_4^{2-}）和阳离子（Ca^{2+}、Na^+、Ca^{2+}/Na^+ 含量比值），以及微量元素 Si 方面差异较大。利用两种水源的水化学差异，对比分析坝区开挖工程 1 号公路交通洞、5 号公路隧洞和勘探平洞各出水点的水量和水化学特征，可以得出金康引水隧洞运行对长河坝存在渗漏影响。

结合坝区引水隧洞、交通洞以及平洞所揭示的裂隙发育方向和规模，可以识别出金康引水隧洞主要渗漏带、花岗岩裂隙水主要渗漏带和地下水流系统；基于各出水点水化学特征和裂隙发育特征，将坝区地下水分为三个区，从而揭示了坝区地下水的主要来源。

7.2.5 左岸各类水体（点）的氘氧同位素分析

对水体的 D、^{18}O 同位素进行分析可以确定水体（点）的补给来源和补给高度。该研究采集了雨水、坝区地表沟水、金康引水隧洞闸首与尾水、坝区交通洞出水、平洞出水和钻孔地下水的水样，共计 49 个水样，进行了 D、^{18}O 同位素分析。从坝区各类水体的同位素特征分析，可以得到坝区水体的来源高度，并通过交通洞出水和平洞出水的补给来源，分析金康引水隧洞渗漏对坝区的影响。

7.2.5.1 坝区水体的补给高度

将采集的水样按照不同水体类型，绘制了左岸坝区水体 $\delta D \sim \delta^{18} O$ 同位素关系曲线，可以看出坝区大多水样点的 D、^{18}O 同位素组成落在全球降水线方程附近，因此，大气降水是坝区开挖工程地下水的主要补给来源。

坝区不同水体 D、^{18}O 同位素的分布高程差异较大，反映出水体汇水区域高度的不同。反映出高程效应的水体特点如下：①姑咱镇雨水为该区取样高程最低点，D、^{18}O 同位素富集；②坝区沟水榔榔沟和瓜达沟汇水高程也较低，D、^{18}O 同位素比较富集；③金康水电站闸首和尾水为金汤河水汇水区域，该汇水区高程较高，D、^{18}O 同位素较贫；④坝区雨水、地表沟水、金汤河和金康引水隧洞水分别代表了不同高程的水体特点，表现出较好的降水高程效应。

根据我国西南地区降水 D、^{18}O 同位素的高程效应，结合该地地表水的汇水条件，金汤河在金康水电站库首区的平均补给高程约为 3000m，本地降水补给高程为 1450m，榔榔沟水补给高程为 2300m，经过拟合计算得出利用 D 同位素计算高程的公式：

$$\delta D = -0.025h - 28.2 \qquad (7.2-1)$$

利用上述公式，计算出各水样点的补给高程，计算的金汤河闸首水混合补给高程、榔榔沟水混合补给高程和雨水高程与实际条件相符。

坝区交通洞和平洞出水点 D、^{18}O 同位素变化比较复杂，但 D、^{18}O 同位素含量都在上述坝区水体和金汤河水之间，说明坝区交通洞和平洞出水点受降水和金康引水隧洞渗漏水的补给影响。

7.2.5.2 坝区地下水的 D、^{18}O 同位素响应

经计算得出了坝区雨水高程最低为 1460m，本地沟水较低，补给高程小于 2340m，金康引水隧洞水的平均补给高程最高，变化范围为 2600～3400m。与坝区交通洞出水、平洞出水的 δD 和 $\delta^{18}O$ 对比，得出坝区地下水点的变化较大。

（1）在 XPD10 平洞中：①主洞出水点的混合补给高程为 2126～2781m；②上支洞出水点的混合补给高程为 2440～2867m；③下支洞出水点的混合补给高程为 2573～3023m；④平洞钻孔中地下水混合补给高程为 2090～2510m。很明显，坝区平洞水的来源有本地降水和金康引水隧洞渗漏，从平洞水的同位素高程响应来看，下支洞补给高程高，受到金康引水隧洞尾水渗漏影响大。

（2）在交通洞中：①1 号公路交通洞上游段混合补给高程为 2158～3085m；②1 号公路交通洞下游段混合补给高程为 2360～2790m；③5 号公路隧洞补给高程为 3360m。从交通洞出水的同位素高程响应来看，交通洞主要出水点的同位素高程响应大于 2600m，高达 3000m，明显受到了金康引水隧洞渗漏的影响。

综合坝区水体（点）的 δD 和 $\delta^{18}O$ 含量变化规律，无论从 δD 和 $\delta^{18}O$ 变化的高程特点还是出水点含量变化，与前面讨论的水化学特征一样，都说明坝区开挖工程中的地下水补给来源与降水入渗和引水隧道渗漏有关，两者在不同出水点表现为不同的混合比例。

7.2.6 金康引水隧洞渗漏量估算方法简介

成分不同的两种水混合在一起，形成化学成分与原来两者都不相同的地下水，这便是混合作用。混合作用的结果，可能发生化学反应而形成化学类型完全不同的地下水；也可能不产生明显的化学反应，此时，混合水的矿化度与化学类型取决于参与混合的两种水的成分及其混合比例。

长河坝坝区地下水为金康引水隧洞渗漏水和坝区原花岗岩裂隙水的混合。水化学分析结果表明：这两种水混合后，并没有产生明显的化学反应。本书将选择代表性元素或离子，进行混合水的混合比例计算。

7.2.6.1 水化学混合作用——混合水的混合比例计算原理

使用同位素法或离子法确定混合水混合比例的前提条件是：①端元混合水样的同位素或离子成分存在明显差异；②发生混合作用后，水的同位素或离子成分未与岩石相互作用而发生改变。

对于由两种不同类型水混合而成的地下水，若已测得了端元混合水样 A、B 的某离子或同位素成分分别为 δ_A 和 δ_B，地下水中此种成分为 δ_M。假定水样 A 在地下水中的混合比例为 R，则水样 B 在地下水中的混合比例为 $(1-R)$，按照质量守恒原则则有

$$\delta_A \times R + \delta_B(1-R) = \delta_M \qquad (7.2-2)$$

据此可以计算出 R 为

$$R = (\delta_M - \delta_B)/(\delta_A - \delta_B) \qquad (7.2-3)$$

7.2.6.2 代表性元素（离子）和初始水样的确定

在研究过程中，根据金康引水隧洞尾水和花岗岩体裂隙水的水化学特征发现，两者在水温、pH、TDS、主要阴离子和阳离子，以及微量元素 Si 方面差异较大。在混合作用发

生后，相对稳定的 SO_4^{2-} 和 Si 变化较小，可以用来计算混合水的混合比例。

两类初始水样是指金康引水隧洞渗漏水和坝区原花岗岩裂隙水两类水体。引水隧洞渗漏水的水化学特征可以采用金康引水隧洞尾水的水化学分析结果；坝区原花岗岩裂隙水选用 XPD10 上支 98m 出水点的水化学特征作为初始计算背景值。然后，根据计算的混合比，再进行校正计算。

7.2.6.3　混合比例计算与校正

1. 根据 SO_4^{2-} 含量的计算

首先采用 SO_4^{2-} 含量用来粗略估算地下水混合比例，端元混合水样分别取金康引水隧洞尾水出水口处水中的 SO_4^{2-} 含量 192.1mg/L（含量最高）和 XPD10 下支 98m 处 SO_4^{2-} 含量 40.58mg/L（含量最低）。经计算在受金康引水渗漏影响较小的 XPD10 主洞和上支洞，混合比例为 10%～20%，因此 XPD10 上支 98m 点已经被引水隧洞渗漏"污染"，必须进行校正计算。假设 XPD10 上支 98m 引水隧洞渗漏混合水比为 15%，则推算出坝区花岗岩裂隙水的 SO_4^{2-} 的平均初始含量为 13.84mg/L。经校正后计算，1 号公路交通洞 K3+188 段金康引水渗漏水混合比例达 85%，XPD10 主洞为 30% 左右。

2. 根据 Si 含量的计算

同时，我们也采用 Si 含量用来粗略估算地下水混合比例，端元混合水样分别取金康引水隧洞尾水出水口处水中的 Si 含量 4.091mg/L（含量最低）和 XPD10 下支 98m 处 Si 含量 28.72mg/L（含量最高）。

根据公式（7.2-3）初步计算结果表明，在受金康引水渗漏影响较小的 XPD10 主洞和上支洞，混合比已经达到 8%～40%，那么 XPD10 上支 98m 很可能也受到了金康引水隧洞渗漏的影响。假设 XPD10 上支 98m 引水隧洞渗漏混合水比例为 15%，则推算出坝区花岗岩裂隙水的 Si 含量为 33.07mg/L，经校正后计算，1 号公路交通洞 K3+188 段金康引水渗漏水混合比例达 81%。

SO_4^{2-} 含量和 Si 含量混合比例计算成果表明，在 1 号公路交通洞和 XPD10 平洞中，受金康引水渗漏影响较大的区，出水点多，流量大，混合比例为 70%～85%；受金康引水渗漏影响小的区（如 XPD10 上支 98m），出水点少，流量小，混合比例为 10%～20%。

7.2.6.4　金康引水隧洞渗漏量估算

2008 年 3 月 28 日，测得 1 号公路交通洞下游段流量为 8380m³/d，上游段和下游段合计 15890m³/d。当时 1 号公路交通洞仅有 350m 未贯通，可以近似认为 1 号公路交通洞已经拦截了大部分的金康引水隧洞渗漏和坝区花岗岩裂隙水的混合水。估计 1 号公路交通洞上游段和下游段总流量为 20000～25000m³/d。

前述计算得出坝区山体花岗岩裂隙水地下水补给量约为 2500m³/d；可以计算出，坝区花岗岩裂隙水所占混合水的比例为 10%～12.5%。金康引水隧洞渗漏水为 17500～22500m³/d，占坝区地下水的比例为 87.5%～90%。这一估算的混合比例与前面根据典型水化学离子 SO_4^{2-} 含量和微量元素 Si 含量计算得出的混合比例是比较一致的。

7.2.7　坝区地下水渗流模拟

1. 模拟范围

根据长河坝水电站厂址区的地质、水文地质条件以及水工构筑物的布置等，将厂址区地下水渗流场的数值模拟范围确定为：东边界以引水线路以东 2250m 高程为界，西边界以大渡河为界，东西宽度约为 1.7km；北边界以大奔牛沟为界，南边界以 F_{10} 阻水断层为界，南北长约 2.4km；由此圈定的平面面积约为 4km²。

2. 数学模型与模拟软件

根据前述研究区的边界条件，含水介质特征以及地下水的补给、径流和排泄条件，可以将研究区的水文地质模型概化为非均质各向异性三维稳定流，其数学模型为

$$\left.\begin{aligned}
&\frac{\partial}{\partial x}\left(K_x\frac{\partial H}{\partial x}\right)+\frac{\partial}{\partial y}\left(K_y\frac{\partial H}{\partial y}\right)+\frac{\partial}{\partial z}\left(K_z\frac{\partial H}{\partial z}\right)=q(x,y,z)\quad (x,y,z)\in\Omega\\
&H(x,y,z)|_{\Sigma_1}=H_0(x,y,z)\quad (x,y,z\in\Sigma_1)\\
&q(x,y,z)|_{\Sigma_2}=q_0(x,y,z)\quad (x,y,z\in\Sigma_2)
\end{aligned}\right\} \tag{7.2-4}$$

式中：H 为含水层的水头函数，m；q 为含水层第二类边界已知单宽流量函数，m/d；K_x、K_y、K_z 分别为 x、y、z 方向的渗透系数，m/d；H_0 为含水层第一类边界水头值，m；q_0 为含水层第二类边界已知单位面积流量，m/d；Σ_1 为研究区的第一类边界（西部边界）；Σ_2 为研究区的第二类边界（东部边界）。

对上述数学模型，采用三维有限差分法求解，计算软件采用地下水模拟通用软件——"Visual MODFLOW4.2"三维渗流模拟系统。

模拟小结：

（1）1 号公路交通洞完全开挖后，其涌水量相对于 2008 年 3 月 28 日开挖状况来说增加量不大。

（2）通过模拟计算可见，如果 1 号公路交通洞能够保持现状排水状态，或限量排水，可以有效减少电站各地下洞室开挖过程中的涌水量。

（3）由于 1 号公路交通洞在坝轴线附近岩体裂隙不发育，渗透性较差；厂房帷幕延长过 1 号公路交通洞，对三室及排水廊道的涌水量影响较小。

因此建议，1 号公路交通洞整体贯通以后，在 1 号公路交通洞顶拱和侧壁布设排水孔，以减小厂房洞室的渗透压力和开挖涌水量。

7.2.8　小结

1. 左岸水文地质条件的认识

（1）天然情况下（金康水电站蓄水发电前，即 2006 年 7 月前）左岸坝址区花岗岩裂隙水主要接受其分布区的大气降水入渗补给和汇水区域的径流入渗补给，排泄至大渡河。

（2）金康水电站蓄水发电后，在高压水头作用下，引水隧洞沿线（裸露基岩段）必然发生渗漏，尤其在原来引水隧洞施工过程中的涌水点，其岩石较破碎，是引水洞主要的渗漏部位。经分析引水隧洞在坝区段渗漏量较大，构成坝区地下水新的补给来源，使得坝区

地下水位整体抬升,其表现在坝区部分勘探平洞出水点增多,水量增大,钻孔地下水位升高。

2. 金康引水隧洞渗漏及其对坝区影响的认识

(1) 1号公路交通洞(大断面)开挖后,在坝区构成了一个新的排泄点,地下水的渗透途径缩短,成为坝区地下水和金康引水隧洞渗漏水的集中排泄带,截流了大部分原来排往大渡河的地下水,1号公路交通洞西侧(靠河侧)坝区地下水位整体下降,原平洞内地下水出水点位置和水量大小都受到影响。

(2) 1号公路交通洞开挖期间,坝区地下水来源主要为金康水电站引水隧洞漏水和坝区花岗岩裂隙水的混合水。由于不同地区裂隙发育方向和规模不同,混合水的比例也不同。水化学分析结果显示,如果金康引水隧洞渗漏水在混合水中所占比例较大,出水点表现出与引水隧洞尾水特征接近的特点,即洞温低、水温低、TDS 高、SO_4^{2-} 含量高、Ca^{2+} 含量较高、Na^+ 含量较低、Ca^{2+}/Na^+ 比值较高、Si 含量较低的特征,水型主要为 $HCO_3 \cdot SO_4 - Mg \cdot Ca$ 和 $SO_4 \cdot HCO_3 - Ca \cdot Mg$;反之,如果花岗岩体裂隙水在混合水中所占比例较大,出水点表现出与花岗岩裂隙水相近的特征,水型为 $HCO_3 - Ca \cdot Mg$。

(3) 区域水文地质条件分析结果显示,左岸坝区多年平均降水量约为 620mm/a,山体花岗岩裂隙水补给面积约为 $10km^2$,计算出坝区花岗岩裂隙水的侧向补给量约为 $2500m^3/d$,占坝区地下水的比例为 $10\% \sim 12.5\%$;金康引水隧洞渗漏量为 $17500 \sim 22500m^3/d$,占坝区地下水的比例为 $87.5\% \sim 90\%$。坝区地下水均衡计算的结果与水化学混合作用分析的认识一致。

3. 花岗岩体渗透性的认识

坝址区花岗岩体裂隙发育呈现出多级次性,即Ⅲ级规模较大的断层,Ⅳ级规模较小的断层和破碎带,Ⅴ级随机分布的长大裂隙和小裂隙。该研究主要以Ⅴ级随机分布的大裂隙和小裂隙为主。各类裂隙以中高倾角为主,不同规模多级次和多组发育的裂隙,构成空间表现出不均匀性和各向异性的裂隙网络。坝区左岸沟谷地带,受风化与卸荷作用影响较大,该区域岩体的渗透性相对较大,金康引水隧洞渗漏影响较大。

4. 渗流模拟结果和认识

(1) 1号公路交通洞开挖后,结合坝区水文地质条件分析以及坝区各出水点流量变化及钻孔水位变化等,构建了坝区花岗岩裂隙水系统的渗流数值模型,计算得出交通洞贯通后其涌水量约为 $26000m^3/d$。

(2) 厂房开挖过程中,1号公路交通洞不衬砌而排水时,厂房、主变室和调压室的总涌水量约为 $2200m^3/d$。1号公路交通洞全衬砌而不排水时,厂房、主变室和调压室的总涌水量约为 $7400m^3/d$。因此,如果1号公路交通洞能够保持现状排水状态,或限量排水,可以有效减少电站各地下洞室开挖过程中的涌水量。实际上厂房开挖时,受1号公路交通洞不衬砌而排水影响,厂房三大洞室渗水很少,没有出现1号公路交通洞开挖时的涌水,结果与预测基本一致。

(3) 如果考虑将厂房防渗帷幕延长过1号公路交通洞,对三室及排水廊道的涌水量影响不大。最终实施时未将防渗帷幕延伸至1号公路交通洞以里。

(4) 大坝蓄水后,厂房不采取防渗排水措施,1号公路交通洞下游也不排水,则 3 个洞室的涌水量约为 7400m³/d；厂房采取防渗排水措施，1 号公路交通洞下游排水，则 3 个洞室的涌水量约为 2200m³/d，排水廊道的水量为 1100m³/d；厂房采取防渗排水措施，1 号公路交通洞下游不排水，则 3 个洞室的涌水量约为 5700m³/d，排水廊道的水量为 2000m³/d。实际大坝蓄水后，厂房在上游设置防渗帷幕，而靠山侧未防渗，1 号公路交通洞下游排水，排水廊道总渗水量仅为 4.5L/s，蓄水后增 3.6L/s，约 300m³/d，总体与预测结论基本一致。

（5）关于厂房防渗，鉴于厂房靠山侧地下水来源主要为金康引水渗漏水及花岗裂隙水，其补给高程高，水平埋深达 450m，花岗岩渗透性低，且无长大断层通往坝上游，判断大坝蓄水后厂房靠山侧库水渗漏可能性极小，决定优化掉厂房靠山侧近 20000m² 的帷幕灌浆，大幅节省工程量，蓄水后渗水很少，取得了较好的处理效果。

7.3 深大开挖基坑涌水研究及处理

7.3.1 大坝基坑水文地质条件分析

7.3.1.1 天然条件下坝址区水文地质条件概述

天然条件下是指坝址区未进行水电工程施工之前，这里指金康水电站蓄水发电前（2006 年 7 月前）。

天然条件下，坝区地下水主要来自大气降水入渗补给；坝区地下水系统的岩石类型以花岗岩为主，其次为炭质千枚岩夹石灰岩和石膏层；坝区地势陡峻，地下水径流较强，地下水与岩石相互作用较弱，坝区花岗岩裂隙水应为低矿化度水。

7.3.1.2 施工条件下坝址区水文地质条件及涌水情况概述

截至 2013 年 7 月，长河坝水电站工程已经施工完成的部分主要包括左岸交通洞、左岸地下厂房、右岸导流洞、主副两道防渗墙、副防渗墙下帷幕灌浆、上下游围堰防渗墙、左右两岸灌浆廊道，基坑开挖至 1457m，基坑部分已经填筑。除此以外，左岸 1 号公路交通洞往山内方向还有上游金康水电站的引水隧洞穿过。当时坝基开挖至 1457m 高程，远低于上下游围堰河水（2013 年 6 月 28 日围堰上游河水水位为 1493m，围堰下游河水水位为 1481m），是坝址区地下水的最低排泄点。

左岸金康水电站蓄水发电后，在高压水头作用下，引水隧洞沿线（裸露基岩段）发生渗漏，尤其在原来引水隧洞施工过程中的涌水点，其岩石较破碎，是引水洞主要的渗漏部位。2008 年前期对左岸进行专题渗流研究分析，金康引水渗漏量为 17500～22500m³/d。而 2013 年 6—7 月对两岸灌浆廊道出水调查显示，左岸灌浆廊道普遍出水量大，而右岸灌浆廊道大多为干燥洞室。

左岸公路交通洞、灌浆廊道及厂房施工以后，会使得天然地下水以及金康引水渗漏的地下水一部分被山体洞室截流，部分地下水会继续往河谷排泄，部分流入坝址基坑这一最低排泄点。

因此，当前上下游基坑涌水的来源主要有上下游河水、两岸山体地下水（左岸山体地下水含金康引水隧洞渗漏）。

7.3.1.3 坝址区水化学特征分析

该调查对坝址区地下水及地表水样进行了两次采集。2013年6月第1次采集20个水样，其中上下游河水2个、基坑涌水14个、左右岸山体交通洞滴水4个。水样采集点分布见图7.3-1。

图7.3-1 2013年6月第一次水样采集位置图

在取样现场，使用水质分析箱现场测定水样的pH值、温度、电导率、TDS等指标，并现场滴定水样 HCO_3^- 的含量。

对用于分析阴离子（Cl^-、NO_3^-、SO_4^{2-}、F^-、Br^- 等）的样品进行密封避光保存；对用于分析阳离子（Ca^{2+}、Mg^{2+}、Na^+、K^+ 和其他金属元素）的样品，先用浓硝酸酸化，再密封保存。用Dionex公司生产的DX-120离子色谱仪测定阴离子；阳离子用感应耦合电浆放射光谱仪测定。第2次取样于2013年6月30日至7月7日抽水试验期间，采集了包括大坝上下游河水水样2个、金康尾水水样1个、左岸1580m和1697m的灌浆平洞滴水水样2个、新打钻孔抽水或涌水水样6个、基坑排水水样2个，共13个水样。使用水质分析箱在现场测定的水样的pH值、电导率、温度。室内测试指标及仪器与第1次相同。

1. 温度特征

两岸山体地下水温度总体比较高。从2008年厂房及大坝尚未施工之前，在坝址区勘探平洞中滴水及涌水测量，地下水温度普遍大于20℃，该调查在左岸1580m灌浆廊道中测得平洞滴水温度为20.8℃，与2008年测试结果一致。

河水温度相对较低，两次测量结果大约为17~18℃，由于河水温度测量大都在白天，且在河水比较浅的岸边进行，受太阳照射，温度较高，推断在夜间以及河中心处河水温度应该比较低。该抽水试验表明，基坑排水最低测量温度为13.1℃（2号涌水）。在抽水试验过程中，抽水井抽水及观测井涌水测量温度都比较低，如两墙之间5号、6号、7号抽出来的水温分别为14.3℃、17.1℃、16.3℃，大坝防渗墙上游2号周围涌出来的水温为13.1℃，大坝防渗墙下游8号自流出来的水温为13.6℃；下游基坑排水坑由涵管汇集的水温为13.7℃，因此，两墙之间地下水温度略高于两墙之外涌水温度。总体来说，大坝防渗墙上下游抽取的地下水、自流水以及基坑排水温度最低，比较接近河水温度，因此，从温度特征可以判断上下游基坑涌水来源主要为河水。

2. 矿化度（TDS）

河水矿化度最低，该调查第1次取样围堰上下游河水TDS分别为109mg/L和123mg/L；第2次取样围堰上下游河水TDS分别为125mg/L和129mg/L。两次取样测量结果比较一致。

左岸山体1580m、1697m灌浆廊道地下水TDS含量最高，分别为278mg/L和227mg/L。

关于基坑地下水 TDS 特征，由于第 1 次调查在抽水试验开始之前，在地表出水点和涌水点取得，受坝基地表施工以及人为污染影响，其测量结果不一定能代表基坑地下水 TDS 特征。因此该分析利用第 2 次调查结果。

第 2 次调查结果表明，两墙之间由浅表排水管抽水取样 C11，TDS 含量为 241mg/L，与左岸山体地下水相似，分析浅表排水管抽取的水可能含有左岸山体廊道夜间排水（抽水试验期间发现夜间山体高高程廊道地下水直接沿着山坡往下排，部分流入两墙之间），因此，C11 样不能代表两墙之间的地下水特征。

两墙之间 5 号、6 号、7 号抽出来的地下水样可代表两墙之间的地下水特征。5 号、6 号、7 号的 TDS 分别为 130mg/L、184mg/L、167mg/L；大坝防渗墙上游 2 号周围地下水涌水 TDS 为 184mg/L；大坝防渗墙下游 8 号、9 号自流水 TDS 分别为 164mg/L 和 157mg/L，下游基坑排水坑由涵管汇集的 TDS 为 165mg/L。因而，两墙之间地下水与上游基坑、下游基坑涌水水化学特征类似。

TDS 含量特征表明，围堰上下游河水含量最低，左岸地下水含量最高，基坑涌水、排水及抽水含量次之，略高于河水含量，与河水 TDS 特征更为接近。因此可以判断基坑涌水来源主要为河水。

3. 微量元素（Si）含量

两岸山体地下水中 Si 含量最高，河水含量最低，基坑涌水含量次之。河水的 Si 含量低，第 1 次取样的上、下游河水中 Si 含量分别为 2.56mg/L 和 2.61mg/L，第 2 次取样的上、下游河水中 Si 含量分别为 2.71mg/L 和 2.65mg/L，两次取样测量结果一致。

两次取样表明，两岸山体地下水 Si 含量高。其中，第 1 次取样在右岸放空洞 K1＋315 桩号洞顶滴水中的 Si 含量最高，为 8.78mg/L，右岸 4 号与 6 号公路交通洞交界处洞顶滴水中的 Si 含量为 5.883mg/L；左岸 1 号公路交通洞和 5-1 施工支洞中取得地下水样的 Si 含量分别为 5.47mg/L 和 5.20mg/L。第 2 次取样是在左岸 1580m 灌浆廊道 370m 水平埋深处取得的地下水样 Si 含量为 7.313mg/L，左岸 1697m 灌浆廊道 240m 水平埋深处取得的地下水样 Si 含量为 4.015mg/L。

基坑涌水中，第 2 次取样更有代表性。其中上游基坑 2 号周围涌水的 Si 含量为 3.60mg/L，两墙之间的 5 号、6 号、7 号抽出来的地下水中 Si 含量分别为 3.46mg/L、3.67mg/L、3.87mg/L，下游基坑的 8 号、9 号自流而出的地下水中 Si 含量相同，均为 3.51mg/L。从数值大小来看，基坑涌水中的 Si 含量略高于河水中 Si 的含量，与河水特征更为相似。因此也可以判断基坑涌水中地下水主要来源为河水，其次为两岸山体地下水排泄。

综合两次取样所测试的温度、矿化度（TDS）、微量元素 Si 含量特征，可以得出如下结论：

（1）温度。两岸山体地下水温度最高，大于 20℃，上下游河水温度最低，基坑涌水温度次之，为 13～17℃；两墙之间地下水温度略高于两墙之外基坑涌水温度。

（2）矿化度（TDS）。大坝上下游河水 TDS 最低，为 123～129mg/L，左岸山体地下水的 TDS 含量最高，为 227～278mg/L；基坑涌水的 TDS 为 130～184mg/L。

（3）微量元素 Si 含量。河水的 Si 含量低，为 2.56～2.65mg/L；两岸山体地下水中的 Si 含量最高，为 5.2～8.8mg/L；基坑涌水中的 Si 含量次之，为 3.46～3.87mg/L。

此外，两墙之间 5 号、6 号、7 号井地下水物理和化学特征略有不同。5 号位于左右山体中心位置，6 号、7 号相对偏左岸山体。5 号地下水物理和化学特征更接近河水。

由上述分析可知，基坑涌水的温度、矿化度、水化学特征、微量元素 Si 含量更为接近河水的特征，因此可以判断基坑涌水主要来源为河水，河水经过上下游围堰或两岸山体渗漏至基坑，并汇入两岸山体排泄的少许地下水，最终涌溢出基坑。

7.3.1.4　大坝基坑涌水量和水位动态描述

该研究收集整理了施工单位提供的 2011—2013 年的大坝上、下游基坑的排水量以及上游河水水位数据。

此外，施工单位统计的大坝基坑中两防渗墙之间的排水量在 2013 年 7 月 11—13 日为 11.3m³/h，7 月 14—18 日为 8.4m³/h。

由于大坝基坑涌水量数据是由施工单位提供的，部分时段水泵虽然有排水量，但是流量计未统计，因此存在误差。2012 年 10 月以前的排水量均为下游基坑排水量，未统计上游水量；2013 年 2 月 18 日至 3 月 11 日，流量计损坏，没有统计资料。

因此只能宏观定性分析基坑排水量与河水水位涨落的关系。首先分析上游基坑排水量与上游河水水位之间的关系，虽然枯水季节河水水位没有记录，但是丰水季节基坑排水量高，为 4000～7000m³/h，而枯水季节，基坑排水量小于 4000m³/h。

下游河水水位虽然没有记录，但是也可根据上游河水水位变化宏观判断其水位动态，一般丰水季节，河水水位上涨，枯水季节，河水水位比较低。丰水季节下游基坑排水量高于枯水季节。总体上当河水水位上涨，上游基坑、下游基坑排水量也随着上涨，河水水位下降，说明基坑排水量的涨落与河水水位的涨落有密切的关系，也间接说明基坑涌水来源主要为河水。

7.3.2　基坑抽水试验

1. 抽水孔设计

结合 2013 年 6 月初第 1 次野外调查结果，初步分析基坑涌水主要来源为上下游河水渗漏，次要来源为两岸山体地下水，但是基坑涌水量数据记录显示，下游基坑排水量略大于上游基坑排水量，分析下游基坑排水量的来源可能有：下游河水绕山体或沿围堰底部渗漏、两岸山体地下水径流排泄、上游河水流经上游基坑及两道防渗墙进入下游基坑。在这些可能的来源中，如果上游河水流经上游基坑及两道防渗墙进入下游基坑，则说明防渗墙及副防渗墙下游的防渗帷幕的防渗效果不理想，将严重影响后期施工。因此，迫切需要对防渗墙的防渗效果进行调查。

为分析评价防渗墙的防渗效果，特设计基坑抽水试验。试验在充分利用大坝已有渗压计监测孔的基础上，设计了 10 口井，每口井可兼作抽水孔、监测孔。由于上游围堰的渗压计监测孔很少，因此在上游围堰布置了一个观测井。其余 9 口井主要考虑 3 个层位，分别是浅（钻井深度达到主防渗墙深度的一半，近似河床覆盖层深度的一半）、中（钻井深度与主防渗墙防渗深度一致，完全揭露河床覆盖层）、深（钻井深度入基岩 20m）。

抽水试验初步设计为：分别在副墙上游、两墙之间、主墙下游进行单孔或多孔大降深抽水试验，对观测井（包括新打抽水井和观测井、坝址渗压计）的水位进行动态监测。根据观测孔对抽水时间的响应快慢、幅度，分析判断两墙之间不同地质体（砂砾层和基岩）、上下游围堰地质体与地下水、河水之间水力联系的好坏，从而定性分析防渗墙防渗效果。

2. 抽水试验小结

在两墙之间实施的五次抽水试验，无论抽水井最大降深小于 5m，还是 12.68m，两墙之外的渗压计监测资料水位波动都在 25cm 以内，且有时水位反而上升，没有明显的下降，这样的波动也可能是受到上下游基坑钻井施工、水泵排水等的影响，这说明两墙之间与防渗墙上下游的含水层并无密切的联系。在两墙之间抽水试验过程中，由于两墙之间和上下游基坑地下水存在水头差，因而所抽地下水的来源可能为：左右两岸山体地下水、上游基坑和下游基坑地下水通过防渗墙底部或绕防渗墙渗漏补给。

7.3.3 基坑含水层参数求取

根据前述调查结果及现场抽水试验，为上下游围堰之间的水文地质条件进一步概化，分析防渗墙及灌浆帷幕防渗效果，同时为后面的坝址区渗流模拟服务，该研究尝试采用不同方法对基坑不同地质体的渗透系数进行刻画，拟采用两种方法对比分析：

（1）根据单孔抽水试验，采用解析解模型，主要求取河床砂砾层的水文地质参数（渗透系数和给水度）。

（2）充分利用新打钻孔以及坝址已有渗压计，采用近些年发展起来的水力层析法进行水文地质参数反演。水力层析法是一种抽水试验的新技术，通过在不同地点及深度进行一系列的抽水试验并收集含水层水位变化资料，进行地下水流动反演分析，对基坑不同地质体水文地质参数的空间分布做详细的识别。与传统的抽水试验求取水文地质参数的方法相比，能有效利用试验数据，减少反演问题的不适定性，更能高精度地刻画参数的非均质性特征。

通过上面两种方法，刻画上下游围堰之间（重点是两墙之间及上下游 50m 范围）的渗透系数空间分布，进一步判断主墙、副墙的防渗效果。

7.3.3.1 利用解析解求解

通过特定标准曲线配比法，利用两次抽水试验得到的四组观测井数据与特定标准曲线匹配后，得到含水层参数 T、k、u_e（表 7.3-1）。

表 7.3-1   特定标准曲线配比法结果

观测孔	含水层导水系数 $T/(m^2/d)$	含水层渗透系数 $k/(m/d)$	含水层弹性给水度 u_e
第 1 次抽水 5 号观测孔	573.82	19.13	1.64×10^{-3}
第 1 次抽水 7 号观测孔	662.10	22.07	1.76×10^{-3}
第 4 次抽水 6 号观测孔	944.44	31.48	2.21×10^{-3}
第 4 次抽水 7 号观测孔	967.47	32.24	1.88×10^{-3}

通过直线图解法，利用两次抽水试验的 4 组观测井数据，绘制实测 $s-\lg t$ 曲线，通过直线图解法得到含水层参数（见表 7.3-2）。

表 7.3 - 2　　　　　　　　　　　特定条件直线图解法结果

观测孔	含水层导水系数 $T/(m^2/d)$	含水层渗透系数 $k/(m/d)$	含水层弹性给水度 u_e
第 1 次抽水 5 号观测孔	507.28	16.91	2.29×10^{-3}
第 1 次抽水 7 号观测孔	587.37	19.58	2.13×10^{-3}
第 4 次抽水 6 号观测孔	582.40	19.41	2.46×10^{-3}
第 4 次抽水 7 号观测孔	613.05	20.44	2.03×10^{-3}

由上述结果分析如下：

（1）通过解析方法得出含水层渗透系数为 $16 \sim 33 m/d$，弹性给水度为 $1.6 \times 10^{-3} \sim 2.5 \times 10^{-3}$，含水层岩性为中粗砂粒。

（2）将两防渗墙当做隔水边界处理，得到的含水层参数基本符合钻孔资料的地层岩性，说明防渗墙渗透性差，防渗效果很好。

（3）通过分析两种方法得到的含水层参数可以看出，第四次试验得到的含水层参数偏大，说明右侧山体对含水层的补给量不能忽略。

7.3.3.2　GMS 参数求取

数值法作为解决地下水问题的重要方法之一，能考虑较多影响因素，解决较复杂的问题，且有较高的精度，备受国内外学者的青睐，对于实际的地下水流系统，数值模型能比较精确地模拟实际地下水流系统的运动状态。目前，在众多地下水模拟软件中，地下水模拟系统（Groundwater Modeling System，GMS）是最先进的综合性的地下水模拟软件包，它具有多模块组成的可视化三维地下水模拟软件包，可进行地下水流模拟、溶质运移模拟、反应运移模拟等。

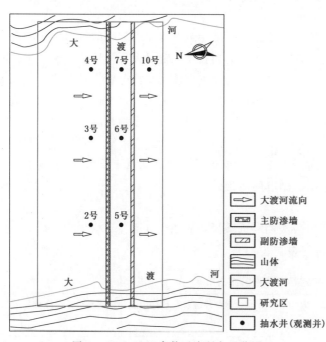

图 7.3 - 2　GMS 参数反演研究区范围

本次采用两次抽水试验数据进行研究，抽水试验均在两防渗墙间进行。抽水试验的观测井和抽水井均分布在第四系砂砾含水层中（图 7.3 - 2），且抽水量也主要来自第四系砂砾含水层。

1. 参数反演区水文地质概念模型

根据抽水试验所设观测孔与两防渗墙的距离划定模拟区为以长河坝主、副防渗墙为中心，向上游延伸 32m，下游延伸 16m 的区域。研究区两侧以大渡河与山体交界处为边界，整个研究区面积为 8300m²，模拟中将该区地下水流概括为均质各向同性的二维地下水流。

根据现场调研以及主、副防渗墙的施工进展，将研究区的岩性结构概化为 4 层，从上至下依次为固结灌浆层（5m）、砂砾含水层（10～55m）、基岩弱风化带（10～12m）、基岩带（20～30m）。主、副防渗墙因施工条件不同，副防渗墙从上至下依次为混凝土防渗墙带（固结灌浆层至砂砾含水层）、灌浆帷幕带（弱风化带）、基岩带；主防渗墙当时帷幕未形成（2015 年即 2 年后帷幕才形成），目前为混凝土防渗墙带、弱风化带和基岩带。依据钻孔资料及施工现状，利用 GMS7.0 生成水电站 91m 深度内（高程 1366～1457m）的松散介质及工程三维可视化模型，并建立了沿大渡河流向的剖面图（图 7.3-3）。

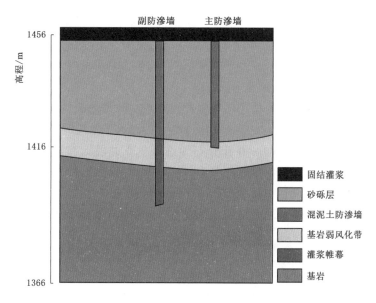

图 7.3-3 沿大渡河流向剖面图

研究区东西边界为大渡河的上下游，数值模拟中将其处理为定水头边界，依据实测水位资料给定上游边界上端点水位为 1456m，下端点水位为 1457.2m；下游边界上端点水位为 1458.5m，下端点水位为 1459m，两岸边界为大渡河与山体的接触线，将其定义为零通量边界。

2. 地下水流数值模型

利用 GMS 中的 MAP 模块与 MODFLOW 模块建立地下水流数值模型。将模拟区域在垂向上概化为 4 层：第 1 层为固结灌浆层，厚度为 5m；第 2 层为砂砾含水层（加密为 4 层），厚度为 10～55m；第 3 层为基岩弱风化层，厚度为 10～12m；第 4 层为基岩（加密为 4 层），厚度为 20～30m。采用矩形网格剖分，研究区平面上平均划分为 23700 个网格，整个模拟区被分为 237000 个单元。

3. 水流模型参数识别与验证

经过人工调参与软件的自动拟合，最终确定研究区不同分区的参数（见表 7.3-3）。

表 7.3 - 3   各 岩 层 参 数 表

层数	渗透系数/(m/d)			给水度			弹性给水度 u_e		
	I 区	II 区	III 区	I 区	II 区	III 区	I 区	II 区	III 区
第1层	0.01	0.011	0.023	0.01	0.04	0.04			
第2层	26	0.011	0.023				0.0063	0.003	0.003
第3层	0.5	0.04					0.04	0.004	
第4层	0.01	0.008					0.0025	0.001	

上述各参数主要利用水位拟合来识别验证，具体识别结果如下：

为了验证参数的合理性，利用第二次抽水试验中 2 个观测井的观测水位对模型加以验证。为此选用 2013 年 6 月 28 日 11：00 研究区的观测水位作为初始水位，用 2 个观测井（3 号、7 号）的水位作为模型校正的依据，两图拟合情况也较好，说明所获取的参数比较可靠。拟合得到两防渗墙的渗透系数为 0.01~0.02m/d，说明防渗体的渗透性很差，即防渗效果很好。

7.3.3.3 水力层析非均质水文地质参数反演

水力层析法是一种能够详细描述非均质含水层水文地质参数空间分布的新方法，可以准确地反映含水层的结构和非均质性，准确计算、预测地下水流动和溶质的运移、分布。

水力层析法采用止水器将同一井孔分割为许多垂直井段，在其中一个井段进行抽水（或注水），同时对含水层在其他井段的水头响应进行监测，得出一组抽水量（注水量）/水位响应数据。顺序地在该井和其他井孔的不同井段抽水（或注水），并在其他井段监测水位响应，就可以得到连续系列的交叉孔抽水量/水位响应数据。最后，利用反演模型处理这些数据，得到含水层渗透系数的空间分布。

从本质上讲，通过水力层析试验得到的一系列水位变化数据，可认为是将光源放在抽水段来给非均质含水层拍摄的快照。在不同的位置实施抽水，好比将光源放在不同的位置来拍摄含水层。反演模型的原理就是合成所有的快照数据来描述含水层三维分布的水文地质参数。与传统抽水试验求取水文地质参数方法相比（如解析解），水力层析法能更有效地利用抽水试验数据，更加准确地识别含水层的非均质性特征。

水力层析抽水试验可以获取多组有用的水头响应信息，但仍然需要一种可靠而有效的反演方法来解译这种信息。许多学者在反演技术上做了大量研究，美国亚利桑那大学的 Tian-chyi Jim Yeh 教授提出了一种迭代协克立金技术，该技术采用一种线性估值方法逐次引入水力学性质与水位之间的非线性关系，称为序贯连续线性估计（Sequential Successive Linear Estimator，SSLE），该方法在反演模型中依次引入抽水试验数据，即在前一次抽水试验数据反演参数 k 的基础上，引入该抽水试验数据继续反演 k。随后 Yeh 提出同时连续线性估计（Simultaneous Successive Linear Estimator，SimSLE）技术，即在反演模型中同时引入所有抽水试验数据反演 k。

SimSLE 反演技术已成功运用于室内含水层渗透系数 k、储水系数 S 的刻画。Illman 尝试运用于野外抽水试验，在日本一裂隙花岗岩地区，运用非稳定流抽水试验对 k 与 S 进行反演，刻画出该研究区含水层的断层分布特性。

该水力层析参数反演其主要目的是，通过水力层析抽水试验和模型反演，识别出基坑不同地质体的分布位置及形状，辅助判断防渗墙防渗效果，并给出相应的地质渗透系数参考值。

作为研究区的大坝基坑，上部为第四系不同时期松散堆积物组成的非均质覆盖层，具有强透水性，下部为风化程度逐渐降低的基岩，透水性较差。基坑顶部一定厚度的固结灌浆，渗透系数差。主、副防渗墙与副防渗墙的灌浆帷幕的透水性极差。因此，在小尺度范围内，大坝基坑存在不同类型的地质体，具有强烈的非均质性。

根据水力层析抽水试验的要求，需要在不同位置和深度进行抽水试验和水位监测，可以充分利用大坝基础布设的不同深度的渗压计监测资料。

1. 模型范围与边界条件

根据长河坝坝基的地质、水文地质条件以及防渗墙的施工情况等，确定计算模型为以主、副防渗墙之间的含水层为中心的长方体，将计算模型的范围确定为：上游边界位于副防渗墙上游约28m处，下游边界位于主防渗墙下游约28m处，上下游边界均与防渗墙平行，上下游边界之间的距离为74m；基坑处防渗墙长度约为150m，向左右两岸山体各延伸20m左右作为计算模型左右两岸的边界，两岸的边界均与防渗墙垂直，两边界之间相距190m；计算模型上边界面取大坝基坑当前的高程1457m，下边界面位于高程1380m的基岩中。计算模型的大小为190m×74m×77m。

（1）上下游边界。基坑模拟区上下游边界水头受上下游围堰集水坑水头控制，可同样视为定水头边界。

（2）顶底部边界。2013年6月坝基地表高程为1457m，在地表以下5m左右即1452～1457m处进行了固结灌浆，灌浆部分渗透系数较小，因此可将模型上边界视为隔水边界，抽水试验期间没有降雨或降雨很少，因此不考虑降雨入渗以及蒸发。模型下边界高程为1380m，深入基岩地层30m以上，渗透系数较小，同样可视为隔水边界。

（3）左右两岸山体边界。防渗墙两端各向山体延伸20m作为模型的边界，边界深入山体的基岩弱风化带。渗透系数相对较小，视为隔水边界。

2. 水力层析抽水试验概述

2013年6月28日至7月11日，在长河坝基坑一共进行了6次抽水试验。其中第3次抽水试验在副防渗墙上游基坑的3号孔进行，其余5次均在主、副防渗墙之间进行。第3次抽水试验抽水流量过小，没有引起明显的水头变化，因此采用在主副防渗墙之间的单孔抽水试验数据进行参数反演。该反演主要采用两次单孔抽水试验的水位监测数据进行反演，在反演过程中分两次进行：采用单次抽水试验、同时采用两次抽水试验数据。

3. 水力层析渗透系数识别结果小结

水力层析参数反演主要目的在于判别主、副防渗墙防渗效果，反演识别不同地质体的渗透系数及地质体的形状。反演结果表明，模型在主、副防渗墙之间区域识别效果比较好。模型清晰地识别出主、副防渗墙的位置及形状，这表明主、副防渗墙防渗效果较好，同时也对两墙之间覆盖层与基岩边界识别较清楚。

由于抽水试验数据为非稳定流数据，而考虑到非稳定流模型计算量太大，反演模型实际采用的是稳定流模型，因此实际水位降深偏小，从而使得模型反演的参数偏大。另外，水力层析模型希望对模型19803个网格中的每一个网格单元的渗透系数进行反演识别，而实际水位监测孔数量很少，因此不能精确识别渗透系数的最大值和最小值。同时结合解析解模型和 GMS 参数反演，为后面坝址区地下水渗流数值模拟，建议基坑不同地质体渗透系数值见表 7.3 - 4。

表 7.3 - 4　　　　　　　　　　　　　模型渗透系数识别结果

分区	渗透系数 $k/(m/d)$	分区	渗透系数 $k/(m/d)$
副防渗墙	<0.012	两墙之间覆盖层	16～100
主防渗墙	<0.011	两墙之间基岩	0.05～0.5

7.3.4　小结

7.3.4.1　施工情况下基坑涌水来源分析

综合两次野外取样的温度、TDS、微量元素 Si 含量特征，归纳如下：

（1）温度。两岸山体地下水温度最高，大于 20℃，上下游河水温度最低，基坑涌水温度次之，为 13～17℃。两墙之间地下水水温略高于上游基坑、下游基坑涌水水温。

（2）矿化度（TDS）。大坝上下游河水矿化度（TDS）最低，为 123～129mg/L，左岸山体地下水 TDS 含量最高，为 227～278mg/L；基坑涌水 TDS 为 130～184mg/L，与大渡河河水 TDS 特征接近。

（3）微量元素 Si 含量。河水的 Si 含量低，为 2.56～2.65mg/L；两岸山体地下水中Si 含量最高，为 5.2～8.8mg/L；基坑涌水中 Si 含量次之，为 3.46～3.87mg/L。

综合分析，基坑涌水的地下水温度、矿化度、水化学特征更为接近河水的特征，因此可以判断基坑涌水主要来源为河水，河水经过上下游围堰或两岸山体渗漏至基坑，其次为两岸山体排泄的少许地下水。

7.3.4.2　主、副防渗墙防渗效果评价

1．野外抽水试验

在 2013 年 6 月 28 日至 7 月 11 日期间，一共进行了 6 次抽水试验，持续时间为 6～52h 不等。其中，两墙之间 5 号、6 号同时抽水时，降深最大，5 号最大降深为 12.68m，两墙之内观测孔（7 号）以及渗压计的最大降深也大于 10m，但是两墙之外上下游 3.5m 处的渗压计观测水位并没有明显的降深响应，波动在 15cm 以内，且有的上升，有的下降，表明两墙的防渗效果相对较好。该调查在两墙之间进行了 5 次抽水试验，单孔抽水流量为 19.3～38.3m³/h，相对于上下游基坑的排水量 4000～6000m³/h 来说非常小，如果下游基坑排水量部分水来自上游基坑地下水越过防渗墙，那么抽水试验期间，两墙之间就应该有充足的补充水源，可以使得抽水试验达到稳定状态。但是 5 次抽水试验量很小，均没有达到稳定状态，就排除了上游基坑水越过两道防渗墙及副墙下防渗帷幕而进入下游基坑的可能。

2．抽水试验解析解和 GMS 参数反演

根据修正后的泰斯公式，采用特定标准曲线配比法和直线图解法对第 1 次和第 4 次抽水试验数据进行整理分析，通过解析法得出两墙之间含水层（覆盖层）渗透系数为 16～

33m/d，弹性给水度为 $1.6 \times 10^{-3} \sim 2.5 \times 10^{-3}$。将两防渗墙当做隔水边界处理，得到的含水层参数基本符合钻孔资料的地层岩性，说明防渗墙渗透性差，防渗效果较好。

采用 GMS 软件中的 PEST 模块进行参数反演，得到两防渗墙的渗透系数为 $0.01 \sim 0.02$m/d，说明防渗体的渗透性很差，即防渗效果很好。

3. 水力层析参数反演

水力层析参数反演主要目的在于判别主、副防渗墙的防渗效果，同时识别不同地质体的渗透系数。通过两次抽水试验数据，反演结果表明，明显识别出主、副防渗墙的位置及形状，主、副防渗墙位置与实际位置一致，且渗透系数最低，这表明主、副防渗墙的防渗效果较好；清晰识别出两墙之间松散覆盖层与基岩的分界线。

7.3.4.3 坝址区地下水流数值模拟

通过对现状施工期各工况的模拟分析得出基坑开挖涌水主要来自江水，其中副墙上游基坑涌水量主要来自上游河水；主墙和副墙之间基坑涌水量很小，主要来自上游河水、两岸山体来水及下游河水；主墙下游基坑涌水量主要来自下游河水。

主墙防渗帷幕施工后与现状相比，副墙上游基坑涌水量、主墙和副墙之间基坑涌水量略有减少，主墙下游基坑涌水量略有增加。地下水流场特征变化不大。

通过模拟预测运行期各种工况可以得出：目前设计主墙灌浆防渗方案为 1290m 高程，设计方案合理；坝体左右岸防渗帷幕将大幅减少绕坝渗流量。

通过模拟得出坝体与坝脚附近不会出现冒水现象，大坝下游潜水面均有一定的埋深。坝体下游平均坡降在天然覆盖层的临界坡降允许值内，基坑渗流虽然有一定强度，但并不会对坝体土层造成破坏。通过模拟可以说明大坝的防渗体、反滤层设计合理，即使蓄水后上游水位较高，但防渗墙部分承担了大部分的水力坡降，大坝上、下游土层的稳定性并未因大坝蓄水而产生显著的改变。

大坝蓄水后，经过 3 年多的运行，实际大坝渗漏非常少，远小于设计允许值，证明此次计算结论正确。

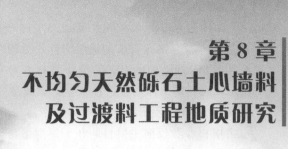

第8章
不均匀天然砾石土心墙料
及过渡料工程地质研究

8.1 堆石坝防渗料勘察方法

大坝为砾石土心墙高堆石坝，最大坝高 240m，设计需要碎砾石土心墙防渗料压实方约为 430 万 m³。主要料场为汤坝料场和新联料场，其中汤坝料场作为主料场。

可行性研究阶段对料场进行了详细的地勘及试验工作，招标阶段进行了补充勘察，施工详图阶段进行了复勘及动态勘察。除地表地质测绘外，还采用了坑槽探、井探、钻探等勘探方法，勘探点间距 50m 左右，同时进行了一系列的土工试验。各阶段料场主要地勘工作分别见表 8.1-1 和表 8.1-2。

施工详图阶段，针对天然宽级配料场土料平面上及空间上分布不均匀的实际，除了根据现有土料勘察规程查明土料级配和物理力学特性、进行质量及储量等评价外，首次采用基于 P_5 含量等值线的勘察方法查明土料场不同级配土料在平面及空间分布特征，提出不同 P_5 含量（包括 $P_5 < 30\%$ 的偏细料、$P_5 = 30\% \sim 50\%$ 的合格料、$P_5 > 50\%$ 的偏粗料）土料在平面及深度空间的分布特征及其储量，为土料场的合理开采及土料利用提供地质依据。

表 8.1-1　　　　　　　汤坝料场各阶段地勘试验主要工作量表

项目	工作内容	单位	工 作 量				
			预可行性研究阶段	可行性研究阶段	招标阶段	复勘	合计
汤坝料场	1/2000 工程地质测绘	km²	2.5	2.5	2.5	2.5	7.5
	1/2000 工程地质剖面测绘	km/条	10.1/18	11.2/20	12.1/23	60/100	93.4/161
	钻探	m/孔		408/18			408/18
	坑槽探	m³	1000	1500			2500
	井探	m/井	200/30	300/23	480/34	582/46	1362/133
	土料物理性质试验	组	42	100	150	608	900
	土料系列击实验	组	8	22	25		55
	土料力学试验	组	14	28	27		69
	土体高压大三轴试验	组	3	30	20		53
	化学分析试验	组	3	10	5		18

表 8.1 - 2 　　　　　　　　　　　　　　　新联料场各阶段地勘试验主要工作量表

项目	工作内容	单位	工 作 量				
			预可行性研究阶段	可行性研究阶段	招标阶段	复勘	合计
新联料场	1/2000 工程地质测绘	km²	2.5	2.4	2.4	2.4	9.7
	1/2000 工程地质剖面测绘	km/条	21.9/19	26.1/22	28.4/25	29/21	105.4/87
	钻探	m/孔		328.9/10			328.9/10
	坑槽探	m³	1000	1600			2600
	井探	m/井	188/19	280/24	580/41	452/32	1100/116
	土料物理性质试验	组	43	80	168	452	744
	土料系列击实试验	组	8	22	25	12	67
	土料力学试验	组	14	28	27	4	73
	土体高压大三轴试验	组	3	30	20		53
	化学分析试验	组	3	10	5		18

8.2　土料场概况

　　汤坝土料场位于坝区上游金汤河左岸与汤坝沟之间的边坡上，距下坝址 22km，有 17km 重丘 4 级公路与沿大渡河省道 S211 公路连接，开采条件较好，但运距相对较远。料场土料主要属冰水堆积含碎砾石土，少量为坡洪积堆积。地形坡度一般为 25°～35°，局部为 10°～15°及 35°～40°，分布高程为 2050～2260m，面积为 64.5 万 m²，多为耕地和极少量农舍。

　　新联土料场位于坝区上游金汤河内金汤镇新联村，分布于金汤河左岸较平缓边坡上，地形坡度上部为 25°～30°，下部地形坡度一般为 15°～20°，有约 18km 重丘 4 级公路与沿大渡河省道 S211 公路连接，距坝址 23km。该土料场分布高程为 2015～2150m，面积约为 56 万 m²，料场范围均为耕地和农舍。土料物质组成具两层结构，上部深灰色碎砾石土（含少量块石）为有用层，下部含卵石砾石砂层为无用层，为古滑坡堆积体。

8.3　料场分析与评价

8.3.1　汤坝土料场

8.3.1.1　可行性研究阶段汤坝料场评价

　　汤坝料场土料属冰水堆积块碎砾石土。料场分布高程为 2050～2260m，面积约为 64.5 万 m²，碎砾石土有用层一般厚 10～16m，有用料总储量为 638 万 m³。据钻孔和井探揭露的情况，该料场自上而下大致可分为两层：上部②层为含碎砾石土层，厚度一般为 3～5m，局部可达 10m，表部分布有 0.3～0.5m 的耕植土，有用层储量约 301 万 m³。

天然密度为 2.10g/cm³，干密度为 1.86g/cm³，天然含水量平均值为 10.7%，孔隙比为 0.462，塑性指数为 14.5，黏粒含量为 4.0%～18.0%，平均值为 9.09%，小于 5mm 颗粒含量为 40.0%～80.0%，平均值为 56.14%，小于 0.075mm 颗粒含量为 19.0%～45.0%，平均值为 29.66%，不均匀系数为 1272.7，曲率系数为 0.17。下部①层为含块碎砾石土层，厚度一般为 10～12m，局部可达 20m，有用层储量约为 346 万 m³。下部物理力学特性与上部②层基本一致。

对①层②层土料分别采用 1354kJ/m³ 击实功能试验、渗透变形试验、压缩试验、直剪试验。击实后最大干密度为 2.17g/cm³（平均线），最优含水量为 7.3%，最优含水量略低于天然含水量，其渗透系数 $k = 1.37 \times 10^{-6} \sim 3.91 \times 10^{-6}$ cm/s，属极微透水。

该料场①层和②层碎石土料物理力学指标相近，均具有较好的防渗抗渗性能和较高的力学强度，质量基本满足要求，开采条件较好，可以混合开采使用，但其属于天然宽级配砾石土料场，土料物理力学特性在平面上及空间上分布不均匀。

8.3.1.2　招标阶段汤坝料场复核评价

招标阶段进行补充勘察。由于料场①层和②层碎石土料物理力学指标相近，本阶段不再进行分层。同时针对天然宽级配砾石土料场的不均匀分布问题，在平面上进行了成因分区，分别为冰水堆积区（Ⅰ）及坡洪积区（Ⅱ）。

坡洪积区位于料场下游部分，面积为 11.8 万 m²。该区土料物理性质变化大，粒径偏粗，P_5（土料中大于 5mm 的颗粒含量）含量平均都大于 60%，不宜做防渗土料，且无用料方量与有用层储量之比偏高，有用料较少，开采价值不高，代价太大，不利于集中开采，予以放弃。

因此，招标阶段汤坝料场指冰水堆积区，面积为 45.7 万 m²。该区有用料实际储量为 496.8 万 m³。天然密度为 2.06g/cm³，干密度为 1.86g/cm³，天然含水量平均值为 10.2%，孔隙比为 0.45，塑性指数为 14.3，黏粒含量为 4.0%～18.0%，平均值为 9.86%，小于 5mm 颗粒含量为 35.0%～74.0%，平均值 53.17%，小于 0.075mm 颗粒含量为 19.0%～45.0%，平均值 28.6%，不均匀系数为 1800，曲率系数为 0.2。该区土料从物理性质上看具有较好的防渗抗渗性能，质量满足要求。对土料采用 2000kJ/m³ 击实功能进行试验，击实后最大干密度为 2.194g/cm³，最优含水量为 7.6%，最优含水量略低于天然含水量。渗透变形试验表明，土料破坏坡降 $i_f > 10.59$，破坏类型为流土，其渗透系数 $k = 8.67 \times 10^{-7} \sim 1.05 \times 10^{-6}$ cm/s，属极微透水，在 0.8～1.6MPa 压强下，压缩系数 $a_v = 0.016$MPa^{-1}，压缩模量 $E_s = 76.6$MPa。室内直剪试验测得其内摩擦角 $\varphi = 28.3° \sim 28.5°$，$c = 0.030 \sim 0.050$MPa。

汤坝土料场冰水堆积区土料具有较好的防渗及抗渗性能，具有较高的力学强度，质量满足规范要求，但仍存在土料物理力学特性在平面上及空间上分布不均匀的问题。

8.3.1.3　施工详图阶段汤坝料场复核评价

长河坝坝高 240m，为超高土石坝。超高砾石土心墙坝对防渗土料颗粒级配要求甚高，既要达到防渗要求，又要满足土料力学特性的严格要求，超出了现有规程规范要求，要求土料中 P_5 含量为 30%～50%［《水电水利工程天然建筑材料勘察规程》（DL/T 5388—2007）要求宜为 20%～50%］。长河坝汤坝土料场试验成果表明，当 P_5 含量大于 50% 时，细料干密度及压实度降低较快。P_5 含量超 50% 时土料防渗性能或压实性能往往达不到要求，P_5 含量偏少土料力学性能又不能达到要求。针对超高砾石土心墙坝对防渗土料严格要求，对砾石料场勘察及评价也势必提出新的要求。为查明不同 P_5 含量土料平面及空间上分布特征，并查明不同 P_5 含量土料分区分级勘探储量，在传统方法基础上，为了掌握料场直接上坝料（$P_5=30\%\sim50\%$）、偏粗料（$P_5>50\%$）、偏细料（$P_5<30\%$）的分布范围及含量，施工详图阶段通过对料源不断深入认识，结合施工开采需要和各个阶段勘察成果，提出了基于不同 P_5 含量等值线法对土料场颗粒级配进行分区、分级储量计算。①首先分析土料颗粒级配试验成果，得出每一个勘探竖井中不同深度土料的 P_5 含量，将它们分为 $P_5>50\%$（偏粗料）、$P_5=30\%\sim50\%$（合格料）、$P_5<30\%$（偏细料）3 个等级；②绘制料场水平及剖面图，将各个勘察点标示在料场水平及剖面图上，勘察点在料场水平及剖面图上的位置与勘察点实际位置对应；③在料场水平及剖面图上标示出各勘察点同一深度处的 P_5 含量；④用平滑的曲线将合格料、偏粗料、偏细料界线在平面上及剖面上相连，该曲线即为不同 P_5 含量的等值线；⑤不同 P_5 等值线或等值线与水平及剖面图边界围成的区域即为相应合格料、偏细料、偏粗料区域；⑥进行分级分区储量计算。

1. 天然状态下分级储量计算

计算了 $P_5<30\%$、$P_5=30\%\sim50\%$、$P_5>50\%$ 的分级储量（表 8.3-1）。

表 8.3-1　　　　　　　　汤坝土料场不同 P_5 含量下的储量

P_5 含量/%	<30	30~50	>50
储量/万 m³	40	270	138
占总储量的百分比/%	9	61%	30

根据料场地形条件、有用层厚度、土料物理力学性质特征，大致将料场分为 4 个区（1 区、2 区、3 区、4 区）。

2. 超径剔出 150mm 后料场分级储量计算

对料场所有土料计算剔除 150mm 超径石后的分级储量见表 8.3-2。剔出超径后，砾石土料级配有所好转，但变化不大。

表 8.3-2　　　　　汤坝土料场剔除粒径大于 150mm 不同 P_5 含量下的储量

P_5 含量/%	<30	30~50	>50
储量/万 m³	47.5	289	110
占总储量的百分比/%	10	65	25

为了便于土料掺配研究及指导掺配施工，在前面统计分析的基础上，对相对较集中的细料、粗料，根据颗粒分析试验统计按 6m 以上和 6m 以下两个亚区计算了 $P_5<30\%$ 细料集中区及 $P_5>50\%$ 粗料集中区的储量（见表 8.3-3），同时根据汤坝土料颗粒分析试验统计绘制了分层分区工程地质图（见图 8.3-1）。

表 8.3-3　　　　**$P_5<30\%$ 及 $P_5>50\%$ 的土分层储量表（超径剔出 150mm）**

第 1 层（0~6m）				第 2 层（6m 以下）			
亚区 $P_5>50\%$	储量/万 m³	亚区 $P_5<30\%$	储量/万 m³	亚区 $P_5>50\%$	储量/万 m³	亚区 $P_5<30\%$	储量/万 m³
①-1-C 区	2.5	①-1-X 区	8.4	①-2-C 区	6.8	①-2-X 区	1.2
②-1-C 区	0.9	②-1-X 区	0.4	②-2-C 区	0.4	②-2-X 区	0.09
③-1-C 区	0.5	③-1-X 区	0.6	③-2-C 区	0.01	③-2-X 区	0.9
④-1-C 区	4.5	④-1-X 区	0.4	④-2-C 区	10.1	④-2-X 区	0.8
⑤-1-C 区	1.5	⑤-1-X 区	3.3	⑤-2-C 区	3.2		
⑥-1-C 区	0.4	⑥-1-X 区	0.06	⑥-2-C 区	1.1		
⑦-1-C 区	20.7	⑦-1-X 区	1.3	⑦-2-C 区	24.5		
⑧-1-C 区	10.9	⑧-1-X 区	0.4	⑧-2-C 区	21.9		
		⑨-1-X 区	0.4				
总储量	41.9		15.26		68.01		2.99

注　表中数字字母含义，例如③-1-C，③表示 3 号亚区，1 表示第 1 层（0~6m），C 表示粗料。另 X 表示细料。

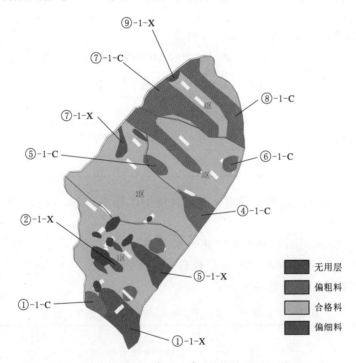

图 8.3-1　汤坝 P_5 为 30%~50% 土料场分区平面图（0~6m）

汤坝土料场主要分成 4 个粗料集中区及 3 个细料集中区。粗料集中区主要集中在 3 区、4 区，细料集中区主要在 1 区。粗料集中区偏粗料方量约为 78 万 m³，其中⑦-1-C 亚区主要分布于 3 区上部，储量为 20.7 万 m³，天然状态下 P_5 平均含量为 55.8%，超径剔除 150mm 后为 53.4%；⑧-1-C 亚区主要分布于 4 区上部，储量为 10.9 万 m³，天然状态下 P_5 平均含量为 60.5%，超径剔除 150mm 后为 59.2%；⑦-2-C 亚区主要分布于

3区中下部，储量为24.5万 m³，天然状态下P_5平均含量为58.8％，超径剔除150mm后为56.3％；⑧-2-C亚区主要分布于4区中下部，储量为21.9万 m³，天然状态下P_5平均含量为58.1％，超径剔除150mm后为56.4％。细料集中区偏细料（$P_5<30％$）约为12.9万 m³。有部分的偏粗料及偏细料不集中，分散在合格料当中。

通过上述方法查明了料场不同P_5含量土料平面上及空间上分布特征。平面上根据料场地形条件、有用层厚度、土料物理力学性质特征，查明了相对集中的偏粗料及偏细料分布特征及储量大小。该方法为料场开采利用提供了充分的地质依据，设计将偏粗料及偏细料进行掺配使用，提高了土料利用率。为此获得了发明专利授权。

8.3.1.4　汤坝土料掺配料试验研究

为增加土料利用率，长河坝汤坝土料场将1区集中偏细料与3区、4区集中偏粗料直接进行掺配使用。经过4次掺配试验，最终选定第4次试验6∶4的定比例掺配和最优P_5为43％进行控制，进行了最优P_5为43％的掺配料系统碾压试验。

试验成果分析表明，掺配料P_5含量都基本可以达到预计的目标值，掺配料力学性能与直接上坝料也基本一致，但抗剪强度略有降低。经计算分析，采用直接上坝料、掺配料，坝体的渗流、应力变形及强度等差异均较小，均可满足筑坝需求。

8.3.2　新联土料场

8.3.2.1　可行性研究阶段新联料场评价

该土料场分布高程为2015～2150m，面积约为56万 m²，料场范围均为耕地和农舍。土料物质由两层结构组成：上部深灰色碎砾石土（含少量块石）为有用层；下部含卵石砾石砂层为无用层，为古滑坡堆积体，表层耕植土厚0.5～0.8m。坑井及钻探揭示，碎砾石混合土有用层厚10～18m，有用层储量为568万 m³，剔除超径料（含量为2.55％，储量为15万 m³），有用料储量为553万 m³。该区碎石土料场储量较丰富，质量基本满足要求，料源均一，场地开阔，开采条件较好，但运距较远。

8.3.2.2　招标阶段新联料场补充勘探评价

土料物质由两层结构组成，下部含卵石砾石砂层为无用层；上部深灰色（少量为黄灰色）碎砾石土（局部为含块碎砾石土）为有用层，成分较稳定。碎砾石成分主要为千枚岩、灰岩，呈棱角状—次棱角状，为近源堆积。地表调查显示，该料场为一古滑坡堆积，后缘母岩由千枚岩及灰岩组成，地形较平缓，后缘边界可见滑坡错台及滑坡陡坎。由于现地形较平缓，该滑坡上已处于稳定状态，仅前缘地形较陡处零星可见极少量拉裂缝。料场开采时，应控制开采坡比和坡高，避免诱发古滑坡的局部复活。

料场后缘有地表水补给，两条人工形成的小溪从料场中间穿过，少量低洼处已成湿地。勘探揭示，地下水位一般埋深为9～13m，局部有上层滞水存在，部分土体处于饱和状态。

料场表面耕植土（剥离层）厚0.1～2.1m，平均厚0.7m，体积为55万 m³，未见夹层；有用层厚一般为7～17m，最小为1.7m，最大达20.0m，平均厚9.9m，总储量为504万 m³，剔除大于200mm颗粒（含量占1.35％）后，有用料实际储量为497万 m³。

该料场具有较好的防渗抗渗性能，质量满足规范要求，但力学性能稍低。由于该料场为一古滑坡堆积，开采时应严格控制开采坡比，并有良好的排水措施。

8.3.2.3　施工单位复勘成果与评价

施工详图阶段施工单位对新联料场进行了复勘，共布置了32个探坑，复勘成果与招标阶段成果基本一致（表8.3-4）。

表8.3-4　　　　　　　　　　复查成果与前期勘察成果对比

技术指标	前期勘察	本次复查
地下水位埋深	6～13.5m	5号探坑为5m，其余均大于13m
耕植土（剥离层）厚	0.1～2.1m，平均厚0.7m	0.6～1.2m，平均厚1.02m
夹层	无夹层	无夹层
有用层厚	一般为7～17m，最小为1.7m，最大为20m，平均为9.9m	4.7～13.9m，平均为12.8m
超径含量大于150mm	—	2.78%
土料天然密度	2.12g/cm³	1.90～2.19g/cm³，平均为2.04g/cm³
干密度	1.91g/cm³	1.69～1.99g/cm³，平均为1.84g/cm³
天然含水量平均值	10.8%	6.2%～19.3%，平均为11.1%
塑性指数	21.6	16.8～27.8，平均为22.7
黏粒含量	5.68%～25.0%，平均为11.6%	6.4%～18.6%，平均为12.8%
小于5mm颗粒含量	39.8%～75.0%，平均为56.5%	32.3%～78.8%，平均为62.7%
小于0.075mm颗粒含量	20.5%～51.0%，平均为34.16%	18.7%～52.5%，平均为36.8%
不均匀系数	1740	1054.1
曲率系数	0.1	0.08

8.3.2.4　施工详图阶段新联料场复核评价

根据前期勘探资料及复勘成果，该料场从物理性质、力学性能、防渗抗渗性能上均满足规范要求，是较好的防渗土料，但由于其物理性质在平面及空间上分布不均匀，因此施工阶段对新联料场计算分级储量，成果见表8.3-5。

表8.3-5　　　　新联土料场不同 P_5 含量下的储量1（剔除超径150mm）

P_5 含量/%	<30	30～50	>50
储量/万m³	40	340	115
占总储量的百分比/%	8	69	23

根据料场地形条件、有用层厚度、土料物理力学性质特征，大致将料场分为5个区（1区、2区、3区、4区、5区），各分区分级储量见表8.3-6。其中3区、5区为细料集中区，2区料场土料级配总体较好，仅有零星偏粗及偏细料。1区为局部细料集中区，其中在深度0～6m范围内在该区西北部料场偏细料集中，6m以下该区南部及西南角偏细料集中。4区0～6m范围内料场土料总体级配较好，仅有零星偏细料分布，6m以下该区西部偏细料集中。

表 8.3-6 各区分级储量表 (剔出超径 150mm)

分区	$P_5<35\%$		$35\%\leqslant P_5\leqslant53\%$		$P_5>53\%$		总储量/万 m³
	储量/万 m³	比例/%	储量/万 m³	比例/%	储量/万 m³	比例/%	
1 区	32	25	87	70	6	5	125
2 区	10	6	161	89	9	5	180
3 区	32	72	12	28	0	0	44
4 区	17	24	48	67	6	9	71
5 区	35	47	35	47	5	6	75

8.3.2.5 小结

总体上，该料场从物理性质、力学性能、防渗抗渗性能上均满足规范要求，是较好的防渗土料，但土体力学性能稍低。另外，该料场土料有用层厚度及物理力学性质平面及空间分布不均匀，建议采取合理的开采方式及适宜的工程措施，以使土料符合规范要求。料场中局部有上层滞水存在，部分土体处于饱和状态，料场东北角及料场低高程部位有稳定地下水位，给料场开采带来一定的难度，施工时需提前采取疏排措施。另外，该料场为一古滑坡体，料场后缘局部地形较陡，为防止料场开采引起后缘坡体失稳，建议料场边界开采坡度宜缓，建议按 1:1.5 的坡比开挖。

8.3.3 汤坝土料场扩大范围后勘察

汤坝土料场原开采区后缘开口边坡形成于 2013 年 9 月前后，由于开挖坡度较陡 (最陡达 1:0.5)，且未采取支护措施，加之其下部持续开采出料的切脚影响，后缘边坡于 2014 年 2 月 24 日出现变形，4 月变形加剧，进入初滑阶段，易向剧滑阶段转变，危及料场开采安全。故需对料场后边坡进行勘察设计及治理，治理后扩大了后边坡开挖范围 (见图 8.3-2)。由于扩大范围的土体成因与原开采范围基本一致，经试验表明，土体满足防渗料要求。

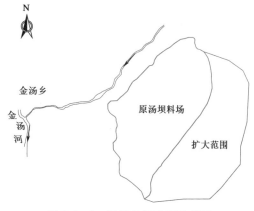

图 8.3-2 汤坝料场平面示意图

8.3.3.1 料场勘探及储量

原料场开采面积约为 45.7 万 m²，扩大范围后总开采面积约为 72 万 m²。不同开挖时段储量对比见表 8.3-7。

表 8.3-7 汤坝砾石土料场扩大范围前后全料场分级储量对比表

不同时期料场	分级储量/万 m³			总储量/ 万 m³	备 注
	$P_5<30\%$	$30\%\leqslant P_5\leqslant50\%$	$P_5>50\%$		
原料场	47.5	276	110.5	434	
料场开采范围扩大且开采加深后	84.4	462	320.6	867	实际开采深度部分超勘探深度，大坝需 428.3 万 m³ (压实方)

续表

不同时期料场	分级储量/万 m³			总储量/ 万 m³	备　注
	$P_5<30\%$	$30\%\leqslant P_5\leqslant50\%$	$P_5>50\%$		
11月30日后	59.5	262.6	213.9	536	大坝需223.8万 m³（压实方）
2015年5月5日后	50	210	210	470	大坝需127万 m³（压实方）
2015年6月1日后	27	147	145	319	按开口线降低方案 大坝需115万 m³（压实方）

8.3.3.2　料场储量动态评价

1. 汤坝土料场扩挖后总储量及分级储量

经扩大范围料源勘察，扩大范围且开采深度加深后，总储量及分级储量见表 8.3－8，有用料总储量为 867 万 m³，其中合格料为 462 万 m³，偏细料约为 84 万 m³，偏粗料为 321 万 m³。纯合格料不能满足大坝需求。考虑粗、细料掺配后有用料地质储量为 630 万 m³，小于 1.5 倍设计需要量（自然方 510 万 m³）。

表 8.3－8　　　　　　　　　　汤坝土料场扩挖后储量

P_5 含量/%	$P_5<30$	$30\leqslant P_5\leqslant50$	$P_5>50$
储量/万 m³	84.4	462	320.6
占总储量的百分比/%	9.7	53.3	37

2. 扩挖后施工可开采总量评价

大坝砾石土心墙料为 429.30 万 m³（压实方），考虑工程在开采、运输过程中的损耗（损耗系数为 1.2），料场需要开采量为 606.07 万 m³（自然方）。考虑掺配，有部分偏粗料不能利用，经计算可开采 622 万 m³，是设计需要量的 1.03 倍，小于规范要求的 1.25，即从施工开采角度不满足规范要求。

3. 储量随大坝填筑动态评价

截至 2014 年 11 月底，大坝全断面填筑高程约 1562m，心墙累计完成填筑量 205.5 万 m³。

考虑开采、运输及填筑等综合损耗系数（1.2）及松实折方系数（0.85）后，剩余坝体心墙填筑料的设计需要量为 315.95 万 m³（自然方）。

根据储量成果（见表 8.3－8），同时掺配料按粗细重量比 6：4 计算，细料利用量为 80 万 m³，粗料利用量为 107.2 万 m³，料场剩余可采量为 436.67 万 m³，是设计需要量的 1.3 倍（约 99.33 万 m³ 偏粗料未利用），满足规范要求，可不采新莲料场。

截至 2015 年 5 月 5 日，大坝设计需要量为 180 万 m³，考虑 1.5 倍开采系数，需开采 270 万 m³。扣除备用料，还需开采 250 万 m³。料场可开采 310 万 m³ 料，是设计需要量的 1.7 倍，满足要求。

因料源富余度较大，料场开采可降低高程，经研究将开口线降低约 100 余米。截至 2015 年 6 月 1 日，按最新开口线降低方案复核，料场剩余总储量为 319 万 m³，偏粗料为 160 万 m³，合格料为 150 万 m³，偏细料为 30 万 m³。此时大坝填筑至 1600.83m，心墙已填筑 298.21 万 m³，需用料 115 万 m³，总储量超需用量 2 倍，满足规范要求。考虑压实方与自然方换算及 20% 损耗，设计需用量 160 万 m³，另有 20 万 m³ 备料，实际需用量 140 万 m³。考虑施工可开采 200 万 m³，是设计需用量的 1.37 倍，满足要求。

因此，汤坝料场 2014 年 11 月底以后储量满足大坝需求，随着大坝填筑高程上升，土料富余度越来越大，可不开采新莲料场，同时为料场开口线降低创造了条件。

8.4 过渡料

因料场岩石强度高、岩体完整性好，施工时难于爆破生产出满足设计要求的过渡料，为保证大坝连续填筑，并结合高上坝强度要求以及大药量爆破对周边环境的影响等，现场采用了强爆破、掺配、鄂破加工等多种生产工艺进行过渡料生产。施工详图阶段根据爆破试验成果，经试验和计算分析研究，将过渡料级配进行了调粗，最大粒径从 300mm 调整到 400mm，D_{15} 从 12mm 调整到 20mm，降低了过渡料爆破生产难度。

8.4.1 过渡料设计

1. 过渡料设计原则

心墙料和堆石料刚性相差大，为了协调两者之间的变形，还需在反滤层与堆石之间设置过渡层。过渡层颗粒级配应良好，在变形性质及渗透性能上要都能使从反滤到堆石不致产生突变。

2. 级配要求

施工详图阶段根据爆破试验成果，成都院对过渡料的级配进行了优化研究，经试验和计算分析研究，将过渡料级配进行了调粗。最大粒径从 300mm 调整到 400mm，D_{15} 从 12mm 调整到 20mm，降低了过渡料爆破生产难度。调整后主要技术指标：

(1) 过渡料及岸边过渡料均为江嘴或响水沟石料场开采料，应避免采用软弱、片状、针状颗粒，要求耐风化并不易为水溶解，石料的饱和抗压强度应大于 45MPa。

(2) 过渡料颗粒级配应良好，级配线应位于设计级配包线范围内，且应符合以下规定：最大粒径不大于 400mm，小于 0.075mm 的颗粒含量不宜超过 3%；小于 5mm 的颗粒含量不大于 17%，不小于 4%，$D_{15} \leqslant 20mm$。

(3) 过渡料压实标准。过渡料压实应采用相对密度和孔隙率控制，相对密度应不小于 0.9，孔隙率不大于 20%，压实后干密度不小于 2.33g/cm³。

8.4.2 料源

施工详图阶段过渡料取自上游响水沟石料场和下游江嘴石料场，响水沟料场料源为花岗岩，饱和湿抗压强度为 94.5～120MPa，江嘴料场料源为闪长岩，饱和湿抗压强度为 76.4～131MPa，岩体坚硬。响水沟料场 1560m 高程处强卸荷水平深度为 46m，卸荷深度随高程增加而增加。江嘴料场临近沟床下部强卸荷水平深度为 35～40m，卸荷深度随高程增加而增加，在 1810m 高程处强卸荷（弱风化上段）水平埋深为 65m。料场浅表强卸荷岩体较破碎。

8.4.3　生产工艺调整

料场开采时先进行了上、下游堆石先期填筑体堆石的爆破开采，同时也进行了过渡料爆破生产。由于岩石坚硬，难于爆破生产出满足设计要求的过渡料。

为爆破生产出满足要求的过渡料，曾多次召开工程四方会议，业主还委托长江水利委员会长江科学院在现场进行了第三方爆破试验，并邀请专家对过渡料开采爆破试验成果进行了评审，评审认为该工程石料场采用强爆破是可以生产出过渡料的，但爆破单耗较高、利用率偏低，单位生产成本较高。从有利于过渡料质量控制，并结合高上坝强度以及大药量爆破对周边环境影响等要求，现场采用了爆破、掺配、鄂破加工等多种生产工艺。部分还利用了强卸荷较破碎料、断层带及其影响带中的破碎料等。

8.4.4　调整级配过渡料物理力学性能

由过渡料调整级配后的物理力学性能试验成果可以看出，调整级配过渡料与原级配渗透性及抗剪强度相差较小，但压缩模量差异较大，同级压力增量下，原级配的压缩模量比调整级配压缩模量高。大三轴试验成果反映，调整级配过渡料的变形模量比原级配低。

从三维应力变形计算成果可以看出，过渡料级配调整后，坝体沉降变化较小，略有增加，坝体沉降变形规律相同，沉降最大值位于半坝高处的心墙和下游反滤层交界的区域。从调整级配后最大剖面（0+253.72）高程 1572m 处坝壳及心墙沉降顺河向沉降分布曲线可以看出，沉降变形趋势是连续渐变的，没有明显的突变或跳跃。从该处坝壳及心墙沉降变化梯度顺河向分布曲线可以看出，在整个坝壳及心墙范围内，沉降变化梯度值均不大，最大不超过 2cm/m。这个沉降变化梯度是土体变形能接受的，不会导致裂缝或破坏。过渡料级配调整前后，心墙大小主应力及应力水平分布规律基本相同，大小主应力等值线总体呈水平分布，没有出现拉应力。

8.5　小结

（1）天然砾石土料场土料往往属宽级配土，其土料分布多不均匀，而超高土石坝对防渗土料要求严格，因而对天然宽级配土料勘察也提出更高要求。除传统地质成因分区及上包线、平均线及下包线等宏观评价方法外，还可结合大坝填筑技术要求对土料场进行级配分区及分层，查明偏粗料、合格料、偏细料分布特征及其分区储量，为料场合理开采及土料充分利用提供了充分地质依据。

（2）随着大坝填筑高度的上升，土料剩余地质储量与剩余设计需要量比值会越来越大，同时受勘探方法局限，料场开采深度一般也会有所加深，相应料场储量也会动态发生变化。施工详图阶段应结合大坝对土料需求量进行土料场储量及质量动态评价，从而可动态调整料场开采范围，甚至取消一些料场开采。

（3）因料场岩石强度高、岩体完整性好，施工时难于爆破生产出满足设计要求的过渡料，现场采用了强爆破、掺配、鄂破加工等多种生产工艺进行过渡料生产。同时将过渡料级配进行了调粗，最大粒径从 300mm 调整到 400mm，D_{15} 从 12mm 调整到 20mm，降低了过渡料爆破生产难度。另外，部分还利用了强卸荷较破碎料、断层带及其影响带中的破碎料等。

近年来，全国各种自然灾害频发，特别是受极端灾害性气候的影响，给国家和人民生命财产造成了重大损失，防灾减灾形势异常严峻。特别是长河坝工程所在的四川地区，受汶川"5·12"大地震影响，地质环境条件变得更加脆弱和复杂，在遭遇持续干旱和降雨后，自然灾害突发性强、隐蔽性高、破坏性大。为树立和落实全面发展、协调发展和可持续发展的水电科学发展观，以人为本，积极促进和谐自然、和谐社会，有必要加强工程区内自然灾害隐患的排查梳理、复核评估、针对性工程措施、预警预报和应急救援等各项工作。

长河坝水电站规模巨大，库坝区位于大渡河干流上游高山峡谷河段，川西高原气候区，施工环境条件相对复杂且较差，工程安全建设隐患大，表现为：①工程区域地质构造稳定性较差，工程河段两岸沟谷发育，自然边坡高陡，岩体物理地质作用较为强烈，工程建设区内高边坡滚石、局部崩塌、沟谷山洪或泥石流等地质灾害时有发生，施工安全隐患极大；②枢纽区为高山曲流峡谷地貌，河谷深切，谷坡陡峻，初始地应力较高，河谷急剧下切导致谷坡向临空方向产生强烈卸荷，经长期侵蚀谷坡现状基本稳定，但由于岩体中的结构面较发育，外动力地质作用较强烈，在构造、物理地质作用下，边坡表浅部存在局部危石及危岩体等，加之工程开挖边坡最大高度超过 300m，开口线以上自然边坡高达 500～800m，边坡高陡，若不及时采取合适的防治措施，会给施工以及运营带来安全隐患。

长河坝大坝填筑量巨大，超 3000 万 m³，导致料场边坡超高，不管是块石料场（超300m），还是土料场边坡（坡高达 500m），同时支护时间紧，与大坝填筑等息息相关，其开挖与支护均不同于枢纽区边坡。

9.1　工程开口线外自然边坡危险源及处理

长河坝水电站为典型的高山峡谷地貌，边坡高陡，工程区左右岸坡基岩多裸露，植被差，岩体裂隙较发育，卸荷较强烈。工程边坡开口线以上至第一级谷肩的环境边坡高达700～800m，其浅表部发育有较多可能失稳塌落的危险源，分布范围较广。为了区分工程边坡，同时不使与工程及人类活动有影响的自然边坡无限扩大，有必要引入工程开口线外自然边坡概念：工程边坡开口线之外的，一级谷肩以下，一旦失稳可能会对工程或工程区人员构成威胁的斜坡。它是自然边坡的一部分，在自然条件及人类工程活动等作用下，在工程边坡范围之外可能发生落石、崩塌、滑坡等地质灾害，进而造成人员伤亡和财产损失。工程开口线外自然边坡危岩体是指斜坡上被多组不利结构面切割或已脱离基岩，在重力、地震或其他外力作用下易脱离母体或离开原位，从斜坡以坠落、滑落、弹跳、滚动等方式顺坡向下剧烈快速运动的地质体，包括危石、危石群、孤石、孤石群等。危岩体按规模可分为特大型、大型、中型、小型四类，见表9.1-1。

根据成因、变形模式、工程地质性状又可将危岩体分为：危石及危石群、危岩体、松动岩带、孤石及孤石群、冻融风化块碎石层等。详见表9.1-2。

表9.1-1　　　　　　　　　　　　**危 岩 体 规 模 分 类 表**

危岩体分类	特大型	大型	中型	小型
危岩体规模/m³	V≥10000	1000≤V<10000	100≤V<1000	V<100

表9.1-2　　　　　　　　　　**长河坝水电站枢纽区环境边坡危险源类型分类表**

危险源类型	定　义	备　注
危石及危石群	斜坡上被多组不利结构面切割，在重力、地震或其他外力作用下易脱离母体或离开原位，从斜坡以坠落、滑落、弹跳、滚动等方式顺坡向下剧烈快速运动的地质体。其体积一般在数立方米以内，大者可达数十立方米，为小型危岩体	不利组合条件完备的确定性块体；不利组合条件较完备的半确定性块体；不利组合条件不完备的不确定性块体
危岩体	同危石，但规模较大，体积从数百立方米到数万立方米不等	
松动岩带	强卸荷岩体表部具明显侧向拉张的松动岩体，多形成空腔	多沿山脊成带状分布
孤石及孤石群	已遭受崩塌作用，暂时稳定在斜坡上的块石	该电站孤石多零星分布于崩坡积堆积层表部
冻融风化块碎石层	岩体节理裂隙发育，表部在冻融风化作用下破碎解体	主要分布在右坝肩1900m高程以上斜坡，与古冰期冻融风化作用有关

9.1.1　各工程部位自然边坡危险源发育特征

枢纽区开口线外自然边坡主要包括左右坝肩边坡、电站进水口边坡、尾水洞出水口边坡、泄洪洞进出水口边坡等部位边坡，不同工程部位开口线外自然边坡危岩体发育特征不尽相同。

左坝肩开口线外自然边坡地形较陡，多为45°~55°，基本上以分布高程为1745~1760m的金康施工便道为界，以上自然边坡植被较发育，危险源发育程度较低，但仍有危石及危岩体等危险源，以下危石、危岩体分布较广，并有松动岩带等危险源分布。心墙开挖边坡上、下游侧自然边坡为较单薄山脊，表部岩体松弛破碎，局部受顺坡裂隙控制形成危岩体，稳定性极差。总体上危险源分布高程多为1500~1825m，以危石为主，少量为危岩体，共有20个危石集中区、5个危岩体集中区、1个松动岩带。其中危石部分或全部脱离母岩，稳定性为差—极差，以半确定性至确定性为主，危岩体以中—大型为主，多分布在地形陡峻的岩壁上，稳定性多极差，另外还发育一松动岩带。

右岸坝肩岸坡坐落在笔架沟下游的凸型岩质岸坡上，植被总体稀疏。其稳定性主要受

J_1 组顺倾坡外的中缓倾角长大裂隙控制，形成潜在底滑面，在边坡上形成台阶状的地貌。坡度整体变化不大，但在约 1630m、1720m、1800m 高程有较明显的平台或缓坡地貌（坡度 30°左右）；平台之间为基岩陡壁，坡度一般为 50°~70°。表部岩体卸荷强烈，裂隙较发育，局部发育小断层，危石分布较多，局部形成危岩体，在山脊处多形成厚约 10m 的松动岩带，在 1900m 高程以上有两处小山包仍残存与古冰期冻融风化作用有关的冻融风化块碎石层，共有 5 个松动岩带、2 个冻融风化堆积区、6 个危石集中区、5 个危岩体集中区，以上危险源多稳定性差—极差，少量稳定性较差。

进水口自然边坡位于倒石沟与双槽沟之间的山脊上，地形较陡，总体坡度为 35°~45°，局部形成坡高 10~15m 的基岩陡壁（坡度为 60°~70°，植被稀疏）；岩体卸荷松弛强烈，主要破坏方式为沿顺坡 J_3 组裂隙发生滑移拉裂破坏及沿倾向坡内的 J_7 组陡倾角裂隙产生倾倒拉裂变形及破坏（局部形成卸荷松弛破碎岩体）。进水口开口线外自然边坡松动岩带、危岩体、危石等危险源较发育，部分边坡表部为崩坡积块碎石土层，其浅表部孤石较多。共有 2 个危岩体（中型为主，稳定性差—极差）、3 个孤石集中区（稳定性差—较差）、2 个危石集中区（半确定性为主—稳定性差）、1 个松动岩带。

开关站工程开挖边坡开口线以上自然边坡地形总体较陡，高程 1910m 以上地形坡度为 30°~35°，地貌近呈一北东东向山脊，灌木丛较发育，坡面上可见零星的孤石分布。高程 1910m 以下至开口线之间边坡较陡为 40°~50°，岩体卸荷松弛强烈，危险源多为危石、危岩体及沿部分山脊强卸荷岩体表部厚约 10m 的松动岩带，多稳定性差—极差，天然状态下时有落石甚至崩塌发生（如下游冲沟两岸崩塌现象时有发生）。共发育 7 个危石集中区（以半确定性—确定性为主，部分为不确定性，稳定性较差—差为主，少量极差）、2个松动岩带（稳定性差—极差）、4 个危岩体（以中—大型为主，稳定性差—极差）。

尾水洞出水口开口线外自然边坡总体为 40°~45°，地表基岩裸露，植被不发育，危石及危岩体等危险源分布较广，多分布于叮铛沟两岸及开口线附近，多稳定性差—极差，天然状态下时有落石，在沟口形成崩积堆积物。共发育 3 个危石集中区（以半确定性、确定性为主，稳定性差）、4 个危岩体集中区（中—大型，稳定性差—极差）。

泄洪洞、放空洞及中期导流洞进水口位于双叉沟对岸至象鼻沟间的坡段，1800m 高程以上自然地形坡度为 45°~55°，1800m 高程以下多为陡壁，坡度为 80°左右，自然边坡高度为 500~600m。边坡冲沟和植被均较发育。开口线后缘山脊上高程为 1800~1940m，发育一卸荷拉裂岩体，前缘及侧面均为基岩陡壁，坡度为 70°~80°，山脊坡度约为 35°，拉裂岩体后缘拉裂缝长约 170m，顺 J_4 裂隙张开 10~30cm，最大可达 50cm，与洞脸边坡近平行，缝下方岩体易产生倾倒拉裂及滑移破坏。受地形、构造及物理地质作用影响，开口线以外自然边坡浅表部危石发育且多成片分布，共发育 5 个危石集中区（半确定性为主）、松动岩带（稳定性极差）、1 个特大型危岩体（稳定性较差）。

泄洪洞、放空洞出水口及中期导流洞出水口位于花瓶沟下游至砂场沟附近 240m 范围内，公路以上（高程 1486~1600m）为基岩陡壁，地形坡度为 65°~90°，1600m 以上地形坡度变缓，为 40°~60°，自然边坡高度为 500~700m。植被零星发育。出水口边坡基岩裸露，岩性主要为晋宁—澄江期灰色中粒花岗岩（$\gamma_{02}^{(4)}$），局部穿插辉绿岩脉（β_μ）。受地形、构造以及物理地质作用影响，开口线以外自然边坡浅表部危石分布较广且多成片分布，共有 8 个危石集中区，其分布高程一般为 1705～2050m，面积一般为 3000～30000m²，大者可达 40000m²。以半确定性为主，次为确定性，稳定性差。在 1 号泄洪洞出水口开挖边坡上部发育一规模较大的危岩体，稳定性极差。

9.1.2　稳定性及危害性评价

开口线外自然边坡危岩体稳定性评价遵循定性与定量评价相结合，以定性分析为主的原则（张世殊 等，2014）。根据已有研究成果，考虑地层岩性、地形坡度、结构面特性、结构面组合特征建立一套半定量快速评价方法，以快速评价危岩体的稳定性。对中小型危岩体以定性分析为主，按危岩体稳定性评价定性分析表（表 9.1－3）进行评价；对大中型危岩体可采用半定量快速评价方法，按危岩体稳定性影响因素快速评分表（表 9.1－4）进行评价；大型、特大型危岩体宜采取定性与定量结合的评价方法，考虑危岩体影响对象，结合《水电水利工程边坡设计规范》（DL/T 5353—2006）稳定性标准，确定危岩体的稳定性。各个工程部位开口线以上自然边坡危岩体具体稳定性评价见表 9.1－5～表 9.1－7。

表 9.1－3　　危岩体稳定性评价定性分析表

稳定性评价	地形坡度	结构面特征	岩体结构	备　注
极差	地形陡，坡度一般大于 45°	结构面普遍张开，部分充填岩屑及次生泥，岩体松动，结构面不利组合完备	块裂或碎裂结构	结构面不利组合完备指存在顺坡结构面或两组结构面交线顺坡、倾角小于坡角且大于结构面摩擦角，可采用赤平投影定性分析及根据蒋爵光赤平投影法算得其稳定系数中值小于 1； 不利组合较完备指存在顺坡结构面或两组结构面交线顺坡、倾角小于坡角，主控结构面非连续，可根据蒋爵光赤平投影法或数值解法计算其稳定系数 $1 \leqslant k \leqslant 1.10$； 凡结构面不利组合完备均为稳定性极差； 对斜坡上孤石及破碎岩体，以地形坡度及植被发育为主要判别条件
差	地形坡度一般为 37°～45°	结构面张开，无充填或部分充填，不利组合较完备	块裂或次块状结构	
较差	地形坡度一般为 30°～37°	结构面部分张开或闭合，无充填，不利组合较完备或不完备	镶嵌或次块状结构	

注　可根据植被发育情况，对危岩体稳定性进行适当调整。

表 9.1－4　　危岩体稳定性影响因素快速评分表

序号	参　数		评　分　标　准				
1	岩石单轴抗压强度/MPa		＞100	60～100	30～60	15～30	5～15
	评分		10	8	5	3	0～2
2	结构面特征	粗糙度	很粗糙	粗糙	较粗糙	光滑	擦痕、镜面
		评分	5	4	2	1	0
		充填物/mm	无	＜5（硬）	＞5（硬）	＜5（软）	＞5（软）
		评分	5	4	2	2	0

序号	参 数		评 分 标 准				
2	结构面特征	张开度/mm	未张开	<0.1	0.1~1	1~5	>5
		评分	5	4	3	1	0
		结构面长度/m	<1	1~3	3~10	10~20	>20
		评分	5	4	2	1	0
		岩石风化程度	新鲜	微风化	弱风化	强风化	全风化
		评分	5	5	3	1	0
3	地面坡度		缓坡(0°~30°)	中等坡(30°~40°)	中陡坡(40°~60°)	陡坡>60°	倒坡
	评分		30	10~20	0~5	0	0
4	结构面不利组合		完备(存在顺坡结构面或两组结构面交线顺坡、倾角小于坡角且大于结构面摩擦角,结构面普遍张开,部分充填岩屑及次生泥,岩体松动)		较完备(较完备指存在顺坡结构面或两组结构面交线顺坡、倾角小于坡角,主控结构面非连续)		不完备(无明显不利结构面组合,主控结构面微张或闭合)
	评分		0~2		5~10		20
5	地下水特征		干燥	湿润	滴水	线状流水	涌水
	评分		3	2	1	0.5	0
6	植被发育特征		茂密	中等	稀疏	无	
	评分		5	3	1	0	

注 根据危岩体总分值,快速评价其稳定性。具体为0~25分,稳定性极差;25~45分,稳定性差;45~65分,稳定性较差。

危岩体灾害的形成必须具备两个基本条件:危岩体的破坏失稳和危岩体失稳后运动到受灾区。如危岩体稳定性极差且规模大,但运动不到受灾体位置,则基本形成不了地质灾害。同时危岩体危害程度还与危害对象即受灾体性质有关。因此对自然边坡危岩体进行稳定性评价后,还需要根据危岩体的规模、高度、稳定性及危害对象等进行危害性评价。危岩体危害程度等级划分以定性分析为主,定量评价较困难。

危岩体危害性评价首先根据建筑物的重要程度及人员工程活动情况按表9.1-5进行危害对象分级。然后根据表9.1-6确定危岩体危害程度,危害程度从高到低分为Ⅰ级、Ⅱ级、Ⅲ级。

表9.1-5　　　　　危岩体危害对象分级

危害对象分级	危 害 对 象
1级	1级永久性水工建筑物防治关键部位、移民安置区及营地
2级	2级、3级永久性水工建筑物防治关键部位及1级永久性水工建筑物防治非关键部位
3级	4级、5级永久性水工建筑物及2级、3级永久性水工建筑物防治非关键部位、重要的临时性水工建筑物,工区内永久桥梁

注 对仅影响施工期安全的危岩体其危害对象可直接划为3级,危害对象为人员密集居住区除外。

表 9.1 - 6   危岩体危害程度分级表

危害程度	危害对象级别	危岩体稳定性	危岩体规模	危岩体离危害对象高度/m	备 注
Ⅰ级	1级	极差、差	特大型、大型、中型、小型	≥10	根据坡表面特征、植被发育情况对危害程度分级可适当调整
	2级	极差	特大型、大型、中型、小型	≥30	
Ⅱ级	1级	极差、差	特大型、大型、中型、小型	≤10	
		较差	特大型、大型、中型	≥10	
	2级	极差	特大型、大型、中型、小型	10～30	
		差	特大型、大型、中型	≥10	
			小型	≥30	
	3级	极差、差	特大型、大型、中型	≥30	
Ⅲ级	1级	较差	特大型、大型、中型	≤10	
			小型	不限	
	2级	极差	特大型、大型、中型、小型	≤10	
		差	特大型、大型、中型	≤10	
			小型	≤30	
		较差	不限	不限	
	3级	极差、差	特大型、大型、中型	≤30	
			小型	不限	
		较差	不限	不限	

9.1.3 危岩体防治措施

危岩体防治措施应综合考虑危岩体发育的地质环境条件与工程的特点及其相互关系、危岩体的类型规模和分布特点、危岩体的危害程度等级以及危岩体防治工程措施的适宜性和经济性等因素，综合确定技术可行、安全可靠、经济合理、环保实用的防治措施。一般来说，危害程度等级为Ⅰ级的危岩体宜采用整体清除、避让或整体支护等措施；危害程度等级为Ⅱ级的危岩体宜采用局部清除或局部支护或主动防护网等措施；危害程度等级为Ⅲ级的危岩体宜采用被动防护措施，稳定性极差时宜清除或锚固。防治方案还应体现宏观综合性及危岩单体防治的微观综合性。在具有支撑条件时优先采用支撑技术或具有支撑性能的综合防治技术；谨慎使用清除技术，避免危岩体后部岩体的清除损伤；对危岩体边界及休内地下水需进行有效排泄。

长河坝工程根据工程区自然边坡危险源对施工过程、工程永久运行的危害程度以及稳定情况，根据工程开口线外自然边坡危险源实际情况，采取"分区、分类"防治的基本原则，即根据危害对象及稳定性综合确定的危害程度进行治理，如对上下游坝肩（心墙区除外）顺河长 1.2km 的开口线外危险源按危害程度Ⅲ级进行简单处理，既确保了安全，又减少了治理工程量。而对开关站开口线以上自然边坡危险源，由于一旦有一危岩滚落至开关站内，则可能造成不能发电等严重后果，因此采取最高标准进行危险源治理，对其上松动岩体甚至采用系统锚索+框格梁进行处理。防治措施实施后，较大程度降低了枢纽区自然边坡主要危险源的风险，增加了施工过程和工程永久运行的安全性。

长河坝水电站典型危岩体发育特征、评价及防治建议见表9.1-7。

表9.1-7　　　　　长河坝水电站典型危岩体发育特征、评价及防治建议一览表

分区名称	位置及范围	主要特征	危险源类型	稳定性	危害程度	防治建议
Z1	心墙及反滤料开挖线上游侧，分布高程1650～1725m。水平投影面积为4300m²	突出山脊，坡度为45°～50°，卸荷松弛，易沿顺坡J₃裂隙形成滑移拉裂破坏，结构面不利组合较完备或完备	危石	极差	Ⅰ级	清除危石并采用系统锚喷支护
Z2	梆梆沟下游侧与心墙区之间的山脊，分布高程1560～1600m，水平投影面积为770m²	坡度为55°～60°，岩体卸荷松弛，裂隙较发育，易沿顺坡J₃裂隙产生滑移拉裂破坏，结构面不利组合较完备	危石	差	Ⅰ级	清除危石并采用系统锚喷支护
Z3	f₂₁断层上游侧，分布高程为1640～1710m，水平投影面积为1280m²	地形突出，坡度为55°～65°，陡峻，裂隙较发育，主要有顺坡J₃组、J₁组及J₄组裂隙，岩体较破碎，植被不发育，裂隙普遍张开，结构面不利组合完备或较完备	危石	极差	Ⅰ级	清除危石，采用系统锚喷，局部用锚索、锚杆束支护
Z4	f₂₁断层上游侧，分布高程1530～1580m，水平投影面积为350m²	地形陡峻，坡度为60°～70°，局部悬空，主要为J₂、J₃、J₆组裂隙，部分张开，岩体较破碎，后缘局部沿J₃裂隙张开5～10cm，易产生滑移破坏，植被不发育，结构面不利组合较完备	危石	极差	Ⅰ级	清除危石，采用系统锚喷，局部用锚索、锚杆束支护
Z10	进水口边坡下游山脊，分布高程为1505～1685m，水平投影面积为5500m²	山脊，地形陡峻，坡度为55°～70°，裂隙发育，岩体卸荷松弛强烈且破碎，结构面组合完备	危石	极差	Ⅲ级	清除危石，局部用锚杆、锚杆束锚固
Z11	纵向围堰支洞沟上游，分布高程为1585～1615m，水平投影面积为350m²	地形陡峻，上部为基岩陡壁，裂隙较发育，主要有J₁、J₃、产状为N50°W/SW∠70°～80°等裂隙，岩体较破碎，块径一般为0.8～1.0m，底部多临空。结构面不利组合完备—较完备	危石	差	Ⅲ级	清除危石，并设置主动防护网
Z15	开关站下方，分布高程1610～1635m，顺河宽3m，高约8m，厚约3m	受顺坡J₃组裂隙控制。由于其坡度陡峻（65°～75°），裂隙部分张开，结构面不利组合较完备	危石	差	Ⅲ级	采用锚杆及锚杆束支护

续表

分区名称	位置及范围	主要特征	危险源类型	稳定性	危害程度	防治建议
Z24	f_{24} 沟与纵向围堰支沟之间，金康水电站施工便道以上边坡，分布高程为 1740～1840m	地形陡峻，前缘坡度为 65°～70°，植被稀疏，后缘为 45°～55°，植被较发育。该段裂隙较发育，主要有 J_3、J_1、J_4、J_2 等裂隙，结构面不利组合条件较完备	危石	差	Ⅲ级	清除危石，并设置被动防护网
Z8	左岸坝轴线下游一小山脊，地形突出，水平投影面积为 96m²，体积约为 1000m³，分布高程为 1725～1740m	前缘为高 8～10m 陡崖，坡面走向近南北向，发育裂隙有：J_6（N60°W/NE∠20°～30°）、J_4（N80°W/SW∠80°）、J_3 等组裂隙，其中 J_3 为顺坡裂隙，控制边坡稳定。岩体卸荷松弛明显，易沿 J_3 组裂隙产生平面滑移拉裂破坏	危岩体	极差	Ⅰ级	清除，采用系统锚喷，局部用锚索、锚杆束支护
Z21	左坝肩双槽沟与梆梆沟之间，XPD08 号平洞下游 20m 处，为金康施工便道内侧边坡，其尺寸为 20m（长）×30m（宽）×（10～15）m（高），分布高程为1775～1805m	该区地形陡，坡度约为 60°。岩体卸荷强烈，裂隙较发育，主要发育 J_3、J_1、J_4 等组裂隙，其中 J_3 为顺坡长大裂隙，倾角略缓于坡角，结构面组合完备，危及大坝堆石区填筑安全	危岩体	极差	Ⅱ级	系统锚索锚固
Z20	左坝肩梆梆沟与坝轴线上游支沟之间，高程为 1910～1925m	地形上为一基岩陡壁，地形陡峻，坡度为 70°～75°，植被稀疏，但其外缘植被发育。岩体裂隙发育，岩体卸荷松弛强烈，浅表部为松动岩带。结构面不利组合条件完备，总体稳定性极差，易产生滑塌，危及大坝堆石区填筑安全	松动岩带	极差	Ⅲ级	设置主动防护网，并设置一道被动防护网
Y1	笔架沟下支沟下游侧，水平投影面积为 4100m²，分布高程为 1625～1795m	地形上为一山脊，坡度为 40°～55°，前缘局部达 70°。裂隙发育，岩体卸荷松弛强烈，浅表部（垂直厚度 5～10m 范围内）为松动岩带。下部发育 J_6 裂隙（产状 N60°W/NE∠40°～45°），长大，间距 30～50cm，易沿该结构面形成滑移拉裂破坏。植被不发育，岩体松动，结构面组合完备，危及大坝心墙及填筑施工安全	松动岩带	极差	Ⅰ级	清除后采用系统锚杆挂网喷混凝土及随机锚索、锚杆束支护

分区名称	位置及范围	主要特征	危险源类型	稳定性	危害程度	防治建议
Y2	笔架沟下支沟下游壁,水平投影面积为2960m²,分布高程为1875~1970m	地形上为一山脊,坡度为35°~40°,植被发育零星。岩体裂隙发育,主要有J₇、J₅、J₁等3组,卸荷松弛强烈,浅表部为松动岩带,结构面组合完备,危及大坝心墙及填筑施工安全	松动岩带	差	Ⅲ级	设置主动防护网,和被动防护网
Y7	Y6区下方,水平投影面积为890m²,分布高程为1975~1995m	顶部地形平缓,植被不发育,前缘坡度为30°。浅表部为冻融风化堆积的块碎石层,为确定性危岩集中区,块碎石块径为20~40cm,在爆破震动、强降雨、地震等外力作用下易产生塌滑,总体稳定性较差,危及大坝填筑安全	冻融风化堆积	较差	Ⅲ级	设置主动防护网和被动防护措施
Y5	坝轴线顶部,水平投影面积为6600m²,高程为1700~1800m	地形上为基岩陡壁,坡度为70°~80°,植被零星发育。受顺坡J₇、垂直坡面J₄裂隙面切割,岩体以块裂结构为主,局部挤压破碎带呈碎裂结构。受坡陡、结构面不利组合较完善或完备的影响,总体稳定性差,危及大坝心墙及填筑施工安全	危石	差	Ⅲ级为主,局部Ⅰ级	设置主动防护网,锚杆、锚杆束锚固
Y9	右坝肩坝轴线下游(XPD01号平洞上方),水平投影面积为710m²,分布高程为1545~1590m	地形上为陡壁,坡度为60°~70°,裂隙较发育,后缘及侧面分别受J₆、J₄裂隙切割,易沿J₂顺坡裂隙产生平面滑移破坏,结构面不利组合较完备,危石总体稳定性差,危及大坝填筑安全	危石	差	Ⅲ级	清除危石,局部采用锚杆、锚杆束支护
Y12	上围堰右岸交通洞上方,水平投影面积为1200m²,分布高程为1580~1630m	地形陡峻,三面临空,前缘为mj₅裂隙密集带,卸荷松弛强烈,为卸荷拉裂岩体,主要发育J₄、J₁两组裂隙,结构面不利组合较完备,危及围堰施工安全	危石	差	Ⅲ级	清除危岩,后采用锚杆、锚杆束支护
Y13	铁塔沟上游山脊(Y16区下方),水平投影面积为8030m²,分布高程为1570~1770m	地形上为陡壁,坡度为60°~70°,裂隙较发育,多形成半确定性危石,浅表部确定性危石较多,块径为30~50cm。由于地形陡峻、结构面不利组合较完备,危石总体稳定性差,危及大坝填筑安全	危石	差	Ⅲ级	清除危石,再采用主动防护网

分区名称	位置及范围	主要特征	危险源类型	稳定性	危害程度	防治建议
Y14	笔架沟下支沟下游壁，水平投影面积为170m²，分布高程为1570～1590m	地形上为一山脊，上游为笔架沟，下游为基岩陡壁。前缘为一危岩体，体积约为150m³。顺J_4裂隙卸荷张开，连通率超80%，为坠落式危岩体。由于坡陡，结构面不利组合完备，危岩体稳定性极差	危岩体	极差	Ⅱ级	清除
Y15	右岸坝前卸荷拉裂岩体在笔架沟上、下支沟之间，水平投影面积为1160m²，分布高程为1770～1842m	单薄山脊，三面临空，地形陡峻，坡度为65°～75°，卸荷强烈。该山脊前缘顶部有高约70m、顺河宽约20m、厚20～25m的危岩体，后缘沿顺坡陡倾J_4组裂隙张开数十厘米，连通率超50%，底部易沿J_1组裂隙产生剪切滑移，总体为特大崩滑式危岩体，结构面不利组合较完备。天然条件下基本处于临界稳定状态，在暴雨、地震、爆破震动等工况下，易产生较大破坏，危及大坝填筑及蓄水运行安全	危岩体	差	Ⅰ级	开挖清除，同时采用系统锚喷网、随机锚索支护
Y16	Y3区下方，水平投影面积为1890m²，分布高程为1800～1750m	地形上为一山脊，三面临空，前缘为基岩陡壁，高度约为20m，卸荷松弛强烈，裂隙发育，多张开3～5cm，局部达10cm；受顺坡倾裂隙影响，局部见倾倒变形，结构面不利组合较完备，在爆破震动、强降雨、地震等外力作用下易产生较大崩塌，危及大坝填筑安全	危岩体	差	Ⅱ级	部分清除，并设置主动防护网
Y17	右岸坝肩约1680m高程施工便道上方，XPD05平洞下游，分布高程为1680～1700m，尺寸为20m（长）×20m（宽）×3m（高）	地形陡峻，坡度为60°～70°。岩体强卸荷、弱风化，裂隙较发育，张开，沿顺J_2裂隙产生滑移松动变形，结构面不利组合条件完备且局部底部临空，危及大坝心墙填筑安全	危岩体	极差	Ⅰ级	采取混凝土支顶＋锚杆束锚固等措施
Y18	F_0断层以下，右岸坝轴线上游山脊，总面积约为1500m²，高程为1530～1615m	单薄山脊，两面临空，地形陡峻，坡度一般为50°～65°。岩体卸荷强烈，长大裂隙较发育，顺坡长大裂隙J_2与陡倾角裂隙J_8、J_4组合，边坡易产生较大的滑塌破坏。同时，易沿J_8、J_4、J_7产生倾倒拉裂及崩塌破坏，结构面不利组合较完备，危及心墙基坑施工安全	危岩体	差	Ⅰ级	采用系统锚杆、锚杆束支护

续表

分区名称	位置及范围	主要特征	危险源类型	稳定性	危害程度	防治建议
J2	1927～1990m 高程及其以上边坡	地形坡度为 35°～40°，植被发育，以灌木为主，浅表覆盖碎石土层，表面分布有较多的块径为 1～2m 的孤石。虽坡度较陡，由于植被较发育，因此孤石总体稳定性较差	孤石	较差	Ⅲ级	被动防护网
J4	进水口上部，水平投影面积为 1650m² ，分布高程为 1845～1895m	地形坡度为 35°～40°，局部为 25°～30°。植被零星发育。浅表部为崩坡积块碎石土层，结构松散，具架空结构，表面分布有较多的块径为 1～2m 的孤石，总体稳定性差。前缘坡度较陡，为 45°～50°，下部为卸荷松弛破碎岩体，岩体卸荷松动明显，并具架空结构，稳定性极差，易产生崩塌和浅层崩滑，危及边坡和施工安全	孤石	差，前缘极差	Ⅰ级	主动防护网，前缘采用锚杆束及锚索支护
J6	J3 区下方，分布高程为 1855～1900m	地形上为一基岩陡壁，坡度为 60°～70°，岩体卸荷松弛强烈，裂隙较发育，总体呈块裂结构。受坡陡、结构面不利组合条件较完备的影响，危石总体稳定性差。前缘部分沿陡倾裂隙形成坠落式危岩体，体积为 8m×8m×3m，受坡度陡、结构面不利组合条件较完备的影响，易产生崩塌，总体稳定性差，危及进水口施工及运行安全	危石为主，前缘为危岩体	差	Ⅰ级	采用主动防护网，锚索支护
K1	开关站上游侧沟顶部，分布高程为 1876～1883m	地形较突出，两面临空，岩体顺坡裂隙（产状为 N30°W/NE∠50°）发育且张开，其连通率大于 80%，侧向受 J4 裂隙切割，易产生滑移破坏，形成 5m×8m×4m 大小的危岩体。总体为坠落式危岩体。在暴雨、地震、爆破震动等工况下，该危岩体存在失稳的可能，易产生崩塌破坏，危及开关站施工及运行安全	危岩体	极差	Ⅰ级	采用系统锚杆束支护

分区名称	位置及范围	主要特征	危险源类型	稳定性	危害程度	防治建议
K2	开关站上游侧山脊上，分布高程为 1795～1815m	三面临空，前缘坡度为 70°～80°。尺寸大小为 10m×5m×10m。其后缘发育一顺坡向陡倾裂隙（N20°W/SW∠80°），卸荷张开 10～25cm，充填岩块及岩屑，底部未脱离母岩的，结构面不利组合较完备，总体稳定性差。在暴雨、地震、爆破震动等外力作用下处于临界稳定，易产生崩塌，危及开关站施工及运行安全。该危岩体上方分布有 2 块块径约 3m 的确定性危石，其稳定性受前缘危岩体控制	危岩体	差	Ⅰ级	采用预应力锚索进行支护，并将其上危石清除
K12	开关站平台以下，水平投影面积为 4400m²，分布高为 1660～1685m	总体为较凸出山脊，地形陡峻，坡度为 50°～65°，岩体强卸荷、弱风化，裂隙主要发育 J₃、J₄、J₁、J₇ 4 组裂隙，岩体以块裂结构为主。易沿顺坡 J₃ 裂隙产生滑塌破坏，稳定性差，对开关站基础稳定不利，总体为半确定性危岩体，次为半确定性危石	危岩体为主	差	Ⅰ级	采用系统喷锚以及随机锚索、随机锚筋束支护
K3	开关站上部山脊，水平投影面积为 560m²，分布高程为 1870～1900m	坡度较陡，一般为 65°～70°，局部为 85°～90°，浅表部岩体卸荷松弛强烈，形成松动岩带，勘探揭示其水平深度大于 20m。岩体大部分与母岩分离，块径一般为 2～5m，局部具架空结构，结构面不利组合完备，在重力或其他外力作用下可能产生崩塌破坏	松动岩带	极差	Ⅰ级	采用系统锚索和框格梁加固，混凝土或浆砌石回填和支顶
K4	开关站上游侧沟山脊内，水平投影面积为 35m²，分布高程为 1825～1815m	坡度为 35°～45°。浅表部卸荷松弛强烈，形成松动岩带，植被较发育，结构面不利组合完备，危及开关站施工及运行安全	松动岩带	差	Ⅰ级	设置主动防护网
K5	开关站开口线 1896m 高程以上自然边坡	地貌近呈一北东东向山脊，坡度为 30°～35°，植被较发育，浅表部以确定性危石为主，受坡度较缓及植被较发育影响，总体稳定性较差，危及开关站施工及运行安全	危石为主	较差	Ⅲ级	设置被动防护网

续表

分区名称	位置及范围	主要特征	危险源类型	稳定性	危害程度	防治建议
K6	开关站开口线上游侧，水平投影面积为250m²，分布高程为1815～1835m	地形坡度一般为40°～50°，植被较发育。岩体裂隙发育，局部发育顺坡裂隙，卸荷松弛强烈，危石较多，块径一般为1～3m。受坡度较陡及结构面不利组合完备或较完备的影响，总体稳定性差。另外边坡受顺坡裂隙切割影响形成一体积约100m³的底部部分临空的坠落式危岩体，不利结构面组合条件完备	危石为主，局部为危岩体	极差	Ⅰ级	清除、采用锚杆及随机锚杆束支护。对危岩体采用浆砌片石支顶及锚索加固
K7	开关站顶部，水平投影面积为390m²，高程为1900～1907m	基岩陡壁，坡度为45°～55°。裂隙较发育，多张开，延伸均较短。卸荷较强烈，总体无明显连续不利结构面组合（仅局部顺坡裂隙存在）	危石	较差	Ⅲ级	清除危石，局部采用锚索支护
K10	开关站内冲沟两侧，分布高程为1760～1815m	地形陡峻，坡度为50°～65°，植被不发育。岩体强卸荷，裂隙较发育，岩体较破碎，以半确定性危石为主，次为确定性危石，结构面不利组合条件较完备，危及开关站施工及运行安全	危石	差	Ⅰ级	清除危石，部分采用锚喷支护，设置被动防护网
K11	开关站下游侧沟（f24沟）及其两壁内，分布高程为1740～2200m	沟床坡度一般为40°～45°，植被较发育，两壁陡峻，一般为60°～70°，岩体卸荷松弛强烈，确定性危石较多，分布面积广。受坡陡、结构面不利组合条件完备的影响，危石稳定性极差，天然状态下时有滚石发生	危石	极差	Ⅲ级	确定性危石并在沟内设置被动防护网，在开关站平台下游侧设置挡墙
W1	叮铛沟内，水平投影面积为260m²，高程为1715～1735m	金康公路下方陡坎，裂隙较发育，岩体较破碎，以半确定性危石为主，次为确定性危石，块径为0.8～1.0m。结构面不利组合条件较完备，总体稳定性差	危石	差	Ⅱ级	清除危石，采用主动柔性防护网
W4	尾水洞出水口边坡上方，叮铛沟左岸，高程为1570～1605m，水平投影面积为160m²	地形陡峻，坡度为65°～70°，卸荷强烈，裂隙较发育，主要有J_6、J_5组裂隙，后缘顺坡J_5裂隙张开5～10cm，底部分临空，总体为坠落式危岩体，尺寸大小为10m×8m×20m。结构面不利组合条件完备，该危岩体稳定性极差	危岩体	极差	Ⅰ级	采用清除或混凝土回填

215

分区名称	位置及范围	主要特征	危险源类型	稳定性	危害程度	防治建议
W5	水平投影面积为 14m², 顺河长 5～10m, 分布高程为 1615～1622m	岩体受顺坡裂隙控制, 为崩滑式危岩体, 尺寸为 (5～10) m×7m×4m, 结构面不利组合条件较完备, 总体稳定性差	危岩体	差	Ⅱ级	利用预应力锚索进行加固处理
XJ1	放空洞开口线以外	自然坡度为 40°～45°, 植被较发育, 表部局部有厚 1～2m 的碎石土, 前缘为基岩陡壁, 中间为一小冲沟, 岩体主要受 J₁、J₉、J₆组裂隙切割, 以半确定性危石为主, 次为确定性危石。受坡度较陡、植被较发育、结构面不利组合的影响, 总体稳定性差, 危及放空洞进水口施工及运行安全	危石	差	Ⅱ级	清除危石, 设置被动防护网
XJ2	放空洞与 3 号泄洪洞之间, 水平投影面积为 540m², 分布高程为 1695～1740m	地形突出, 坡度为 45°～55°。岩体裂隙发育, 均卸荷张开, 以确定性危石为主, 结构面不利组合完备, 其稳定性极差, 危及 3 号泄洪洞进水口施工及运行安全	危石	极差	Ⅰ级	清除危石, 设置主动防护网
XJ6	泄洪洞进水口卸荷拉裂岩体之上	地形上为一山脊, 坡度约为 35°, 坡面植被较发育, 以灌木及草为主, 坡面分布有较多的半确定性至确定性危石, 块径一般为 1～2m。虽结构面不利组合较完备至完备, 但坡度较缓, 总体稳定性较差	危石	较差	Ⅱ级	清除危石, 设 3 道被动防护网
XJ4	泄洪洞进水口边坡后缘山脊内拉裂缝下方岩体内, 分布高程为1765～1885m	地形上为一山脊, 前缘及侧面为基岩陡壁, 坡度为 70°～80°, 山脊坡度约为 35°, 顺河宽 30m, 长约 100m, 植被稀疏, 裂隙较发育, 主要发育 J₄、J₆裂隙, 其后缘顺坡陡倾 J₄ 裂隙张开达 50cm, 形成拉裂缝, 缝长约 170m, 易产生倾倒拉裂、滑移拉裂破坏, 结构面不利组合条件较完备, 总体稳定性较差, 地震、爆破、强降雨等外力作用下易产生较大崩塌, 危及导流洞运行及泄洪洞施工安全。表面还分布有较多确定性危石, 稳定性差	危岩体	较差	Ⅱ级	清除危石, 采取主动防护网, 前缘采用系统锚索支护

续表

分区名称	位置及范围	主要特征	危险源类型	稳定性	危害程度	防治建议
XJ7	象鼻沟上游侧，导流洞进水口上方，1号泄洪洞进水口下游侧，距上游围堰轴线约为300m，距坝轴线约为900m，面积约为0.6万m²，高程为1640~1785m	为近坝库岸松动岩带，地形为一山脊，陡峻，三面临空，坡度一般为50°~60°，植被稀疏，局部地形平缓。岩体裂隙发育，主要发育 J_1、J_4、J_6 3组裂隙，普遍锈染张开，裂隙局部张开30~40cm，少量张开大于1m。岩体卸荷松弛强烈，浅表部岩体松动变形。岩体结构以块裂—碎裂结构为主，结构面组合完备，存在顺坡 J_1、J_6 组裂隙。该松动岩带总方量为10万~15万m³，其中A区面积约为0.3m²，总方量为7万~8万m³，属特大型。松动岩带前缘（A区）受 J_1（潜在底滑面）、J_6（潜在底滑面）与 J_4（后缘切割面）形成不利组合，处在水库水位变幅带附近，在水库蓄水初期、运行期及水位骤降期，受库水侵蚀浸泡、动水压力及涌浪的作用下易引起前缘A区沿 J_1、J_6 产生较大近坝库岸垮塌，引起较大的涌浪，危及大坝运行安全	松动岩带	差	Ⅰ级	清除确定性危石，对松动岩带采用系统锚索锚支护
XC1	砂场沟沟内及其两壁	砂场沟后缘呈斗状，沟内地形坡度较陡，为40°~45°，植被较发育，浅表部为崩坡积块碎石层，下部沟壁两岸较陡，裂隙较发育，局部存在不利结构组合。受坡陡、结构面不利组合条件较完备的影响，总体稳定性差，危及放空洞及3号泄洪洞出水口施工及运行安全	危石	差	Ⅲ级	设置被动防护措施
XC2	放空洞开口线外砂场沟下游侧，水平投影面积为1800m²，分布高程为1720~1870m	基岩陡坎，坎高为10~15m，坡度为65°~70°。裂隙较发育，局部存在不利结构面组合，岩体较破碎，结构面不利组合条件较完备，总体稳定性差，危及放空洞及3号泄洪洞出水口施工及运行安全	危石	差	Ⅲ级	清除危石，采用主动防护网，并设置被动防护网

续表

分区名称	位置及范围	主要特征	危险源类型	稳定性	危害程度	防治建议
XC4	花瓶沟下游壁，水平投影面积为 15300m²，分布高程为 1850～2050m	为基岩陡壁。裂隙较发育，多卸荷张开，岩体较破碎。受坡陡、结构面不利组合条件较完备的影响，总体稳定性差，危及中期导流洞出水口安全	危石	差	Ⅲ级	清除危石，设置被动防护措施
XC9	紧临 XC6，分布高程为 1785～1813m	地形上为一危岩体，大小为 35m×20m×28m（长×宽×高），地形陡峻，坡度为 70°～80°，裂隙较发育，主要有 J₁、产状分别为 N20°W/SW∠75°、N40°W/NE∠80°的裂隙等 3 组，其中后者张开 30～40cm，局部成空腔，为坠落式危岩体，结构面不利组合条件完备，稳定性极差，易产生较大崩塌，危及放空洞、泄洪洞出水口施工及运行安全	危岩体	极差	Ⅰ级	清除
XC6－1	XC6 区内，出水口支护上方，投影面积约为 2000m²，分布高程为 1700～1775m	地形上为一危岩体集中区，地形陡峻，坡度为 70°～85°，局部倒悬。裂隙发育，主要有 J₁、J₂、J₆、产状分别为 N20°W/SW∠75°、N40°W/NE∠80°等 5 组裂隙，其中后两组裂隙多见张开数厘米，局部张开 30～40cm 形成空腔，比较典型的如 XC12 号危岩体，该危岩体受 J₆、J₁、J₂、J₇ 裂隙切割，在重力、卸荷等作用下，下游侧缘沿 J₇ 拉裂形成空腔，空腔宽为 20～40cm，上游侧缘沿 J₇ 闪长岩脉垮塌形成陡壁，导致三面临空，形成危岩体，危岩体地形陡立，其分布高程为 1743～1768m，顺河宽为 8～12m，厚度为 5～12m	危岩体	差，局部极差	Ⅱ级	危岩体采用锚索锚固，局部破碎区采用锚喷支护

9.2　汤坝土料场边坡

长河坝防渗料场主要为汤坝土料场和新莲土料场。可行性研究阶段对料场进行了详查，其勘察精度符合规范要求，并通过了审查。招标阶段进行了补充勘探，施工详图阶段进行了补充分析及论证，储量满足规范要求，两料场的物理性质、力学性能、防渗抗渗性能均满足规范要求。汤坝碎砾石土料具有较好的防渗及抗渗性能，具有较高的力学强度，推荐在坝体心墙中低高程以下尽可能采用，新莲料场由于土体力学性能稍低，建议用在大坝心墙上部。

汤坝土料场边坡超高且陡，坡高达500m，坡度一般为30°～40°，上部可达45°，土体厚度为20～40m，边坡面积达72万m²。汤坝土料场后缘开口边坡形成于2013年9月前后，由于开采坡度较陡（最陡达1∶0.5），且无支护措施，加之其下部持续开采出料的切脚影响，2014年2月底以来开口线附近出现拉裂、下错变形，变形范围大大超出原料场规划开采范围，变形发展较快，局部边坡土体蠕滑变形达初滑阶段，影响到土料开采及大坝填筑，危及下方施工人员、设备甚至对岸居民和水电站厂房安全。因变形发展较快、土体变形与大坝填筑矛盾突出，按应急抢险治理与永久治理两期进行处理。一方面迅速进行变形范围地质测绘及勘探；另一方面在少量勘探基础上快速制定削坡减载及锁口等应急处理方案并快速组织实施，勘察设计与边坡治理同时进行，而后进行永久治理。最终确保了超高且陡的变形边坡的土料场开采安全，确保大坝顺利填筑。

土料场边坡治理与料源利用紧密相关。对料场进行边坡治理后，相应料场也扩大了范围，边坡治理以尽可能开采土料为原则。扩大范围的土体成因与料场一致，试验论证大部分可用作心墙料源。为此开展了与边坡治理结合的料源扩大范围勘察。随着大坝填筑上升，土料富余系数越来越大。2014年11月底土料已满足大坝需求，可不开采新莲料场；至2015年5月土料已有富余，为边坡治理范围缩小及开口线下降提供了条件。2015年6月经专家咨询及成都院研究，料场开口线下降约100m，经料源质量及储量复核，满足大坝需求。

汤坝土料场开采工作于2016年5月29日完成，边坡削坡减载应业主要求已暂停，边坡治理在开口线锁口支护完成后也于2016年9月30日暂停，直至2018年3月边坡治理才恢复。边坡治理暂停期间，已支护边坡整体稳定，Ⅱ区高程2360～2420m现场巡视及监测成果表明已支护边坡整体稳定，并经历近2年时间的检验。但已支护坡段以下料场边坡变形虽因料场开采停止而变形速率减缓，但变形仍持续增长；由于料场边坡高陡（拔河高近500m），已变形边坡对下方威胁较大，存在较大安全隐患，现状不具备复耕条件，更不能进行移民回迁安置。随后设计结合移民复垦进行了方案微调，在料场下部回填压脚部分考虑了复垦要求。

2018年3月恢复治理后，7月受持续降雨影响，Ⅱ区高程2320～2440m坡体在治理过程中变形加速，出现滑动观象，10月变形延伸至高程2490m，进一步说明该段边坡治理的难度和复杂性。经动态跟进研究分析，设计提出了边坡需分段综合采取锚拉抗滑桩、桩板墙、框格梁＋锚索、清挖减载、深浅层排水等复杂措施。

9.2.1 基本地质条件

料场范围内天然地形坡度一般为20°～30°，局部为10°～15°及35°～40°，开采后临时边坡坡度达45°～65°。

汤坝土料场边坡总体为一斗状地形，前缘2200～2450m高程地形坡度为27°～35°，2450m高程往上则坡度较陡，为40°～55°，局部形成平台地形。根据地形地貌、覆盖层物质组成及稳定状况将后边坡范围区自下游至上游分别为Ⅰ区、Ⅱ区、Ⅲ区（图9.2-1），两区之间有小山脊将其自然分隔。Ⅰ区宽约450m，中部发育宽缓平台，坡度为5°～20°，为退耕还林耕地，其后缘坡度较陡，为35°～45°，前缘为35°左右。Ⅱ区宽约280m，相对较狭长，坡度为28°～35°，后缘坡度为35°～45°，总体为一凹槽地形，2405～2530m高程坡度一般为35°～40°，2530～2630m高程坡度为40°～42°，2630～2760m坡度一般为35°～40°。Ⅲ区宽约450m，坡度一般为30°～35°，局部为35°～40°，后缘多为陡壁，坡度为45°～60°。本次Ⅱ区变形部位为开挖后边坡，综合开挖坡比为1：1.2，仍为凹槽汇水地形。

图9.2-1 料场全貌及边坡分区图

出露基岩为泥盆系（D_2^2）薄—中层灰岩、板岩，层面产状N10°～50°E/SE（NW）∠80°～85°，倾山里，岩体浅表部为全强风化基岩，厚度为15～25m，其中表部5～15m为全风化基岩。

覆盖层主要为冰水堆积碎石土，局部为冰碛土、坡残积碎石土。

Ⅰ区覆盖层主要为冰水堆积及坡残积堆积碎石土，颗粒相对较细。土体天然含水率为10.0%～14.5%，平均为13.0%；土料小于5mm颗粒含量为39.3%～96.5%，平均为67%，小于0.075mm颗粒含量为15.4%～89.4%，平均为46.8%，小于0.005mm颗粒含量为2.8%～26.2%，平均为13.7%。土体厚度一般为15～20m，局部为5～8m，结构较松散至稍密。后缘坡土体为冰碛堆积，结构密实，土体偏粗，局部覆盖层较厚，微地貌上为一负地形。

Ⅱ区土体以冰水堆积为主，200～60mm粒径碎石含量为1.7%～21.2%，平均为9.7%；60～2mm粒径砾粒含量为38.9%～53.5%，平均为44.9%，2～0.075mm粒径砂粒含量为12.5%～16.8%，平均为14.6%；小于0.075mm细粒含量为18.6%～77.8%，平均为36.2%；小于0.005mm黏粒含量为6.3%～22.8%，平均为11.4%；小于5mm粒径含量为38.3%～84.8%，平均为59.8%。结构较松散—稍密，土体厚度为20～40m。2405m高程后缘土体相对偏粗一些，2460m高程以上土体为冰碛土体，结构密实，碎砾石占骨架，土体厚度为15～25m。本次Ⅱ区变形坡段土体为冰水堆积成因，开挖后土体厚度仍有 10~20m，局部达 25m，在上游侧及前缘出露全风化基岩，高程 2320~2440m，顺坡长约为 170m，宽为 130~140m，面积为 11000m²，临河高度近 400m，剪出口以上滑体总方量约 20 万 m³。

Ⅲ区土体小于 5mm 颗粒含量平均为 44%，小于 0.075mm 含量为 23.5%，60~2mm 砾石含量为 53.8%，2~0.075mm 砂粒为 9.7%，土体厚度一般为 10~20m，结构较松散—稍密。后缘以坡积碎石土为主，厚度 3~5m，结构较松散—稍密。

据室内力学试验及工程类比，后边坡土体具弱—微透水性，下伏基岩，这种岸坡结构形成了本区上部为第四系覆盖层孔隙潜水及局部上层滞水、下部为基岩裂隙水的二元水文地质结构。

通过勘探及开挖揭示，后边坡土体无稳定地下水位，仅局部有湿润点，抗滑桩施工时仅 KHZ07 桩 2507.1m 高程处出现渗水，穿过后则无渗水，系局部上层滞水及滑带阻水所致。

边坡所在区域地处高山峡谷区，内外动力地质作用强烈，物理地质现象主要表现为岩体风化、卸荷及倾倒变形和土体蠕滑等。

该区存在差异风化现象，对于板岩，由于强度较低，浅表 5~15m 存在全风化现象，灰岩由于强度较高，以裂隙式风化为主要特征，无全风化现象，在同一深度范围内板岩风化程度较灰岩深。该区全强风化厚度一般为 10~25m。

由于基岩为泥盆系（D$_1^2$）薄—中层板岩及灰岩，岩层倾山里，倾角较陡，局部存在倾倒变形，岩层倾角明显变缓。基岩边坡天然状态下总体稳定，鉴于基岩为逆向倾倒变形边坡，全强风化灰岩、板岩以强风化为主，碎裂结构，从岩芯和地表观察无泥质充填，土料开挖未导致基岩稳定状态的破坏。

料场在天然状态下自然边坡整体稳定，目前边坡Ⅱ区、Ⅲ区土体由于开挖引起土体蠕滑变形，浅表出现塌滑。

9.2.2 岩土体物理力学特性

基岩为薄—中层板岩、灰岩，浅部为全风化及强风化层，力学性能较差，呈碎裂—散体结构，为Ⅴ类岩体，弱风化层一般以镶嵌结构为主，以Ⅳ类岩体为主。强风化层及弱风化层根据工程地质类比提出岩体物理力学参数建议值（见表 9.2-1）。

表 9.2-1　　　　　　　　　长河坝汤坝土料场覆盖层物理力学参数建议值表

层位	岩性	代号	天然密度 ρ/(g/cm³)	饱和密度 ρ_{sat}/(g/cm)³	干密度 ρ_d/(g/cm³)	允许承载力 f_0/MPa	变形模量 E_0/MPa	天然抗剪强度 φ/(°)	天然抗剪强度 c/kPa	饱和抗剪强度 φ/(°)	饱和抗剪强度 c/kPa
Ⅰ区	含碎砾石土（表部）	fglQ₃、dl+elQ₄	1.90~2.00	2.10~2.20	1.65~1.85	0.20~0.25	15~20	20~22	35~45	19~21	35~40
	含碎砾石土	dlQ₄									

层位	岩性	代号	天然密度 $\rho/$ (g/cm³)	饱和密度 $\rho_{sat}/$ (g/cm)³	干密度 $\rho_d/$ (g/cm³)	允许承载力 f_0/MPa	变形模量 E_0/MPa	天然抗剪强度 $\varphi/(°)$	c/kPa	饱和抗剪强度 $\varphi/(°)$	c/kPa
Ⅰ区	碎砾石土（合格料）	fglQ₃	2.00~2.10	2.14~2.26	1.80~1.92	0.25~0.30	20~25	26~28	30~40	25~27	25~35
Ⅱ区	碎砾石土	fglQ₃	2.08~2.12	2.25~2.35	1.92~2.00	0.30~0.35	25~30	28~30	35~45	27~29	30~40
	碎砾石土	glQ₃									
Ⅲ区	碎砾石土	fglQ₃	2.08~2.12	2.25~2.35	1.92~2.00	0.25~0.30	20~25	26~28	20~25	25~27	15~25
	人工填土（简单 3m 分层平铺，进入稍密状态）稳定坡比 1：2.5~3.0（坡高总高不超 50m，每级坡高不超 10m）	rQ	1.50~1.55	1.70~1.80	1.45~1.50	0.15~0.20	10~15	19~21	8~12	18~20	5~10
	滑面参数							21~23	18~22	20~22	16~20
	全风化层（埋深 12m 以下，中密以上干燥、粗颗粒构成骨架，可见原岩产状，并经反演计算分析，Ⅴ类）		2.15~2.25	2.30~2.40	2.00~2.05	0.30~0.40	30~40	29~31	60~80	28~30	50~70
	强风化灰岩、板岩（Ⅴ类）	D_1^2	2.20~2.30	2.30~2.40	2.05~2.15	0.80~1.00	80~100	32~34	100~150	31~33	90~130
	弱风化灰岩、板岩（Ⅳ类）	D_1^2	2.35~2.45	2.40~2.50	2.25~2.35	1.0~1.2	300~400	34.0~36.0	300~350	32~35	200~250

　　边坡覆盖层分为Ⅰ区、Ⅱ区、Ⅲ区，下面分区描述土体物理力学特性。

　　Ⅰ区土体主要为冰水堆积及坡残积堆积碎石土，颗粒相对较细，结构稍密状态，后缘土体为冰碛堆积，相对略粗，结构密实，其力学性能相对较好。现场和室内进行了 6 组物理性质试验，取样深度为 6.0~7.0m，另在后缘竖井土料进行 1 组物理性质试验。

　　成果表明：天然干密度平均为 1.69g/cm³；天然含水率平均为 13.0%；孔隙比平均为 0.618；塑性指数平均为 17.9。颗粒级配组成中，最大粒径为 60mm；60~2mm 粒径砾粒含量平均为 23.1%；2~0.075mm 粒径砂粒含量平均为 11.9%；小于 0.075mm 细粒含量平均为 64.9%；小于 0.005mm 黏粒含量平均为 20.5%；小于 5mm 粒径含量为 79.2%~87.8%，平均为 82.8%。不均匀系数为 150，曲率系数为 2.7。后缘土体相对略粗，天然干密度达 2.02g/cm³，小于 5mm 粒径含量为 45.6%，小于 0.075mm 细粒含量为 25.5%。

室内进行了 3 组力学试验。天然固结快剪状态下 2 组一般土料黏聚力 c 值平均为 82kPa，内摩擦角 φ 值平均为 18.8°；饱和固结快剪状态下土料黏聚力 c 值平均为 40kPa，内摩擦角 φ 值平均为 18.3°。后缘土体天然固结快剪状态下竖井土料黏聚力 c 值为 70kPa，内摩擦角 φ 值为 26.3°；饱和固结快剪状态下黏聚力 c 值为 46kPa，内摩擦角 φ 值为 24.5°。

Ⅰ区土体因开挖高度不大，目前未发现裂缝，判断其天然状态下稳定系数为 $k=1.05$ 左右。反演碎石土力学参数为 $\varphi=21°$，$c=44kPa$，天然密度为 1.95g/cm³，饱和密度为 2.15g/cm³。

根据Ⅰ区冰水堆积土及坡残积土开挖揭示的现象、物理力学试验成果及反演分析，结合工程地质类比，建议Ⅰ区表部冰水堆积及坡残积土天然状态下 $\varphi=20°\sim22°$，$c=35\sim45kPa$，饱和状态下 $\varphi=19°\sim21°$，$c=35\sim40kPa$。Ⅰ区下部冰水堆积土颗粒级配及密实性同Ⅱ区冰水堆积土，其力学性质同Ⅱ区冰水堆积土。Ⅰ区冰碛土力学性能较好，地质建议值同Ⅱ区冰碛土。

Ⅱ区边坡土体以冰水堆积为主，后缘为冰碛堆积。冰水堆积土体厚度为 20~40m，结构较松散—稍密，后缘土体略粗。后缘冰碛堆积土体厚度一般为 15~25m，颗粒偏粗，结构密实，力学性能较好。

室内物理力学试验表明，冰水堆积土体天然干密度平均为 1.93g/cm³；天然含水率平均为 6.4%；孔隙比平均为 0.408；塑性指数平均为 14.4。200~60mm 粒径碎石含量平均为 9.7%；60~2mm 粒径砾粒含量平均为 37.8%，2~0.075mm 粒径砂粒含量平均为 14.6%；小于 0.075mm 细粒含量平均为 36.2%；小于 0.005mm 黏粒含量平均为 11.4%；小于 5mm 粒径含量平均为 59.8%。平均线不均匀系数为 2625，曲率系数为 0.1。冰碛堆积土体天然干密度平均为 2.02g/cm³；天然含水率平均为 5.9%；孔隙比平均为 0.366，属于中密偏紧状态；塑性指数平均为 13.5。200~60mm 粒径碎石含量平均为 13.1%；60~2mm 粒径砾粒含量平均为 55.2%，2~0.075mm 粒径砂粒含量平均为 11.8%；小于 0.075mm 细粒含量平均为 19.8%；小于 0.005mm 黏粒含量平均为 5.2%；小于 5mm 粒径含量平均为 38.9%。不均匀系数为 268，曲率系数为 18.5。可以看出，后缘冰碛堆积土体较冰水堆积土体粒径略粗、干密度略大、孔隙比略小、结构越密实，因而其力学性能略好。

另外，根据 2014 年 4 月稳定性现状采用 stab 程序反演参数：当时Ⅱ区冰水堆积土体 2210~2385m 高程范围内蠕滑体滑坡边界已完备，土体每天变形约 20~30mm，整个滑面在缓慢移动，地面纵向及横向裂缝加剧，两侧羽状裂缝被剪断，前缘隆起，判断已进入初滑阶段，稳定系数 $k=0.95\sim1.0$，利用实测典型剖面，$K=0.98$ 反演力学参数为：$\varphi=27°$，$c=30kPa$，天然密度 $\rho=2.05g/cm³$，饱和密度为 2.2g/cm³。根据边坡稳定现状、室内力学试验及参数反演分析，结合工程地质类比，建议Ⅱ区冰水堆积土天然状态下 $\varphi=26°\sim28°$，$c=30\sim40kPa$，饱和状态下 $\varphi=25°\sim27°$，$c=25\sim35kPa$。

Ⅱ区冰碛堆积土料天然状态下直剪试验 c 值为 50kPa，内摩擦角 φ 值为 33.8°，饱和

固结状态下黏聚力 c 值为 25kPa、35kPa，平均为 30kPa，内摩擦角 φ 值为 26.1°、28.4°，平均为 27.5°。土体植被发育，结构密实，勘探已挖竖井井壁历经一个多月仍然保持稳定，抗滑桩开挖时井壁稳定，需采用风镐才能开挖，且土体干燥，边坡整体稳定，因此判断天然状态下 $K=1.05\sim1.10$ 左右，按 $K=1.075$ 反演 $\varphi=30°$，$c=40kPa$。根据边坡稳定现状、开挖揭示现象、室内力学试验及参数反演分析，结合工程地质类比，建议Ⅱ区冰碛堆积土天然状态下 $\varphi=28°\sim30°$，$c=35\sim45kPa$，饱和状态下 $\varphi=27°\sim29°$，$c=30\sim40kPa$。

Ⅲ区覆盖层以冰水堆积碎砾石土为主，后缘为坡积碎砾石土，总体粒径偏粗，结构呈稍密状态。室内物理力学试验表明，天然干密度平均为 1.94g/cm³；天然含水率平均为 7.5%；孔隙比平均为 0.404；液限平均为 41.0%；塑限平均为 21.0%，塑性指数平均为 20.0。在颗粒级配组成中，最大粒径为 200mm；200～60mm 粒径卵石含量平均为 16.8%；60～2mm 粒径砾粒含量平均为 53.8%；2～0.075mm 粒径砂粒含量平均为 9.7%；小于 0.075mm 细粒含量平均为 23.5%；小于 0.005mm 黏粒含量平均为 8.2%；小于 5mm 粒径含量平均为 44%。平均线不均匀系数为 2875，曲率系数为 21.7。

根据 2014 年 4 月稳定性状，Ⅲ区蠕滑体当时后缘拉裂错断，前缘剪出口不连续，两侧边界未形成，处于蠕滑变形阶段，宏观判断稳定系数 $K=1.0$ 左右，且土体相对偏粗，经反演其力学参数为 $\varphi=27°$，$c=20kPa$，天然密度 $\rho=2.1g/cm³$，饱和密度 $2.3g/cm³$。根据边坡稳定现状、室内力学试验及参数反演分析，结合工程地质类比，建议Ⅲ区冰水堆积土天然状态下 $\varphi=26°\sim28°$，$c=20\sim25kPa$，饱和状态下 $\varphi=25°\sim27°$，$c=15\sim20kPa$。

据 2015 年 5 月抗滑桩开挖揭示：全风化层埋深一般大于 12m，结构密实，粗颗粒构成骨架，可见原岩产状，一般干燥，抗滑桩内施工时用风镐开挖较困难，局部需爆破才能开挖，施工开挖后井壁能保持较长时间稳定，其力学强度较高。施工时在抗滑桩内对全风化层进行了取样，并进行了室内物理力学试验。试验成果表明，全风化层土体干密度达 2.10g/cm³，孔隙比为 0.295，结构密实，小于 5mm 颗粒含量为 38.9%，粗颗粒构成骨架。室内饱和固结快剪强度 $\varphi=29.4°$，$c=70kPa$，在 0.1～0.2MPa 压力下压缩模量达 31.1MPa，具有低压缩性。根据全风化层开挖揭示的现象及物理力学试验成果，结合工程地质类比，建议全风化层天然状态下 $\varphi=29°\sim31°$，$c=60\sim80kPa$，饱和状态下 $\varphi=28°\sim30°$，$c=50\sim70kPa$。

另外，根据 2018 年 7 月Ⅱ区边坡局部坡段滑坡情况，对滑带土参数进行了反演。Ⅱ区 2320～2440m 坡段已产生滑坡，滑动面已经形成，按照锚索全部失效考虑，现状稳定系数按 $K<0.9$ 考虑，当 $K=0.86$ 时，滑带土参数在天然状态下 $\varphi=23°$、$c=25kPa$；在饱和状态下 $\varphi=22°$，$c=22kPa$。

前已述及，汤坝土料场变形边坡勘察设计按应急抢险方式进行，勘察深度逐步深入，汤坝料场变形边坡土体覆盖层力学参数也随勘察进展动态进行了调整。最终根据开挖揭示现象、参数反演、工程地质类比、室内力学试验和前期成果综合分析，提出了汤坝土料场覆盖层力学参数建议值，见表 9.2-1。

9.2.3　变形机制

1. 开采期变形机制

天然状态下料场及其后边坡未见裂缝等变形现象，料场范围内多为耕地和农舍，后边坡多为林地，地形坡度一般为 $25°\sim40°$，边坡整体稳定。

料场开采后，开采坡度为 $45°\sim65°$，最大开采深度达 38m，对边坡起到切脚作用，且未进行支护，导致后边坡出现变形拉裂、蠕滑。其变形程度与料场开采存在明显正相关性。Ⅱ区开采程度深，其变形程度也较深，Ⅰ区开采程度浅，即使其岩体组成物较细，目前仍基本稳定。因此边坡不同区域土体，其变形机制、发展阶段各不相同，甚至同一区域不同部位变形机制及发展阶段也不同。

Ⅲ区蠕滑体 2014 年 3—5 月后缘呈弧形拉裂错断，不连续，前缘剪出口不连续，两侧边界未形成，处于蠕滑变形初期阶段。进入 2014 年 6 月以来其后缘拉裂缝在持续延伸，断续延伸达 320 余米，但两侧边界未形成，前缘剪出口在缓慢扩展，进入蠕滑变形阶段，随着料场开采持续进行，其蠕滑变形将加剧。调查发现Ⅲ区蠕滑体变形与下部料场开采存在明显正相关性。至 2015 年 2 月，Ⅲ区 2210m 以上至后缘拉裂缝滑坡边界已近贯通，已整体向外滑动，汛期变形达 $50\sim80$mm/d，汛后仍达 $15\sim30$mm/d。至 2015 年 12 月，Ⅲ区 $2260\sim2280$m 高程 3 个测斜孔（INTB10、INTB11、INTB12）均在较短时间内即 $6\sim9$d 沿基覆界线处被剪断，滑面深度为 $25\sim34.5$m，显示为深层滑动，2200m 平台处剪出口已形成，滑坡边界近形成，累计最大向临空面变形超 10m，沉降变形达 7.7m，2200m 高程至开口线之间整体处于初滑阶段。$2202\sim2210$m 高程 2 个测斜孔（INTB13、INTB14）也在 $9\sim16$d 沿基覆界线处被剪断，并显示有多级滑面，在 2080m 高程处产生明显鼓胀变形，显示土体深部变形已向下扩展，上游侧向拉裂缝在扩展，但滑坡边界未完全形成，$2200\sim2080$m 高程坡段处于蠕滑阶段。

监测资料显示，2014 年 4 月Ⅲ区原开口线以上自然边坡变形体内土体变形铅直位移大于水平位移，一般铅直位移为 $4\sim5$mm/d，水平位移为 $1\sim2$mm/d，即以沉降变形为主，变形体内已开挖边坡则相反，其水平位移大于铅直位移，表明其前缘由于开挖引起变形，带动后缘下错及拉裂，因此其变形机制为牵引式。5 月中旬以来所有监测点其向临空面水平位移均大于其竖直位移，水平位移速率明显大于铅直位移，表明该区蠕滑变形加剧，其变形机制以牵引式为主，兼有推移式。至 2014 年 9 月，滑坡边界已贯通，整体向外移，其变形机制变为以推移式为主。

Ⅱ区蠕滑体变形机制前期为牵引式，后期以推移式为主。由于边坡开挖较陡，且无支护，引起后缘土体拉裂变形，从 2235m 高程先发展至 2267m 高程，到 2014 年 3 月 13 日后缘牵引至 2381m 高程，土体变形属于牵引式。3 月 13 日后由于滑坡周界基本形成，剪出口外移，导致擦痕、镜面、阶步、砾石定向、压密土等产生，滑坡边界发育有羽状裂缝，发展为以推移式为主，并引起蠕滑体下部岩体变形。监测显示，Ⅱ区 $2195\sim2210$m 剪出口（中上部蠕滑体）以上变形体各监测点水平位移相差不大，水平位移均大于垂直位移。至 2014 年 4 月 18 日，各点水平位移一般为 $20\sim25$mm/d，铅直位移差别较大，2240m 高程以上铅直位移较大，一般为 $10\sim20$mm/d，而 $2240\sim2230$m 高程平台在隆起，边坡出现鼓胀变形，后缘在推动土体滑动，前缘隆起鼓胀，两侧羽状裂缝错断，进一步表明其变形机制以推移式为主。Ⅱ区中上部蠕滑体变形机制仍包含牵引式，如 2230m 高程平台下边坡坡高且陡，前缘产生数道平行坡向的裂缝；后缘蠕滑体外由于蠕滑体滑动及削坡影响，牵引附近土体局部位移量较大，如 2375.63m 高程处 TP15 点，总下错

120.9mm，外移 41.1mm。因此Ⅱ区蠕滑体变形机制以推移式为主，兼有牵引式。

Ⅱ区已减载坡段 2300～2405m 高程边坡 2014 年 7—10 月中旬边坡变形除浅表塌滑外，均以牵引式为主，后缘拉张缝未完全贯通，前缘剪出口未连续。2014 年 10 月中旬以后后缘拉裂缝基本连通，前缘剪出口基本连续，沿基覆界线附近深部变形明显，监测显示边坡整体向外变形 20～50mm/d，表明以推移式为主。至 2015 年 1 月 2296～2375m 高程处已整体滑动，但滑动速率变缓，变形速率为 6～10mm/d。目前变形速率为 3～5mm/d。汛期最大变形速率达 120mm/d，浅表塌滑明显。汛后变形变缓，位移速率为 5～15mm/d。

发展阶段分析：Ⅱ区变形体已形成多级剪出口，主要是两级：其中一级剪出口高程为 2195～2210m，部分沿基岩与覆盖层分界线内剪出；另一级剪出口高程为 2118～2120m。该区不同剪出口之间土体发展阶段不相同。2195～2210m 剪出口（中上部蠕滑体）以上蠕滑体滑坡边界已完备，两侧羽状裂缝已错断，前缘剪出口已贯通，且剪出口外移明显，2014 年 4 月滑体总体水平位移速率为 20～30mm/d，铅直位移速率为 10～20mm/d，变形速率在上下波动，无明显加速，至 2014 年 4 月 18 日，向临空面最大水平位移 287.1mm，最大下错 222mm（均为现开口线附近 TP21 点），最大隆起 36.3mm（2230m 高程平台边坡 TP24 点），整个蠕滑体在整体缓慢移动，蠕滑体内纵向及横向裂缝变形加剧，前缘鼓胀隆起，局部解体，分析已进入初滑阶段。由于顶部削坡减载施工影响，变形变缓，2014 年 5 月水平位移速率仅 2mm/d，减载后该蠕滑体变形较小。

Ⅱ区变形体下部蠕滑体（2195～2210m 剪出口以下）在 2116～2119m 高程形成剪出口，断续延伸，两侧边界未形成，监测显示基本无变形，巡视未发现剪出口明显变化，因此判断其处于蠕滑变形初期阶段。至 2015 年 1 月，随着下部土料切脚的开采，变形速率加快，前缘剪出口贯通，两侧边界在持续发展，延伸近 300m，总体已进入蠕滑变形阶段，并推动下部边坡产生剪出口。随着下部土料切脚的开采，2015 年 3 月 2296m 平台及以下坡段变形持续，该平台出现拉裂，下部 2110m 处剪出口连续分布，剪出口向外位移 60cm，两侧边界拉张明显，下游侧裂缝延伸近 200m。2015 年汛期，2300m 平台拉裂及坐落变形在发展，下游侧边界近贯通，前缘剪出口断续近贯通，变形速率为 20～30mm/d，由于上侧边界未贯通，总体仍属蠕滑变形阶段。2015 年汛后速率变缓，一般为 10～15mm/d。至料场开采结束，Ⅱ区 2300m 以下边坡剪出口已贯通，下游侧边界近贯通，整体滑坡边界未完全贯通，仍处于蠕滑变形阶段（见图 9.2-2）。

停止切脚开采及从上部削坡减载对减缓变形效果明显，2016 年 5 月停止切脚开采并从上部按永久开挖坡比削坡减载后，Ⅱ区、Ⅲ区边坡变形速率从近 30～60mm/d 降至目前的 3～7mm/d。

综上所述，汤坝土料场由于下部土料开采，且坡度较陡，导致原料场开口线附近产生拉裂及坐落变形，刚开始以牵引式为主，随着变形持续发展，前缘剪出口逐渐形成，两侧出现羽状裂缝并被剪断，下部坡体鼓胀及隆起，逐渐演变成以推移式为主。边坡变形由最开始蠕滑变形，逐渐部分边坡滑坡边界形成并贯通，部分达到初滑阶段，如Ⅱ区 2200～2381m 高程边坡、减载后 2300～2405m 高程边坡，Ⅲ区 2200～2350m 高程边坡。停止切脚开采及从上部削坡减载后，边坡变形速率明显变缓。

Ⅱ区 2360m 以上边坡经过 2 年运行，监测及现场巡视表明已支护边坡稳定。

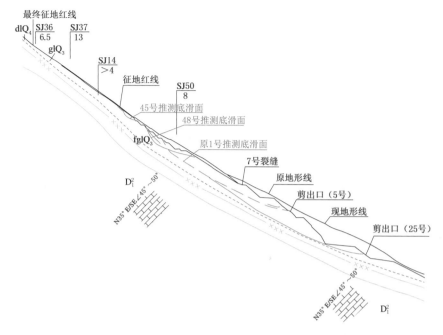

图 9.2-2　Ⅱ区蠕滑体 A—A 纵剖面图

2. 开采结束后期治理变形机制

汤坝土料场边坡天然坡度陡，边坡治理涉及范围超大，达 70 万 m²，位于料场中央沟槽的Ⅱ区覆盖层厚，具备一定的积水汇水条件，土料主要属冰水堆积含碎砾石土，黏粒含量相对较高，具有一定的水敏性和长期蠕变性；坡高达 400～500m，汤坝土料场采料完成后需要治理高达 500m 的土质边坡、其难度国内外罕见。2018 年 6 月下旬以来，四川省连续遭遇多场区域性强降雨过程，其中"7·9"暴雨洪水过程为中华人民共和国成立以来第二大，多点多地链式暴发灾害，造成较重损失。汤坝土料场地处金汤河暴雨区，在此轮强降雨过程中未能幸免，遭受了近 1 个月的持续强降雨。加之在料场采料以及边坡治理过程中，短期内难免会对边坡形成切脚，如再遭遇连续强降雨、地震、永久支护及排水措施不能及时到位等不良工况，很容易导致该土质边坡出现牵引式变形拉裂、蠕滑、滑坡等。2018 年Ⅱ区开挖高度达 40m（2360～2320m），在 1 个月持续强降雨及以上原因影响下，边坡深层支护未实施完成，导致边坡出现变形。变形机制分析如下：

该次变形明显呈牵引式变形特征。变形初期至 2018 年 8 月 5 日，总体表现低高程部位临空面位移大于高高程，而垂直位移则相反。如 8 月 3—4 日，最大变形速率达 72.6mm/d，其中低高程即 2320～2360m 边坡（2320m 以下边坡变形较小）向临空面变形 60～70mm/d，高高程即 2380～2400m 高程变形区域多数点变形 30～50mm/d，低高程部位向临空面位移明显大于高高程，显示明显的牵引式。8 月 4—5 日最大向临空面变形达 100mm/d，2360m 以下边坡整体位移达 80～100mm/d，垂直位移为向下 20～50mm/d；2380m 以上边坡整体向临空面位移达 60mm/d，垂直位移达 60～90mm/d，最大达 220.3mm/d。总体上下部位移明显大于上部，下部临空面位移大于垂直位移，而上部则垂直位移大于临空面位移，显示明显牵引式变形机制特征，同时部分发展为推移式。

边坡变形下部明显大于上部，下部以水平位移为主，而上部变形垂直位移大于水平位移。边坡变形先从下部开始，然后牵引至上部，最后牵引至支护范围外 2440m 高程。边坡变形特征符合典型牵引式为主特征。

2018 年 10 月 1 日，下部边坡滑动牵引 2440m 高程以上边坡变形，变形迅速扩展，牵引至 2480～2490m；10 月 3 日后变形边界贯通，迅速转化为推移式。11 月初变形又牵引至 2515～2520m，出现弧形拉裂缝，在采取钢管桩应急锁口后，变形发展迹象不明显。

Ⅱ区 2320～2480m 范围边坡已整体滑动，其变形失稳模式除顶部边缘为圆弧形滑动外，大部分坡段均沿基覆界线滑动，控制工况为饱和状态，即短暂工况。随着汛期结束，降雨减少，雨水沿变形土体裂缝渗入量越来越少，直至为 0，变形土体逐渐排水固结，力学强度逐渐增高，水压力减少，变形速率逐渐趋缓。

9.2.4　边坡治理

由于 2014 年 4 月Ⅱ区边坡中上部蠕滑体进入初滑阶段，处于临界失稳状态、稳定性极差，在降雨入渗或料场下卧采挖的不利因素影响下，易向剧滑阶段转化，危及下方施工人员设备甚至对岸居民和小电站厂房安全，影响到大坝砾石土料开采进而影响到大坝填筑。因此防治措施分应急及永久两期进行是合理的。

1. 应急处理措施

应急处理措施包括巡视、监测、预警等应急管理措施和开口线外截水沟施工、裂缝回填、削坡减载、开口线附近应急锁口等应急工程措施等。根据现场地形地质条件，按后缘最高拉裂缝退后 10～15m 处沿变形体周边施工临时截水沟，截水沟净断面宽 35cm、深 50cm；尽快对已有裂缝进行封闭（如回填、覆盖等）处理。从最高拉裂缝退后约 10m、按不陡于 1∶1 坡比往下开挖，坡高不超 15m，分级按台阶进行削坡减载。同时实施钢管桩应急锁口。削坡减载施工 4 月 10 日从蠕滑体顶部开始实施，开口线外设置 2～3 排钢管桩，桩距 2m，排距 1.5m，桩径 168mm。监测资料显示，削坡减载对变形边坡应急处理效果较好。削坡减载后易导致其后缘土体产生牵引变形，采取钢管桩锁口后，钢管桩平台以上边坡相当长时期内基本无变形，证明钢管桩应急处理是十分必要及有效的。

针对料场边坡土体持续变形及连续筑坝填料要求，设计院明确提出料场开采原则，即只有在监测、安全预警及应急管理完善落实，且满足监测最大位移小于 1mm/h、非雨天、白天及暴雨 3 天之后等情况下，才可在影响较小地段谨慎实施作业、变形区范围道路观察通行。

以上应急措施有力保障了料场开采安全及大坝顺利填筑。

2. 永久治理措施

汤坝料场边坡治理复杂，安全风险突出。汤坝料场边坡治理原则综合考虑征地范围、开挖衔接、土料利用、生态治理，同时考虑复垦要求，尽量清除欠稳定土体，以减少支护工程量。鉴于土料场边坡超高且陡，部分边坡发生变形，不再考虑移民回迁。

（1）开挖。当开口线覆盖层浅时（如Ⅲ区），从边坡覆盖层较薄的位置开口，从上往下挖除覆盖层；当覆盖层较厚，从开口线以 1∶1.2 坡比往下开挖，直至挖至基覆界线后沿基覆界线将覆盖层挖除。

（2）支护。分区进行处理。Ⅰ区边坡整体稳定，结合复垦进行局部地形整理解决；Ⅲ区边坡2200m高程以上挖除已变形土体后，开口线采取"混凝土板＋锚索＋锚筋束"锁口，全强风化基岩坡面实施"框格梁＋锚筋束＋锚杆"。Ⅱ区覆盖层开挖坡面实施"框格梁＋锚索＋锚杆"，并采用抗滑桩锁口，全强风化基岩坡面实施"框格梁＋锚筋束＋锚杆"。各区采取开口线外截水及坡面系统纵横排水，坡面植草绿化的综合治理方案。

（3）压脚。大坝填筑完成后，结合复垦要求，将上部已开挖覆盖层运至下部2100m高程平台压脚，堆填高度50m，压脚后2100～2200m高程坡体稳定可满足要求。剩余开挖料运至河边约高程2000m平台用于复垦造地。

9.3 块石料场边坡

长河坝块石料场包括两个块石料场，大坝上下游各一个，分别为响水沟块石料场和江嘴块石料场。由于坝体填筑方量超大，达3417万 m^3 ，两料场边坡均超300m，料场边坡稳定问题较一般工程突出。同时该电站连续21个月最高月填筑强度超过100万 $m^3/$ 月，填筑强度很高，对边坡支护进度要求也高。

长河坝坝高240m，为超高土石坝。其块石料场边坡具有坡高超高、支护时间紧、多为临时边坡的特点，一方面由于大坝填筑进度较快，对支护进度要求高，很容易因支护不及时影响料场出料进度，从而影响大坝填筑，因此要求边坡支护及时，确保料场开采安全；另一方面又要求支护工期短、经济。

本节详细阐述了长河坝水电站块石料场边坡支护勘察设计及动态调整经验，论述了开采坡比及支护设计需根据地质条件确定，随开挖揭示而动态调整。长河坝工程还创新性地提出了随着大坝填筑进展，料源富余系数越来越大，从而为施工中后期优化料场开挖坡比、节约支护工程量创造条件。针对高山峡谷区工程地质性状极差的强卸荷带内松动岩带，因地制宜地以极少的代价采取清除及绕避办法成功地进行了处理。最终确保了块石料场边坡稳定和施工安全，使大坝填筑提前6个月完成，又大大节约了支护工程量。

9.3.1 块石料场概况

1. 响水沟块石料场

响水沟块石料场位于坝区上游右岸响水沟沟口，距坝址3.5km，地形形态为一山包，三面临空，地形坡度一般为40°～50°。料场后缘为一宽60～90m的垭口，见图9.3-1，前缘为高度100～200m的基岩陡壁，坡度为70°～80°。

料场绝大部分基岩裸露，出露一套晋宁期—澄江期的侵入岩，以花岗岩（ $\gamma_{02}^{(4)}$ ）为主，岩质致密坚硬。料场无区域性断裂通过，地质构造以次级小断层、

图9.3-1 响水沟料场开采前全貌

挤压破碎带、节理裂隙（或裂隙密集带）、岩脉（辉绿岩脉、石英岩脉）为特征。岩体中主要发育的构造裂隙有 4 组：一组顺坡中倾坡外，一组顺坡中倾坡内；一组与坡面斜交；一组与坡面正交。岩体中发育一规模较大的断层，F_1：N35°W/SW∠65°～70°，陡倾坡内，延伸长大，带宽 25～40cm，主要由碎粉岩、碎粒岩组成，该断层穿过料场后缘，形成垭口。

图 9.3-2　响水沟料场后缘松动岩体

花岗岩岩石坚硬，岩体除强卸荷段外均较完整，强度和抗变形指标较高，具有良好的工程地质特性。其饱和湿抗压强度为 94.5～120.0MPa，软化系数为 0.74～0.78，天然密度为 2.61～2.99g/cm³，冻融损失率为 6%～16%，主要质量技术指标满足规范要求。

料场三面临空，岸坡陡峻，基岩裸露，地表植被发育较差，岩体卸荷强烈，强卸荷水平深度多达 46m 以上，料场后缘边坡强卸荷表部可见松动岩带（见图 9.3-2）。响水沟料场典型断面见图 9.3-3。

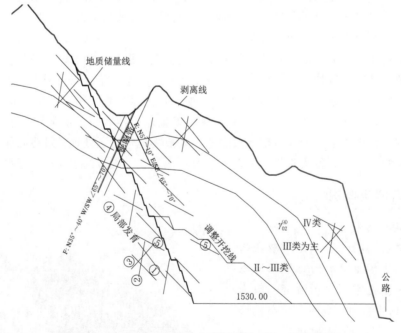

图 9.3-3　响水沟料场典型断面图（①～⑤为裂隙）

2. 江嘴块石料场

该料场位于坝区下游左岸磨子沟沟口左侧，距坝址 6km。地形形态总体上为山包，地形上两面临空，下游发育一浅冲沟，地形坡度一般为 40°～60°，料场后缘坡度为 30°～35°，而后为基岩陡壁（见图 9.3-4）。料场大部分基岩裸露，浅表有 0.5～1.5m 的根植土层。出露岩体为一套晋宁期—澄江期的侵入岩，以石英闪长岩（$\delta_{02}^{(3)}$）为主，岩质致密坚硬。石英闪长岩岩石坚硬，岩体除强卸荷段外均较完整，强度和抗变形指标较高，具有良好的工程地质特性。岩石饱和湿抗压强度为 $76.4 \sim 131\mathrm{MPa}$，软化系数为 $0.77 \sim$ 0.87，天然密度为 $2.70 \sim 2.89\mathrm{g/cm^3}$，冻融损失率为 $27\% \sim 43.3\%$，主要质量技术指标满足规范要求，岩块冻融后，虽强度损失率大，但该区非高寒地区，对其质量无影响，主要质量技术指标满足规范要求。岩体中主要发育的构造裂隙有 4 组：两组顺坡中陡倾、陡倾坡外；一组与边坡斜交；一组与坡面大角度相交倾下游。岩体中发育 3 条规模较大的断层，其中对边坡稳定性影响较大的为 F_3 断层，顺坡陡倾，$\mathrm{N35°E/NW}\angle 65° \sim 70°$，带宽 $40 \sim 60\mathrm{cm}$，由碎粉岩及少量碎粒岩组成，见图 9.3-5。料场典型剖面见图 9.3-6。

图 9.3-4　江嘴料场全貌及下游冲沟

图 9.3-5　江嘴料场 F_3 断层

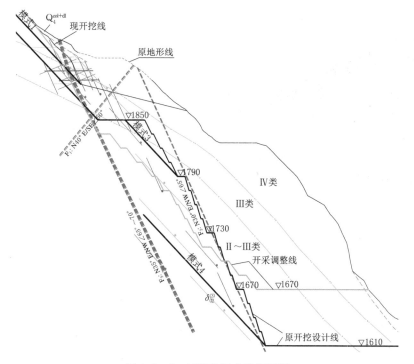

图 9.3-6　江嘴料场典型剖面图

料场多临空，岸坡陡峻，岩体表部卸荷强烈，强卸荷水平深度多达 35m 以上，岩体浅表部有 5～10m 厚的松动岩带，下游冲沟沟壁全为松动岩带，见图 9.3-7。

图 9.3-7　江嘴料场开采后全貌

9.3.2　边坡支护勘察设计及动态调整

两料场天然条件下边坡均基本稳定。响水沟料场表部岩体变形均较弱，控制性结构面为第①组顺坡中陡倾裂隙，但由于其延伸长度有限，未见长大的顺坡断层等其他结构面，料场自然边坡总体基本稳定。江嘴料场由于长大顺坡断层及顺坡裂隙倾角大于坡角，顺坡裂隙其延伸长度有限，边坡天然状态下未见大的变形破坏，整体基本稳定。工程边坡开挖及支护均采用了动态设计。

（1）开采坡比根据地质条件确定，随开挖揭示而动态调整。前已述及，由于超高土石坝块石需求量大，且开挖进度快，边坡支护不容易及时，因此在储量满足规范要求的情况下尽量放缓开采坡比，减少支护工程量。强卸荷带及断层带内开采坡比均缓于 1：0.75，弱卸荷岩体坡比为 1：0.5，微风化及新鲜岩体坡比为 1：0.3。两侧岩体风化卸荷较强烈，相应地坡比也缓于中间岩体。

如江嘴料场边坡开口线附近顺坡陡倾 F_3 断层，直接沿断层带开挖，直至下部断层外岩体较厚时为止，见图 9.3-6。

图 9.3-8　响水沟料场中下部顺坡小断层

岩体开采坡比也随结构面发育情况而动态调整。如响水沟料场中下部发育一顺坡小断层，按原设计坡比将要切穿它，施工时确保储量充足情况下将坡比放缓，见图 9.3-8，使它不在边坡出露，确保了边坡稳定。

（2）料场开采坡比随大坝填筑进度而动态调整。众所周知，为确保料源充足，当时《水电水利工程天然建筑材料勘察规程》（DL/T 5388—2007）对料源储量进行了有关规定，如它规定各种天然建筑材料详查储量应达到设计需要量的 1.5～2.0 倍，并应满足施工可开采储量的要求。即规程规定了一定富余量。随着大坝填筑的进行，料源富余量也一直在动态变化。料场剩余地质储量与大坝剩余设计需求量之比值（K）可以用下面公式表示，即

$$K=(A-X+B)/(A-X) \tag{9.3-1}$$

式中：A 为大坝总设计需求量，m^3；B 为富余量，m^3；X 为大坝填筑量，m^3。

据该公式可知，随着大坝填筑量（X）的上升，料场剩余地质储量与大坝剩余设计需求量之比值越来越大，即料场富余系数越来越大，可将料场中下部开挖坡比放缓，减少支

护工程量，甚至可以不支护。

响水沟料场中下部即 1580～1670m 高程开挖坡比由原来的 1：0.3～1：0.5 调整为 1：0.75～1：1.2，取消此高程内所有边坡支护，包括锚杆、喷混凝土、挂网及锚索。

江嘴料场中下部即高程 1670～1715m 开挖坡比由原来的 1：0.3～1：0.5 调整为 1：0.75～1.1，取消此高程内所有边坡支护，原设计为垂直于坡面梅花形交替布置 $\phi28$、$L=6m$ 及 $\phi25$、$L=4.5m$ 普通砂浆锚杆，间排距均为 2.0m；挂网钢筋采用 $\phi6.5@15cm\times15cm$；喷 C25 混凝土，厚度 12cm，随机锚索支护，吨位 $T=1000kN$ 或 $2000kN$，$L=40m$ 或 50m；共节约锚杆 1560 根，喷混凝土 $1400m^3$，锚索 20 束。

长河坝水电站两个块石料场中下部均放缓了开挖坡比，既确保了边坡稳定，保障了大坝填筑顺利进行，又大大节省了支护工程量及支护时间。此经验值得正在施工的超高土石坝借鉴。

（3）针对强卸荷带内松动岩带，采取清除及绕避办法成功地进行了处置。

强卸荷松动岩带岩体破碎，工程性状极差，易产生滑塌等工程地质问题，危及料场开采安全及施工进度。一般情况下，料场边坡不可能像工程边坡那样采取非常强的支护措施，只能因地制宜，具体情况具体分析。

图 9.3-9 响水沟料场开口线上松动岩带及开采平台

如响水沟料场后缘松动岩带，因后缘较高，挖除较困难，采取锚索＋框格梁措施代价太大且施工工期长，该电站基于该料场后缘为一垭口的特点，在确保料源储量满足规范要求下，在边坡顶部设置一宽 40m 的平台，前缘设置挡护结构，不再对松动岩带进行直接处理，见图 9.3-9。实施过程中，松动岩带岩体虽不断垮塌，但均顺垭口进入冲沟内，未进入料场开采区内，确保了施工安全，处理效果良好。

江嘴料场下游冲沟沟壁松动岩体采取了避让方法。在确保料源储量的情况下，调整开采布置，将下游侧开采方向往上游调整，形成折线型开挖（图 9.3-7），从而将该冲沟避开。施工过程中该冲沟虽不断垮塌，但均顺冲沟而下，进入不了开采区域，不影响施工安全。顶部地形较缓，对强卸荷松动岩带，开挖坡比缓于 1：1，顶部以下进行挖除处理。

9.4 小结

（1）长河坝工程根据工程区自然边坡危险源对施工过程、工程永久运行的危害程度以及稳定情况，根据工程开口线外自然边坡危险源实际情况，采取"分区、分类"防治的基本原则，即根据危害对象及稳定性综合确定的危害程度进行治理，既确保了安全，又大幅节约了治理工程量。防治措施实施后，较大程度降低了枢纽区自然边坡主要危险源的风险，增加了施工过程和工程永久运行的安全。

（2）汤坝土料场为大坝心墙碎石土料场，开采后边坡超高且陡，坡高达 500m。由于下部持续开采出料的影响，2014 年 2 月底以来原开口线附近出现拉裂、下错变形，变形范围大大超出原料场规划开采范围，变形发展较快，局部边坡土体蠕滑变形达初滑阶段，影响到土料开采及大坝填筑，危及下方施工人员、设备甚至对岸居民和小电站厂房安全。因变形发展较快、土体变形与大坝填筑矛盾突出。

其变形机制及过程为，由于下部料场开采出料的影响，土体边坡出现牵引蠕滑变形，后发展成滑坡，为推移式。在下部开采及降雨情况下变形加剧。

按应急抢险治理与永久治理两期进行处理。一方面迅速进行变形范围地质测绘及勘探；另一方面在少量勘探基础上快速制订削坡减载及锁口等应急处理方案并快速组织实施，勘察设计与边坡治理同时进行，而后进行永久治理。最终确保了超高且陡的变形边坡的土料场开采安全，同时料场开采有条件地在确保安全的情况下未中断，确保大坝顺利填筑。

汤坝料场永久边坡治理原则综合考虑征地范围、开挖衔接、土料利用、生态治理，同时考虑复垦要求，尽量清除欠稳定土体，以减少支护工程量。鉴于土料场边坡超高且陡，部分边坡发生变形，不再考虑移民回迁。

开挖：当开口线覆盖层浅时，如Ⅲ区，从边坡覆盖层较薄的位置开口，从上往下挖除覆盖层；当覆盖层较厚，从开口线以 1∶1.2 坡比往下开挖，直至挖至基覆界线后沿基覆界线将覆盖层挖除。

支护：分区进行处理。Ⅰ区边坡整体稳定，结合复垦进行局部地形整理解决；Ⅲ区边坡 2200m 高程以上挖除已变形土体后，开口线采取"混凝土板＋锚索＋锚筋束"锁口，全强风化基岩坡面实施"框格梁＋锚筋束＋锚杆"。Ⅱ区覆盖层开挖坡面实施"框格梁＋锚索＋锚杆"，并采用抗滑桩锁口，全强风化基岩坡面实施"框格梁＋锚筋束＋锚杆"。各区采取开口线外截水及坡面系统纵横排水，坡面植草绿化的综合治理方案。

压脚：大坝填筑完成后，结合复垦要求，将上部已开挖覆盖层运至下部 2100m 高程平台压脚，堆填高度 50m，压脚后 2100～2200m 高程坡体稳定可满足要求。剩余开挖料运至河边约高程 2000m 平台用于复垦造地。

土料场边坡治理与料源利用紧密相关。对料场进行边坡治理后，相应料场也扩大了范围，边坡治理以尽可能开采土料为原则。随着土料富余程度而变化，随着大坝填筑上升，土料富余系数越来越大。2014 年 11 月底土料已满足大坝需求，可不开采新莲料场；至 2015 年 5 月土料已有富余，料场开口线下降约 100m。

（3）长河坝块石料场包括两个块石料场，大坝上下游各一个，分别为响水沟块石料场和江嘴块石料场。由于坝体填筑方量超大，达 3417 万 m³，两料场边坡均超 300m，料场边坡稳定问题较一般工程突出。同时该电站连续 21 个月最高月填筑强度超过 100 万 m³/月，填筑强度很高，对边坡支护进度要求也高。

长河坝水电站块石料场边坡支护勘察设计根据地质条件确定，随大坝填筑进行了动态调整。创新地提出了随着大坝填筑进展，料源富余系数越来越大，施工中后期调缓了料场开挖坡比，减少甚至取消了支护。针对高山峡谷区工程地质性状极差的强卸荷带内松动岩带，因地制宜地以极少的代价采取清除及绕避办法成功地进行了处理。最终确保了块石料场边坡稳定和施工安全，使大坝填筑提前 6 个月完成，又大大节约了支护工程量。

（4）长河坝地处高山峡谷地区，枢纽区发育较多泥石流沟，主要有响水沟、磨子沟、野坝沟等泥石流沟，它们影响枢纽布置，危害工程建筑、移民场地及施工安全，因此，有针对性地进行了勘察及治理。

参 考 文 献

陈达生，刘汉兴，1989，地震烈度椭圆衰减关系 [J]．华北地震科学，7（3）：31-42.

陈卫东，彭仕雄，2015．水库塌岸预测 [M]．北京：中国水利水电出版社.

成都理工大学，2006．大渡河长河坝水电站坝区及外围地质构造特征研究 [R]．

胡聿贤，1988．地震工程学 [M]．北京：地震出版社.

霍俊荣，1989．近场强地面运动衰减规律的研究 [D]．

李天裪，杜其方，游泽李，等．1997．鲜水河活动断裂带及强震危险性评价 [M]．成都：成都地图出版社.

青海省地震局，中国地震局地壳应力所，1999．东昆仑活动断裂带 [M]．北京：地震出版社.

上海交通大学，2014．长河坝水电站地下厂房洞室群施工期快速监测与反馈分析研究报告 [R]．

四川省地震局水库地震研究所，2015．大渡河长河坝水电站水库诱发地震监测和预测研究系统技术实施设计报告 [R]．

宋胜武，肖平西，陈卫东，等，2016．高地应力地下洞室群围岩变形稳定控制技术 [R]．

唐荣昌，韩渭宾，1993．四川活动断裂与地震 [M]．北京：地震出版社.

王亚勇，刘小弟，黎家佑，等，1989．澜沧-耿马强震加速度记录 [J]．地震工程与工程振动，1989（4）：73-82.

王培德，王鸣，周家玉，等．澜沧-耿马地震强余震的反应谱 [J]．地震学报，1991（3）:338-343.

闻学泽，C.R.Allen，罗灼礼，等，1989．鲜水河全新世断裂带的分段性，几何特征及其地震构造意义 [J]．地震学报．16（2）：176-184.

熊探宇，姚鑫，张永双，2010．鲜水河断裂带全新活动性研究进展综述 [J]．16（2）:176-184.

许志琴，侯立玮，王宗秀，等，1992．中国松潘-甘孜造山带的造山过程 [M]．北京：地质出版社.

余挺，陈卫东，2019．深厚覆盖层工程勘察研究与实践 [M]．北京：中国电力出版社.

余挺，叶发明，陈卫东，等，2020．深厚覆盖层筑坝地基处理关键技术 [M]．北京：中国水利水电出版社.

张世殊，冉从彦，裴向军，2014．环境边坡危岩体勘察 [M]．北京：中国水利水电出版社.

中国地震局地质研究所，2004．大渡河流域长河坝水电站工程场地地震安全性评价和水库诱发地震评价研究报告 [R]．

中国地质大学（武汉），2014．四川省大渡河长河坝水电站大坝基坑涌水水文地质条件及渗流场专题研究成果报告 [R]．

中国地质大学（武汉），2008．四川省大渡河长河坝水电站引水发电系统地下水动力场专题研究报告 [R]．

中国电建成都勘测设计研究院有限公司，2007．四川省大渡河长河坝水电站可行性研究报告 [R]．

中国电建成都勘测设计研究院有限公司，2015．四川省大渡河长河坝水电站汤坝土料场边坡稳定性分析及处理方案专题研究报告 [R]．

中国电建成都勘测设计研究院有限公司，2016．四川大渡河长河坝水电站筑坝材料调整专题报告 [R]．

中国电建成都勘测设计研究院有限公司，2016．四川省大渡河长河坝水电站枢纽区自然边坡危险源勘察及防治设计专题报告 [R]．

中国电建成都勘测设计研究院有限公司，2017．枢纽区卸荷岩体高陡边坡稳定性研究报告 [R]．

中国电建成都勘测设计研究院有限公司，2020．四川省大渡河长河坝水电站竣工安全鉴定设计自检报告 [R]．

中国电建成都勘测设计研究院有限公司，2008. 四川大渡河长河坝水电站防震抗震研究设计专题报告 [R].

中国水利水电科学研究院，2016. 四川省长河坝水电站坝址区场地相关设计反应谱研究 [R].

周荣军，何玉林，黄祖智，等，2001. 鲜水河断裂带乾宁-康定段的滑动速率与强震复发间隔 [J]. 地震学报，23（3）：250－260.

GUTENBERG B，RICHTER C F，1954. Seismicity of the earth and associated phenomena [M]. Princeton：Princeton Univ. Press.